普通高等教育"十三五"规划教材

建筑结构检测、鉴定与加固

主　编　刘洪滨　幸坤涛
副主编　李建强　高　松　都　洋　关　键

U0319208

北　京
冶金工业出版社
2022

内 容 提 要

本书按照我国最新的有关建筑结构检测、鉴定、加固的规范、规程和技术标准编写，全书共分6章，内容包括：基础工程检测鉴定与加固；混凝土结构的检测鉴定与加固；砌体结构的检测鉴定与加固；钢结构的检测鉴定与加固；抗震与火灾结构检测鉴定与加固。每一章都附有工程案例，这些案例由合作编写单位国家工业建构筑物质量安全监督检验中心提供。

本书可供大学本科土木工程专业学生、建筑与土木工程专业工程硕士研究生教学使用，也可供从事结构检测鉴定的工程技术人员进行相关工作时参考，或用于继续教育的培训。

图书在版编目 (CIP) 数据

建筑结构检测、鉴定与加固/刘洪滨，幸坤涛主编. —北京：冶金工业出版社，2018.8 (2022.1 重印)

普通高等教育"十三五"规划教材

ISBN 978-7-5024-7827-8

Ⅰ.①建⋯　Ⅱ.①刘⋯　②幸⋯　Ⅲ.①建筑结构—检测—高等学校—教材　②建筑结构—鉴定—高等学校—教材　③建筑结构—加固—高等学校—教材　Ⅳ.①TU3

中国版本图书馆 CIP 数据核字 (2018) 第 155554 号

建筑结构检测、鉴定与加固

出版发行	冶金工业出版社	电　话	(010)64027926	
地　　址	北京市东城区嵩祝院北巷 39 号	邮　编	100009	
网　　址	www.mip1953.com	电子信箱	service@ mip1953.com	

责任编辑　宋　良　杨　敏　美术编辑　吕欣童　版式设计　孙跃红
责任校对　郑　娟　责任印制　禹　蕊
三河市双峰印刷装订有限公司印刷
2018 年 8 月第 1 版，2022 年 1 月第 3 次印刷
787mm×1092mm　1/16；14 印张；341 千字；216 页
定价 32.00 元

投稿电话　(010)64027932　投稿信箱　tougao@cnmip.com.cn
营销中心电话　(010)64044283
冶金工业出版社天猫旗舰店　yjgycbs.tmall.com
(本书如有印装质量问题，本社营销中心负责退换)

前　　言

建筑结构在使用过程中，由于外荷载、沉降以及人为等因素，会使得结构不再具有原有的工作能力，导致我国大量建筑都处于带病工作状态。特别是一些历史保护性建筑以及20世纪70、80年代建造的公共建筑、住房和大型厂房，这些旧建筑会给人民生活和社会生产带来安全隐患。同时，随着现代建筑业的日益发展，涌现了许多新型材料及新型结构，这使得高层、超高层、大跨度建筑项目不断增多，工程质量的检测、鉴定与加固工作任务也日益繁重，许多工程技术人员迫切需要学习这方面的知识。国务院《"十三五"节能减排综合工作方案》提出强化现阶段居住建筑节能改造，实施改造面积5亿平方米以上，鼓励老旧住宅节能改造与抗震加固改造，加装电梯等适老化改造面积1亿平方米以上。为了适应新形势下的教学和工程需要，我们依据现行的相关设计规范、标准和规程，编写了本书。

全书阐明了结构可靠性基本概念、建筑物鉴定加固改造的意义、发展现状及前景；叙述了结构现场检测的原理、技术和方法，可靠性鉴定的现行国家标准、鉴定程序、原理和方法，结构加固的基本原则；分章论述了地基基础检测鉴定与加固、混凝土结构检测鉴定与加固、砌体结构检测鉴定与加固、钢结构检测鉴定与加固的理论，附有工程案例；分章阐明了建筑结构抗震鉴定与加固技术特点、火灾后建筑结构鉴定与加固技术，附有较多工程实例。

为了便于读者能够系统地学习工程检测、鉴定和加固的基本方法和基本原理，本书将检测、鉴定和加固技术按照工程项目类型进行整合，并给出了大量的工程案例，章节后给出了思考题和习题，有利于读者更好地掌握基本概念和基本方法。

本书由辽宁科技大学土木工程学院刘洪滨教授和国家工业建构筑物质量安全监督检验中心教授级高级工程师幸坤涛博士担任主编，幸坤涛同时还担任本书的主审，提出了许多宝贵意见。本书的具体编写分工如下：刘洪滨参与编写第 1、4、5 章；幸坤涛参与第 2~6 章的编写；李建强参与编写第 1、6 章；高松参与编写第 3 章；都洋参与编写第 2 章；关键参与第 2~6 章的编写。书中的大量工程实例项目由幸坤涛负责筛选，关键负责整理，崔春雨、符晓敏、张哲、吴国栋等硕士参与了本书的绘图、校对等工作，在此表示感谢。

在编写的过程中，参阅了有关国内外文献，引用了一些学者的工作成果，在书末的参考文献中予以列出，特在此向相关作者表示感谢。

希望本书能为读者的学习和工作提供帮助。鉴于作者水平有限，书中难免有不妥之处，敬请读者批评指正。

作　者

2018 年 5 月

目　　录

1 概　　论

学习要点

（1）了解建筑物检测鉴定加固的概念和意义

（2）理解可靠性鉴定标准

标准规范

（1）《工业建筑可靠性鉴定标准》（GB 50292—2015）

（2）《民用建筑可靠性鉴定标准》（GB 50144—2008）

1.1　建筑物鉴定与加固概述

一个成功的新建建筑工程之所以是安全可靠的，实际上是设计者在一定的经济条件下，巧妙地将其所受到的各种作用力与其自身的抗力取得一种满意的平衡。随着时间的推移，建筑物的这个平衡被打破，则将不可避免地逐渐丧失其功能，以至于完全失效。因而人们往往说，已有建筑物在长期的自然环境和使用环境作用下将逐渐损坏，其功能将衰减甚至丧失，这是一个不可逆的客观过程。实际上，这是建筑物由平衡到不平衡的过程。如果能够科学而又准确地揭示这种损坏的规律和程度，并及时地采取有效的处理措施，即建立新的平衡，则可以达到延长建筑物有效使用期的目的。现在我们可以得到这样一个结论：研究已有建筑物可靠性鉴定与加固技术，实质上是一个貌似简单实为复杂的"平衡—不平衡—再平衡"的科学命题。

1.1.1　导致建筑物不平衡的主要因素

一个新建的、具有结构功能和使用功能并符合规范要求的可靠度的建筑物，在长期的使用过程中，由于种种不利因素的作用，将逐渐损坏，以致丧失其功能，即由"平衡-不平衡"，究其原因，归纳起来大致有以下因素。

1.1.1.1　自然因素

建筑物的材料和结构，经过大自然长期的风吹雨打、雪冻和暴晒的侵袭，会逐渐丧失其原有的质量、性能和功效，即人们常说的风化和老化。这是一个不可逆的自然规律，也可以说是建筑物一种正常的耗损和折旧。

1.1.1.2　环境因素

恶劣的使用环境是引起建筑物结构缺陷和损坏的又一个主要因素。建筑物在长期的劣化环境条件下，外部介质每时每刻都在侵蚀结构材料，导致其组成材料的劣化，工程结构的功能将渐被削弱，甚至丧失。按照劣化作用的性质来分，外部环境因素对建筑结构的侵蚀作用，一般可分为三类：

（1）物理作用。如高温、高湿、温湿交替变化、冻融、粉尘及辐射等因素对结构材料的劣化。

（2）化学作用。如含有酸碱盐等化学介质的气体或液体、一些有害的有机材料、烟气等侵入结构材料内部，产生化学作用而引起材料组分的不利变化。

（3）生物作用。如一些微生物、真菌、水藻、蠕虫和多细胞作物等对材料的破坏等。

这些恶化的环境因素是难以避免的，但是如果对建筑物采取有效的防护措施和经常性的检修，则可减轻其对结构的不利影响。

1.1.1.3　人为因素

人为因素（人为过失）是导致建筑物"先天不足、后天失调"或"先天缺陷、后天损坏"的主要原因。建筑结构的先天不足（缺陷）主要源于设计和施工，后天失调（损坏）则是使用和管理上的问题。现分析如下。

A　设计方面

设计方面的问题既有政策导向、认识偏差（包括技术水平所限），又有设计人员经验不足所犯过失错误，致使结构留下缺陷和隐患。例如，我国有一时期片面强调节约原材料，降低一次性建设投资，因此设计上缺乏对"肥梁、胖柱、重盖、深基"科学性的革命，不少建筑结构被"抽筋扒皮"，致使结构可靠度偏低，使用寿命缩短；又如，有的建筑在设计时，虽然设计人员尽最大可能考虑了影响安全使用的诸多因素，在结构上采取了多种处理措施，但由于当时的技术水平所限，实际结构与原先设计构思仍有一定差异（经常遇到的有建筑场地勘察有误随之基础方案不合理，结构体系选择上的失误或计算简图取用上的差异等）。再如，少数缺乏经验的设计人员犯过失错误，有的漏算少算荷载，选用计算方法有误，因而少配钢筋，也有的构造措施不合理等，均可能在建筑结构中留有隐患，即所谓的"先天不足"。最后，不得不指出，已有建筑物原设计标准偏低，或多或少存在安全隐患。由于历史原因，我国建筑物可靠度设置水准经历过多次变动，总体上仍处于一个较低的水平。此外，随着规范标准的不断完善，尤其是我国抗震设防等级的提高，致使相当多的已有建筑物不能满足现行抗震规范的要求，面临抗震鉴定和抗震加固的任务。如四川省，汶川地震以前设计、施工的建筑物按抗震设防烈度 6 度考虑，汶川地震后抗震设防烈度调整为 8 度。实际上，类似四川省的情况其他地区也为数不少，至今还有许多已有建筑物尚未按标准提高后的抗震设防要求进行抗震加固。

B　施工方面

我国建筑工程的施工管理水平和施工人员的素质相对较差，质量控制与质量保证制度不够健全，又受到各个历史时期经济形势和政治因素的影响，施工质量相对是较差的，对结构留有隐患也是较为严重的。主要表现在：某些时期特别是 1958～1960 年期间，片面强调脱离实际、不讲科学的所谓高速度、"放卫星"，不重视施工质量，造成不少工程存有缺陷和隐患。近些年来，最引起人们关注的是由于低素质施工队伍所施工项目工程质量低劣的状况，媒体报道的业主投诉商品房质量问题的案例屡见不鲜。加之有的管理部门管理不严，存在着种种混乱和违纪现象（如无证施工、越级施工及层层转包等）。因此，在建工程由于质量问题（如混凝土强度等级未达设计要求，少放或漏放钢筋甚至钢筋放置错误，轴线偏移等）即需加固处理的也常有所闻。更有甚者，极少数施工企业为牟取暴利，采用劣质或低等级建筑材料，偷工减料等等，导致建筑质量低劣，达不到设计要求，有的甚至出现灾难性的"豆腐渣工程"。此外，有的较好的施工企业，由于任务繁重，工期紧赶进度，而其技术设备、施工管理、质量控制、施工人员素质和技术水平等跟不上发展所需，也常会出现施工质量达不到设计要求的情况，这同样会造成结构存有缺陷。顺便指出，建筑物在施工期间的安全问题是相当严重的。据研究认为，结构最危险的状态往往不是在建成后的正常使用状态，而是在建造过程中。大量的调查资料表明，无论在美国还是在欧洲，约有50%的事故是发生在施工过程中，我国的情况也大致如此。

C　使用和管理方面

使用不当和管理不善是建筑物"后天失调"（造成损坏）的根本原因。使用不当或不合理造成结构损坏的情况是多方面的：诸如长期超载使用；随意改变使用功能；为达装饰效果，随意改变甚至拆除承重墙体或在承重墙（包括剪力墙）上开设大的洞口；有的为扩大使用面积，未经有关部门鉴定设计，就对原建筑进行扩建甚至增层改造；又如有的工业厂房，厂方单纯强调提高产量或长期超载堆料使用，致使其经常处于综合性超负荷工作状态，加速了建筑物的早衰和破损。管理不善会使结构存在的隐患暴露甚至进一步恶化，主要表现在建筑物使用年久失修。在建筑物正常使用期间，应每隔5~10年进行检查维修，如果维修不好或没有维修，则可能在尚未达到设计使用年限就已丧失某项或数项功能要求。对于前面提到的种种使用不当的行为未及时制止，放弃管理。对于即将服役期满或已超期服役的建筑物，未及时组织技术力量进行检测、鉴定、大修或加固等。

1.1.1.4　偶然因素

偶然因素是指建筑物遭受偶然作用袭击而导致其结构损坏甚至破坏。偶然作用的特点是在设计基准期内不一定出现，而一旦出现，其量值很大且持续时间很短。例如爆炸、地震、撞击以及自然灾害中的风灾、水灾、滑坡、泥石流和突发事故中的火灾等。必须说明，后者往往是使用不当或施工不当而引发的。我国是一个多自然灾害的国家，不仅有2/3的大城市处于地震区，历次地震都在不同程度上对建筑物造成了损坏甚至破坏；而且风灾、水灾年年不断，损失惨重，很难准确统计。从损失情况分析，住宅火灾伤亡多，厂房、仓储场所损失大。另外，随着国民经济发展和城市化建设进程的加速，人口和建筑群进一步密集，发生火灾的概率也随之大增。据有关方面统计，2016年全国发生火灾31.2万多起，死1582人，伤1065人，直接财产损失约37.2亿元。

上述偶然事件的发生，使不少建筑物提前夭折，使更多的建筑物遭受严重损伤。

1.1.1.5　市场因素

随着我国经济体制的变革，市场经济体制的建立和发展，建筑物已成为商品，产权者（业主）可自主更迭。新业主根据市场发展的需要和自己产业发展或生活的需要，往往要求改变原建筑物的使用功能和标准，如原办公楼可能改造成宾馆，大型仓库改造成综合商城、大型超市，工业厂房由于技术改造、设备更新等要求对原厂房进行相应的改造。这些使用功能的改变，往往使楼面活荷载增大或设备增重（如原有的30t桥式吊车更新为50t吊车），都将导致原结构可靠度降低。

1.1.1.6　其他因素

这里所说的其他因素，是指除上述诸因素以外的应对原建筑物进行结构鉴定加固或改造的种种特殊原因。例如，由于2008年北京奥运会、2010年上海世博会的特殊需要，对某些建筑物（这些建筑物不一定已存在不安全因素）进行鉴定、加固改造和装饰。又如，也可能由于对原建筑物的检测鉴定、加固改造不当，引发新的缺陷和损坏（这并非主观臆断，确有案例），这时必须重新采取安全措施，即进行所谓"第二次手术"。

1.1.2　建筑物鉴定加固的必要性及其意义

实际上，建筑物鉴定与加固是对已有建筑存在缺损、隐患、可靠度降低或已"老龄化"的问题进行分析、评估，并采取有效的技术措施，使其恢复原有可靠度或提高可靠度，延长使用寿命的过程，也即前面提到的由不平衡到新的再次平衡的过程。如果能够通过科学、可靠的鉴定与加固或改造，使一批老建筑能继续发挥其结构功能和使用功能，这对耕地面积缺乏、经济还不发达、住房需求量大的我国来说，其必要性是不言而喻的，更有着极其重要的经济意义和现实意义。

据我国有关权威部门资料，我国现有的建筑物总量约430亿平方米，其中1/3是城镇建筑，1/6左右为各类公共建筑；我国的城镇化率每年要增加1.0%~1.3%，即大约每年有1200~1500万人口进入城市；现在，每年又增加约20亿平方米的新建筑，同时又拆掉约1亿平方米的旧建筑；据一些专家估计，约有30%~50%的现有建筑物出现安全性失效或功能退化，约有25亿平方米急待检测、鉴定与加固处理。国务院《"十三五"节能减排综合工作方案》提出，强化现阶段居住建筑节能改造，实施改造面积5亿平方米以上，鼓励老旧住宅节能改造与抗震加固改造，加装电梯等适老化改造面积1亿平方米以上。这些均充分表明，建筑物鉴定与加固改造的必要性和重要性，也是一个巨大的潜在市场。城乡建设抗震防灾"十三五"规划提出，提升既有住房抗震能力。通过棚改、抗震加固等，加快对抗震能力严重不足住房的拆除和改造。研究探索强制性与引导性相结合的房屋抗震鉴定和加固制度。继续实施农村危房改造工程，统筹推进农房抗震改造。全面建成小康社会，增加人民群众的获得感，对于建设节能低碳、绿色生态、节约高效的建筑用能体系，推动城乡建设领域供给侧结构性改革，实现绿色发展，具有重要的现实意义和深远的战略意义。

1.2　建筑物鉴定与加固的发展现状及展望

建筑物在使用阶段的鉴定（包含为鉴定所做的检查和检测，下同）和加固改造，可以说是人类有建筑史以来便已存在的一个古老而又传统的行业。但作为一门新兴的专业或学科，则是在近20余年来逐步发展形成的。在我国，最初开展这方面工作和研究的基本队伍，是以一些高等院校从事结构工程的教师和科研院所、设计院从事结构专业的工程技术人员为主形成的一支工程实践和研究队伍。当时，检测设备和仪器比较落后，检测技术和方法比较单一，结构鉴定主要是依赖设计规范和专家经验；而加固改造技术则仅以修缮、托梁拔柱、增大截面等传统的方法为主，且两者之间的联系并不像现在这样紧密。随着时间的推移和人们思维的转变，通过多方面（包括政府部门和广大科技人员）的共同努力，现今，建筑物鉴定与加固改造技术已初步形成一门新兴学科。20 多年来，每年都在以惊人的速度发展。无论是基础理论和应用技术、加固材料、加固施工技术，还是检测设备和技术等各个领域的成果，大批涌现。这些成果不仅为制定标准、规范提供了可靠的技术依据，并直接面向国家经济建设，基本上满足了面广量大的建筑物鉴定与加固改造的需要，而且使相关产业不断涌现并快速发展，为国家建设资源节约型、环境友好型社会做出了贡献。

1.2.1 三个发展阶段

纵观我国建筑物鉴定与加固改造技术的发展历程，大致是经历了三个发展阶段、即起步阶段、初具规模发展阶段和较为成熟发展阶段，简要分述如下。

1.2.1.1 起步阶段

这一阶段大致是从 20 世纪 80 年代中期开始，直至 1990 年前后。当时一些高等院校和科研院所从事结构工程的教师和科技人员受到国外研究资料和先进经验的启示，以及发现国内的社会需求，先后组织了专业技术队伍，从事已有建筑的检测、鉴定与加固改造的理论研究和工程实践。如原冶金工业部建筑研究总院（以下简称"冶建院"）编译了多集译文集（内部资料）加以研究和传播，并于 1989 年出版了由王伯琴等主编的《工业建筑可靠度评定及改造加固技术》，对促进和开展这方面的研究工作具有推动作用。同时，该院还编制了冶金工业部标准《钢铁工业建（构）筑物可靠性鉴定规程》（YBJ 219—89）。又如，东南大学土木系于 1988 年成立了"工程结构可靠性鉴定与加固技术研究组"（1990 年扩大并更名为"东南大学工程结构可靠性鉴定与加固技术研究开发中心"，以下简称"东大加固研究中心"），从事这方面的研究和工程处理，并开始招收硕士和博士研究生。其曾与中国建筑科学研究院合作承担了建设部"混凝土结构加固技术"研究课题，做了许多加固构件的试验研究和理论分析，并获建设部科技进步二等奖；同时，负责对该校大礼堂等几幢现代保护性建筑做了可靠性鉴定与加固处理。再如，同济大学于 1989 年成立了"上海防灾救灾研究所"，从事这方面的研究和工程加固处理。此外，中国建筑科学研究院（以下简称"建研院"）、四川省建筑科学研究院（以下简称"四川院"）等相继成立工程检测、鉴定与加固技术科室（或中心），开展这方面的工作，并取得了较好的成果。

建设部于 1989 年 11 月颁发了《城市危险房屋管理规定》（即 4 号令），要求各市、县房屋管理部门成立房屋安全鉴定机构，负责旧房的安全鉴定与加强管理。此后各市、县相继成立了房屋安全鉴定专职机构，抽调技术力量加强这方面的工作。这对促进建筑物鉴定与加固改造的发展也起了较大的推动作用。

根据当时大量建筑物急待鉴定与加固的需要及缺乏相应标准、规范的情况，经我国有关主管部门和中国工程建设标准化协会批准，于 1990 年 4 月成立了"全国建筑物鉴定与加固标准技术委员会"（以下简称"标准委员会"）。与此同时，相继成立了"全国住宅修缮标准技术委员会"、"国家工业建筑诊断与改造工程技术研究中心"（以下简称"国家诊治中心"）和"中国老教授协会房屋增层改造专业委员会"（以下简称"增层改造委员会"）等学术团体。这些全国性的学术机构，在积极开展和组织本领域的研究和学术交流活动，协助政府组织标准、规范的编制和管理，与国外同行进行学术交流活动，引进国外先进经验等方面，均发挥了巨大的作用，对建立和发展建筑物可靠性鉴定与加固改造这门新兴学科是极为关键的。这也将预示着向第二发展阶段迈进。

在这一阶段末期，对国内现有的研究成果和工程经验进行了研究分析和总结，并借鉴国外先进经验，编制了《混凝土结构加固技术规范》CECS 25：90，推荐给各工程建设设计、施工单位使用。这是我国首部结构加固技术规范，对本领域的发展具有深远的意义。

1.2.1.2　初具规模发展阶段

这一阶段也可称快速发展阶段，大致是从 20 世纪 90 年代初至 90 年代末。这一发展阶段的特点可归纳为以下几点：

（1）积极开展学术活动，促进技术进步和发展。由"标准委员会"主办的全国性学术会议所发表的论文，在很大程度上反映了本领域所取得的科研成果和工程经验的概貌。这些成果和经验在不少方面有新的突破，其中个别项目的研究水平已接近国外先进水平，起到了推动建筑物鉴定与加固领域技术进步和标准化工作发展的作用。

（2）急政府与市场之急，编制和颁发了标准、规范或规程，以满足工程所需。这一阶段颁发、实施的标准、规范或规程主要有：《工业厂房可靠性鉴定标准》（GBJ144—1990）、《古建筑木结构维护与加固技术规范》（GB50165—1992）、《建筑地基处理技术规范》（JGJ79—1991）、《钢结构加固技术规范》（CECS77：96）《砖混结构加层技术规范》（CECS78：96）、《建筑抗震加固技术规程》（GJ 116—1998）、《既有地基基础加固技术规范》（JGJ 123—2000）、《民用建筑可靠性鉴定标准》（GB 50292—1999）、《危险房屋鉴定标准》（JGJ 125—99）、《建筑抗震鉴定标准》（GB 50023—95）及《钢结构检测评定及加固技术规程》（YB 9257—1996）等。这些技术标准、规范或规程是我国在这个学科领域技术进步的结晶，是新技术、新成果的集中体现，在一定程度上缓解了这个新兴领域缺乏标准化支持的燃眉之急，是建筑物鉴定与加固改造工程质量的根本保证，同时也为政府对这个新兴市场的监督与管理提供了技术依据。

（3）先后成立了一批专门从事建筑物检测鉴定中心和加固改造设计施工的专业技术公司。国内成立较早且有一定影响的主要有："冶建院"系统下属的检测鉴定中心和加固工程公司，国家及四川、江苏、陕西等省建筑工程质量监督检测中心，上海沪江加固技术工程有限公司，江苏东南房屋加固与改造新技术工程有限公司，武汉长江加固技术有限公司，福建省建筑科学研究院技术开发部等。这些专业工程公司通过市场竞争，推动了本行业的技术进步，显著提高了工程质量，降低了工程造价，为本学科的发展注入了新的动力。

（4）对粘结加固的基本理论和应用技术进行了探索和研究，并取得了新的进展。特别是对粘贴钢板加固技术作了大量的试验研究，促使该技术在实际工程中获得广泛的应用。在《混凝土结构加固技术规范》（CECS 25：90）中，将构件外部粘钢加固法列于该规范的附录。由于粘钢加固技术具有一系列的优点，引起广泛重视，被设计人员和业主所接受，在这一发展阶段中可以说是应用最为广泛的技术，包括在一些重大工程中的应用。20 世纪 90 年代，粘钢加固技术的应用达到高峰，每年粘钢面积以十几万平方米的速度递增。

1.2.1.3　较为成熟发展阶段

进入 21 世纪以来，可谓较为成熟发展阶段或较为理性的正常发展阶段，并正在向更深广的高层次阶段发展。这一阶段的特征主要有：

（1）已具备一支规模较大、理论基础扎实、学术水平和技术水平均较高且工程实践经验丰富的专业技术队伍。国内著名的相关高等院校、科研设计院所乃至大型企业基本上均建有专门队伍，从事本领域的研究开发、人才培养，以及参与标准、规范的编制和重大工程的诊治，有的还承担了国外的工程项目。

（2）重视科学研究，探索创新，取得了大批新的研究成果，其中大多已被编入有关标准、规范或规程中。例如，粘贴纤维复合材（主要是碳纤维）加固理论与应用技术，结构胶粘剂的基本性能（尤其是耐湿热老化）及研制开发，置换混凝土加固技术，钢丝绳网片-聚合物砂浆外加层加固技术，绕丝加固技术，植筋技术，混凝土结构耐久性加固技术，预应力碳纤维板加固技术，喷射混凝土加固技术及火灾后结构鉴定与加固等方面，均取得新进展，有的已付诸实用。此外，对于结构加固材料的测试方法（包括现场检测方法）的研究，也取得新的成果，其中不少已纳入有关规范中。

（3）碳纤维加固的理论研究和应用技术获得飞跃发展。由于碳纤维具有独特的优点，其加固技术的发展和工程应用在这一发展阶段可以说达到鼎盛时期，近年来每年粘贴碳纤维加固的实贴面积，据估计已达数百万平方米。

（4）高校、科研、设计、检测鉴定、质监、监理、加固施工和材料生产和供应等单位联合协作较好，在政府有关部门的指导和协调下，在合作研制开发、编制标准规范、保证加固工程质量和降低工程造价等诸多方面，均发挥了自身的作用，取得了可喜的成绩，为本领域的发展做出了贡献。同时，这些单位同样也获得了提高和发展。

（5）这一发展阶段的又一特征是开始走出国门，通过技术输出打入国际市场参与竞争，承担援外工程项目。例如，国家建筑工程质量监督检测中心近年来承担了中国驻联合国代表团办事处办公大楼（5~6层）和住宅楼（15层）、中国驻美国大使馆和驻波士顿领事馆办公楼以及柬埔寨国家参议院办公楼和图书馆等工程的检测、鉴定评估处理，冶金建筑研究总院承担了巴基斯坦国家某核电站和几内亚国家广播电台的工程检测、鉴定和加固处理。

1.2.2 发展前景

前面简要地回顾了我国建筑物鉴定与加固改造发展的三个阶段及现状，可见20余年来发展是高速的，成绩是巨大的，为国家经济建设做出了很大的贡献，其意义也是极其深远的。但是，不得不指出，由于起步较晚，经济实力有限，与先进国家相比，从总体上看，尚有不小差距。应该指出，目前我国有已建立的力量雄厚的专业技术队伍及其新生力量，有巨大的潜在市场，有"全国标准委员会"等机构的组织和协调，有社会公众的关注和支持，只要广大同仁以科学发展观为指导，齐心协力创新研究和工作，我国建筑物鉴定与加固改造这门新兴的学科，必将会持续发展，取得更辉煌的成就，发展前景是十分广阔而美好的。我们殷切期望，本专业领域应向相关的水利、港口、道桥、铁路、隧道和市政工程等领域融汇和广深发展，使土木工程结构的鉴定与加固改造新学科能早日建立并快速发展。

1.3　建筑结构的可靠性鉴定与评估

当前，我国已有相当多的建筑物、构筑物相继达到或超过其设计基准期，其中除少部分将被拆除外，大多数将经维修加固后继续使用。此外，由于各种施工缺陷和自然灾害，也有少量新建建筑物、构筑物出现了"病害"，这就需要对上述建筑物、构筑物进行相应的可靠性鉴定与评估。可靠性鉴定包括安全性鉴定和使用性鉴定。

1.3.1　工业建筑结构的可靠性鉴定

1.3.1.1　工业建筑可靠性鉴定的一般要求

在下列情况下，应进行可靠性鉴定：1）达到设计使用年限拟继续使用时；2）用途或使用环境改变时；3）进行改造或增容、改建或扩建时；4）遭受灾害或事故时；5）存在较严重的质量缺陷或者出现较严重的腐蚀、损伤、变形时。

在下列情况下，宜进行可靠性鉴定：1）使用维护中需要进行常规检测鉴定时；2）需要进行全面、大规模维修时；3）其他需要掌握结构可靠性水平时。

当结构存在下列问题且仅为局部的不影响建、构筑物整体时，可根据需要进行专项鉴定：1）结构进行维修改造有专门要求时；2）结构存在耐久性损伤影响其耐久年限时；3）结构存在疲劳问题影响其疲劳寿命时；4）结构存在明显振动影响时；5）结构需要长期监测时；6）结构受到一般腐蚀或存在其他问题时。

1.3.1.2　工业建筑可靠性鉴定的程序及其工作内容

工业建筑可靠性鉴定，应按图 1.1 规定的程序进行。鉴定的目的、范围和内容，应在接受鉴定委托时根据委托方提出的鉴定原因和要求，经协商后确定。

初步调查应包括：1）查阅图纸资料，包括工程地质勘察报告、设计图、竣工资料、检查观测记录、历次加固和改造图纸和资料、事故处理报告等；2）调查工业建筑的历史情况，包括施工、维修、加固、改造、用途变更、使用条件改变以及受灾害等情况；3）考察现场，调查工业建筑的实际状况、使用条件、内外环境，以及目前存在的问题；4）确定详细调查与检测的工作大纲，拟定鉴定方案。

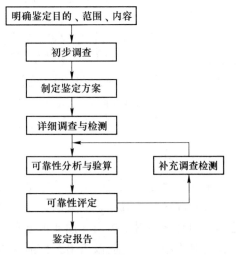

图 1.1　工业建筑可靠性鉴定程序

鉴定方案应根据鉴定对象的特点和初步调查结果、鉴定目的和要求制订。内容应包括检测鉴定的依据、详细调查与检测的工作内容、检测方案和主要检测方法、工作进度计划及需由委托方完成的准备工作等。

详细调查与检测宜根据实际需要选择下列工作内容：1）详细研究相关文件资料；2）详细调查结构上的作用和环境中的不利因素，以及它们在目标使用年限内可能发生的变化，必要时测试结构上的作用或作用效应；3）检查结构布置和构造、支撑系统、结构构件及连接情况，详细检测结构存在的缺陷和损伤，包括承重结构或构件、支撑杆件及其连接节点存在的缺陷和损伤；4）检查或测量承重结构或构件的裂缝、位移或变形，当有较大动荷载时测试结构或构件的动力反应和动力特性；5）调查和测量地基的变形，检测地基变形对上部承重结构、围护结构系统及吊车运行等的影响，必要时可开挖基础检查，也可补充勘察或进行现场荷载试验；6）检测结构材料的实际性能和构件的几何参数，必要时通过荷载试验检验结构或构件的实际性能；7）检查围护结构系统的安全状况和使用功能。

可靠性分析与验算，应根据详细调查与检测结果，对建、构筑物的整体和各个组成部分的可靠度水平进行分析与验算，包括结构分析、结构或构件安全性和正常使用性校核分析、所存在问题的原因分析等。

在工业建筑可靠性鉴定中，若发现调查检测资料不足或不准确时，应及时进行补充调查、检测。

1.3.1.3 工业建筑可靠性鉴定等级的划分

《工业建筑可靠性鉴定标准》（GB 50144—2008）规定：工业建筑物的可靠性鉴定评级，应划分为构件、结构系统、鉴定单元三个层次。其中结构系统和构件两个层次的鉴定评级，应包括安全性等级和使用性等级评定，需要时可由此综合评定其可靠性等级。安全性分四个等级，使用性分三个等级，各层次的可靠性分四个等级，并应按表 1.1 规定的评定项目分层次进行评定。当不要求评定可靠性等级时，可直接给出安全性和正常使用性评定结果。

表 1.1　工业厂房可靠性鉴定评级的层次及等级划分

层次	I		II		III
层名	鉴定单元		结构系统		构件
可靠性等级	可靠性等级	一、二、三、四、	等级	A、B、C、D	a、b、c、d
	建筑物整体或某一区域		安全性评定	地基基础	地基变形、斜坡稳定性	—
					承载力	—
				上部承重结构	整体性	—
					承载功能	承载能力构造和连接
			正常使用性评定	围护结构系统	承载功能、构造连接	—
				等级	A、B、C	a、b、c
				地基基础	影响上部结构正常使用的地基变形	—
				上部承重结构	使用状况	变形、裂缝、缺陷、损伤、腐蚀
					水平位移	—
				围护结构	功能与状况	—

注：若上部承重结构整体或局部有明显振动时，尚应考虑振动对上部承重结构安全性、正常使用性的影响，进行评定。

1.3.1.4 工业建筑鉴定评级标准

工业建筑可靠性鉴定的构件、结构系统、鉴定单元应按下列规定评定等级：

（1）构件（包括构件本身及构件间的连接节点）

1）构件的安全性评级标准

a 级：符合国家现行标准规范的安全性要求，安全，不必采取措施；

b 级：略低于国家现行标准规范的安全性要求，仍能满足结构安全性的下限水平要求，不影响安全，可不必采取措施；

c 级：不符合国家现行标准规范的安全性要求，影响安全，应采取措施；

d 级：极不符合国家现行标准规范的安全性要求，已严重影响安全，必须及时或立即采取措施。

2）构件的使用性评级标准

a 级：符合国家现行标准规范的正常使用要求，在目标使用年限内能正常使用，不必采取措施；

b 级：略低于国家现行标准规范的正常使用要求，在目标使用年限内尚不明显影响正常使用，可不采取措施；

c 级：不符合国家现行标准规范的正常使用要求，在目标使用年限内明显影响正常使用，应采取措施。

3）构件的可靠性评级标准

a 级：符合国家现行标准规范的可靠性要求，安全，在目标使用年限内能正常使用或尚不明显影响正常使用，不必采取措施；

b 级：略低于国家现行标准规范的可靠性要求，仍能满足结构可靠性的下限水平要求，不影响安全，在目标使用年限内能正常使用或尚不明显影响正常使用，可不采取措施；

c 级：不符合国家现行标准规范的可靠性要求，或影响安全，或在目标使用年限明显影响正常使用，应采取措施；

d 级：极不符合国家现行标准规范的可靠性要求，已严重影响安全，必须立即采取措施。

（2）结构系统

1）结构系统的安全性评级标准

A 级：符合国家现行标准规范的安全性要求，不影响整体安全，可能有个别次要构件宜采取适当措施；

B 级：略低于国家现行标准规范的安全性要求，仍能满足结构安全性的下限水平要求，尚不明显影响整体安全，可能有极少数构件应采取措施；

C 级：不符合国家现行标准规范的安全性要求，影响整体安全，应采取措施，且可能有极少数构件必须立即采取措施；

D 级：极不符合国家现行标准规范的安全性要求，已严重影响整体安全，必须立即采取措施。

2）结构系统的使用性评级标准

A 级：符合国家现行标准规范的正常使用要求，在目标使用年限内不影响整体正常使用，可能有个别次要构件宜采取适当措施；

B 级：略低于国家现行标准规范的正常使用要求，在目标使用年限内尚不明显影响整体正常使用，可能有极少数构件应采取措施；

C 级：不符合国家现行标准规范的正常使用要求，在目标使用年限内明显影响整体正常使用，应采取措施。

3）结构系统的可靠性评级标准

A 级：符合国家现行标准规范的可靠性要求，不影响整体安全，在目标使用年限内不影响或尚不明显影响整体正常使用，可能有个别次要构件宜采取适当措施；

B 级：略低于国家现行标准规范的可靠性要求，仍能满足结构可靠性的下限水平要求，尚不明显影响整体安全，在目标使用年限内不影响或尚不明显影响整体正常使用，可能有极少数构件应采取措施；

C 级：不符合国家现行标准规范的可靠性要求，或影响整体安全，或在目标使用年限内明显影响整体正常使用，应采取措施，且可能有极少数构件必须立即采取措施；

D 级：极不符合国家现行标准规范的可靠性要求，已严重影响整体安全，必须立即采取措施。

（3）鉴定单元

一级：符合国家现行标准规范的可靠性要求，不影响整体安全，在目标使用年限内不影响整体正常使用，可能有极少数次要构件宜采取适当措施；

二级：略低于国家现行标准规范的可靠性要求，仍能满足结构可靠性的下限水平要求，尚不明显影响整体安全，在目标使用年限内不影响或尚不明显影响整体正常使用，可能有极少数构件应采取措施，极个别次要构件必须立即采取措施；

三级：不符合国家现行标准规范的可靠性要求，影响整体安全，在目标使用年限内明显影响整体正常使用，应采取措施，且可能有极少数构件必须立即采取措施；

四级：极不符合国家现行标准规范的可靠性要求，已严重影响整体安全，必须立即采取措施。

1.3.1.5 工业建筑物的综合鉴定评级

（1）工业建筑物的可靠性综合鉴定评级，可按所划分的鉴定单元进行可靠性等级评定，综合鉴定评级结果宜列入表 1.2。

表 1.2 工业建筑物的可靠性综合鉴定评级

鉴定单元	结构系统名称	结构系统可靠性等级	鉴定单元可靠性等级	备注
		A、B、C、D	一、二、三、四	
I	地基基础			
	上部承重结构			
	围护结构系统			
II	地基基础			
	上部承重结构			
	围护结构系统			
⋮	⋮			

（2）鉴定单元的可靠性等级，应根据其地基基础、上部承重结构和围护结构系统的可靠性等评级评定结果，以地基基础、上部承重结构为主，按下列原则确定：

1）当围护结构系统与地基基础和上部承重结构的等级相差不大于一级时，可按地基基础和上部承重结构中的较低等级作为该鉴定单元的可靠性等级；

2）当围护结构系统比地基基础和上部承重结构中的较低等级低二级时，可按地基基础和上部承重结构中的较低等级降一级作为该鉴定单元的可靠性等级；

3) 当围护结构系统比地基基础和上部承重结构中的较低等级低三级时，可根据2)中的原则和实际情况，按地基基础和上部承重结构中的较低等级降一级或降二级作为该鉴定单元的可靠性等级。

1.3.2 民用建筑可靠性鉴定

1.3.2.1 民用建筑可靠性鉴定的一般规定

在下列情况下，应进行可靠性鉴定：建筑物大修前；建筑物改造或增容、改建或扩建前；建筑物改变用途或使用环境前；建筑物达到设计使用年限拟继续使用时；遭受灾害或事故时；存在较严重的质量缺陷，或出现较严重的腐蚀、损伤、变形时。

在下列情况下，可仅进行安全性检查或鉴定：各种应急鉴定；国家法规规定的房屋安全性统一检查；临时性房屋需延长使用期限；使用性鉴定中发现安全问题。

在下列情况下，可仅进行使用性检查或鉴定：建筑物使用维护的常规检查；建筑物有较高舒适度要求。

在下列情况下，应进行专项鉴定：结构的维修改造有专门要求时；结构存在耐久性损伤影响其耐久年限时；结构存在明显的振动影响时；结构需进行长期监测时。

鉴定对象可以是整幢建筑或所划分的相对独立的鉴定单元；也可以是其中某一子单元或某一构件集。鉴定的目标使用年限，应根据该民用建筑的使用史、当前安全状况和今后维护制度，由建筑产权人和鉴定机构共同商定。对超过设计使用年限的建筑，其目标使用年限不宜多于10年。对需要采取加固措施的建筑，其目标使用年限应按现行相关结构加固设计规范的规定进行确定。

1.3.2.2 民用建筑鉴定程序及其工作内容

民用建筑可靠性鉴定，应按图1.2规定的程序进行。民用建筑可靠性鉴定的目的、范围和内容，应根据委托方提出的鉴定原因和要求，经初步调查后确定。

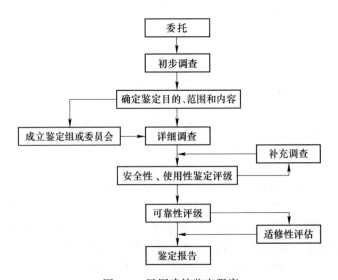

图1.2 民用建筑鉴定程序

初步调查宜包括下列基本工作内容：1）查阅图纸资料：包括岩土工程勘察报告、设计计算书、设计变更记录、施工图、施工及施工变更记录、竣工图、竣工质检及验收文件（包括隐蔽工程验收记录）、定点观测记录、事故处理报告、维修记录、历次加固改造图纸等。2）查询建筑物历史：如原始施工、历次修缮、加固、改造、用途变更、使用条件改变以及受灾等情况。3）考察现场，按资料核对实物现状：调查建筑物实际使用条件和内外环境，查看已发现的问题，听取有关人员的意见等。4）填写初步调查表。5）制定详细调查计划及检测、试验工作大纲，并提出需由委托方完成的准备工作。

详细调查宜根据实际需要选择下列工作内容：1）结构体系基本情况勘查：结构布置及结构形式；圈梁、构造柱、拉结件、支撑（或其他抗侧力系统）的布置；结构支承或支座构造；构件及其连接构造；结构细部尺寸及其他有关的几何参数。2）结构使用条件调查核实：结构上的作用（荷载）；建筑物内外环境；使用史（含荷载史、灾害史）。3）地基基础，包括桩基础的调查与检测：场地类别与地基土，包括土层分布及下卧层情况；地基稳定性（斜坡）；地基变形及其在上部结构中的反应；地基承载力的近位测试及室内力学性能试验；基础和桩的工作状态评估，若条件许可，也可针对开裂、腐蚀或其他损坏等情况进行开挖检查；其他因素，如地下水抽降、地基浸水、水质恶化、土壤腐蚀等的影响或作用。4）材料性能检测分析：结构构件材料；连接材料；其他材料。5）承重结构检查：构件（含连接）的几何参数；构件及其连接的工作情况；结构支承或支座的工作情况；建筑物的裂缝及其他损伤的情况；结构的整体牢固性；建筑物侧向位移，包括上部结构倾斜、基础转动和局部变形；结构的动力特性。6）围护系统的安全状况和使用功能调查。7）易受结构位移、变形影响的管道系统调查。

1.3.2.3 民用建筑可靠性鉴定等级的划分

《民用建筑可靠性鉴定标准》（GB 50292—2015）规定：民用建筑可靠性鉴定评级的层次、等级划分以及工作步骤和内容，应符合下列规定：1）安全性和正常使用性的鉴定评级，应按构件（含节点、连接，以下同）、子单元和鉴定单元各分三个层次。每一层次分为四个安全性等级和三个使用性等级，并应按表1.3规定的检查项目和步骤，从第一层开始，逐层进行：根据构件各检查项目评定结果，确定单个构件等级；根据子单元各检查项目及各构件集的评定结果，确定子单元等级；根据各子单元的评定结果，确定鉴定单元等级。2）各层次可靠性鉴定评级，应以该层次安全性和使用性的评定结果为依据综合确定。每一层次的可靠性等级分为四级。3）当仅要求鉴定某层次的安全性或使用性时，检查和评定工作可只进行到该层次相应程序规定的步骤。

表1.3 可靠性鉴定评级的层次、等级划分及工作内容

层次		一	二		三
层名		构件	子单元		鉴定单元
安全性鉴定	等级	a_u、b_u、c_u、d_u	A_u、B_u、C_u、D_u		A_{su}、B_{su}、C_{su}、D_{su}
	地基基础	—	地基变形评级	地基基础评级	
		按同类材料构件各检查项目评定单个基础等级	边坡场地稳定性评级		
			地基承载力评级		

续表 1.3

层次		一	二		三
层名		构件	子单元		鉴定单元
安全性鉴定	上部承重结构	按承载能力、构造、不适合继续承载的位移或残损等检查项目评定单个构件等	每种构件集评级	上部承重结构评级	鉴定单元安全性评级
			结构侧向位移评级		
		—	按结构布置、支撑、圈梁、结构间联系等检查项目评定结构整体性等级		
	围护系统承重部分	按上部承重结构检查项目及步骤评定围护系统承重部分各层次安全性等级			
正常使用性鉴定	等级	a_s、b_s、c_s	A_s、B_s、C_s		A_{ss}、B_{ss}、C_{ss}
	地基基础	—	按上部承重结构和围护系统工作状态评估地基基础等级		鉴定单元正常使用性评级
	上部承重结构	按位移、裂缝、风化、锈蚀等检查项目评定单个构件等级	每种构件集评级	上部承重结构评级	
			结构侧向位移评级		
	围护系统功能	—	按屋面防水、吊顶、墙、门窗、地下防水及其他防护设施等检查项目评定围护系统功能等级	围护系统评级	
		按上部承重结构检查项目及步骤评定围护系统承重部分各层次使用性等级			
可靠性鉴定	等级	a、b、c、d	A、B、C、D		Ⅰ、Ⅱ、Ⅲ、Ⅳ
	地基基础	以同层次安全性和正常使用性评定结果并列表达，或按本标准规定的原则确定其可靠性等级			鉴定单元可靠性评级
	上部承重结构				
	围护系统				

注：1. 表中地基基础包括桩基和桩。
　　2. 表中使用性鉴定包括适用性鉴定和耐久性鉴定；对专项鉴定，耐久性等级符号也可按《民用建筑可靠性鉴定标准》（GB 50292—2015）2.2.2 节的规定采用。
　　3. 单个构件应按《民用建筑可靠性鉴定标准》（GB 50292—2015）附录 B 划分。

1.3.2.4　民用建筑可靠性鉴定评级标准

（1）民用建筑安全性鉴定评级的各层次分级标准，应按表 1.4 的规定采用。

表 1.4　安全性鉴定分级标准表

层次	鉴定对象	等级	分级标准	处理要求
一	单个构件或其检查项目	a_u	安全性符合本标准对 a_u 级的要求，具有足够的承载能力	不必采取措施
		b_u	安全性略低于本标准对 a_u 级的要求，尚不显著影响承载能力	可不采取措施

层次	鉴定对象	等级	分级标准	处理要求
一	单个构件或其检查项目	c_u	安全性不符合本标准对 a_u 级的要求，显著影响承载能力	应采取措施
		d_u	安全性极不符合本标准对 a_u 级的要求，已严重影响承载能力	必须及时或立即采取措施
二	子单元或子单元中的某种构件集	A_u	安全性符合本标准对 A_u 级的要求，不影响整体承载	可能有个别一般构件应采取措施
		B_u	安全性略低于本标准对 A_u 级的要求，尚不显著影响整体承载	可能有极少数构件应采取措施
		C_u	安全性不符合本标准对 A_u 级的要求，显著影响整体承载	应采取措施，且可能有极少数构件必须立即采取措施
		D_u	安全性极不符合本标准对 A_u 级的要求，已严重影响整体承载	必须立即采取措施
三	鉴定单元	A_{su}	安全性符合本标准对 A_{su} 级的要求，不影响整体承载	可能有极少数一般构件应采取措施
		B_{su}	安全性略低于本标准对 A_{su} 级的要求，尚不显著影响整体承载	可能有极少数构件应采取措施
		C_{su}	安全性不符合本标准对 A_{su} 级的要求，显著影响整体承载	应采取措施，且可能有极少数构件必须立即采取措施
		D_{su}	安全性极不符合本标准对 A_{su} 级的要求，已严重影响整体承载	必须立即采取措施

注：1. 表中关于"不必采取措施"和"可不采取措施"的规定，仅对安全性鉴定而言，不包括使用性鉴定所要求采取的措施。

2. 本标准是指《民用建筑可靠性鉴定标准》（GB 50292—2015）。

3. 本标准 a_u 级和 A_u 级的具体要求以及对其他各级不符合该要求的允许程度，分别由《民用建筑可靠性鉴定标准》（GB 50292—2015）第5章、第7章及第9章给出。

（2）民用建筑使用性鉴定评级的各层次分级标准，应按表1.5的规定采用。

表1.5 使用性鉴定分级标准表

层次	鉴定对象	等级	分级标准	处理要求
一	单个构件或其检查项目	a_s	使用性符合本标准对 a_s 级的要求，具有正常的使用功能	不必采取措施
		b_s	使用性略低于本标准对 a_s 级的要求，尚不显著影响使用功能	可不采取措施
		c_s	使用性不符合本标准对 a_s 级的要求，显著影响使用功能	应采取措施

续表 1.5

层次	鉴定对象	等级	分级标准	处理要求
二	子单元或其中的某种构件集	A_s	使用性符合本标准对 A_s 级的要求，不影响整体使用功能	可能有极少数一般构件应采取措施
		B_s	使用性略低于本标准对 A_s 级的要求，尚不显著影响使用功能	可能有极少数构件应采取措施
		C_s	使用性不符合本标准对 A_s 级的要求，显著影响使用功能	应采取措施
三	鉴定单元	A_{ss}	使用性符合本标准对 A_{ss} 级的要求，不影响整体使用功能	可能有极少数一般构件应采取措施
		B_{ss}	使用性略低于本标准对 A_{ss} 级的要求，尚不显著影响整体使用功能	可能有极少数构件应采取措施
		C_{ss}	使用性不符合本标准对 A_{ss} 级的要求，显著影响整体使用功能	应采取措施

注：1. 表中关于"不必采取措施"和"可不采取措施"的规定，仅对使用性鉴定而言，不包括安全性鉴定所要求采取的措施。
　　2. 当仅对耐久性问题进行专项鉴定时，表中"使用性"可直接改称为"耐久性"。
　　3. 本标准对 a_s 级和 A_s 级的具体要求以及对其他各级不符合该要求的允许程度，分别由《民用建筑可靠性鉴定标准》（GB 50292—2015）第 6 章、第 8 章及第 9 章给出。

（3）民用建筑可靠性鉴定评级的各层次分级标准，应按表 1.6 的规定采用。

表 1.6　可靠性鉴定分级标准

层次	鉴定对象	等级	分级标准	处理要求
一	单个构件	a	可靠性符合本标准对 a 级的要求，具有正常的承载功能和使用功能	不必采取措施
		b	可靠性略低于本标准对 a 级的要求，尚不显著影响承载功能和使用功能	可不采取措施
		c	可靠性不符合本标准对 a 级的要求，显著影响承载功能和使用功能	应采取措施
		d	可靠性极不符合本标准对 a 级的要求，已严重影响安全	必须及时或立即采取措施
二	子单元或其中的某种构件集	A	可靠性符合本标准对 A 级的要求，不影响整体承载功能和使用功能	可能有个别一般构件应采取措施
		B	可靠性略低于本标准对 A 级的要求，但尚不显著影响整体承载功能和使用功能	可能有极少数构件应采取措施
		C	可靠性不符合本标准对 A 级的要求，显著影响整体承载功能和使用功能	应采取措施，且可能有个别构件必须立即采取措施
		D	可靠性极不符合本标准对 A 级的要求，已严重影响安全	必须及时或立即采取措施

层次	鉴定对象	等级	分级标准	处理要求
三	鉴定单元	Ⅰ	可靠性符合本标准对Ⅰ级的要求，不影响整体承载功能和使用功能	可能有极少数一般构件应在安全性或使用性方面采取措施
		Ⅱ	可靠性略低于本标准对Ⅰ级的要求，尚不显著影响整体承载功能和使用功能	可能有少数构件应在安全性或使用性方面采取措施
		Ⅲ	可靠性不符合本标准对Ⅰ级的要求，显著影响整体承载功能和使用功能	应采取措施，且可能有极少数构件必须立即采取措施
		Ⅳ	可靠性极不符合本标准对Ⅰ级的要求，已严重影响安全	必须及时或立即采取措施

注：本标准对a级、A级及Ⅰ级的具体分级界限以及对其他各级超出该界限的允许程度，分别由《民用建筑可靠性鉴定标准》（GB 50292—2015）第10章作出规定。

1.4 "建筑结构检测、鉴定与加固"课程的学习方法

"建筑结构检测、鉴定与加固"课程是土木工程专业的一门专业课，它的前续课程有"材料力学""结构力学""混凝土结构""钢结构""砌体结构""地基与基础""工程结构抗震设计"等。

建筑结构的检测、鉴定与加固涉及知识面很广，包括检测、鉴定、加固三方面的内容，因而其学习方法随内容的不同而异：

（1）建筑结构的检测，应强调实践性环节，应掌握常用仪器、设备的使用方法，要学会对检测数据的整理和成果的计算。

（2）建筑结构的鉴定，应重点了解鉴定标准的主要条文，包括评定等级的方法、评定等级的依据和标准等。

（3）建筑结构的加固，其涉及的理论及计算则较为复杂，在学习加固技术时，应注意以下四点：

1）要结合相关规范掌握荷载及其他作用的计算方法和组合方法，使荷载及各种作用的计算相对准确，为进行正确的结构分析打下良好的基础。

2）要正确选用结构计算模型。计算模型的选取要考虑最主要因素，忽略次要因素，既要使计算结果能正确反映结构的主要受力特点，又要使计算方法简单易掌握。

3）要采用简单可行的结构分析方法。要使分析方法简单、省时、省力，又能使结构分析准确可靠。

4）要结合各相关规范掌握各种特种结构设计的基本方法。设计中既要把结构分析的结果作为强度、刚度和稳定性设计的基本要求得到满足，又要使计算模型和计算方法中未考虑的因素和不足能够通过构造措施得到满足。

学习本课程时，要注重方法的掌握和知识面的扩大，学习时一般是以讲授与自学相结合。

2 基础工程的检测鉴定与加固

学习要点

（1）了解建筑物的纠偏和迁移方法

（2）掌握建筑地基基础检验和检测方法

（3）掌握建筑地基基础加固方法

标准规范

（1）《建筑地基基础设计规范》（GB 50007—2011）

（2）《建筑桩基技术规范》（JGJ 94—2008）

（3）《建筑地基处理技术规范》（JGJ 79—2012）

（4）《既有建筑地基基础加固技术规范》（JGJ 123—2012）

（5）《复合地基技术规范》（GB/T 50783—2012）

（6）《民用建筑可靠性鉴定标准》（GB 50292—2015）

（7）《工业建筑可靠性鉴定标准》（GB 50144—2008）

（8）《建筑基桩检测技术规范》（JGJ 106—2014）

（9）《建筑物倾斜纠偏技术规程》（JGJ 270—2012）

2.1 地 基 基 础

2.1.1 民用建筑地基基础子单元的安全性和使用性鉴定评级

2.1.1.1 民用建筑地基基础子单元的安全性鉴定评级

当鉴定地基、桩基的安全性时，应符合下列规定：

（1）一般情况下，宜根据地基、桩基沉降观测资料，以及不均匀沉降在上部结构中反应的检查结果进行鉴定评级。

（2）当需对地基、桩基的承载力进行鉴定评级时，应以岩土工程勘察档案和有关检测资料为依据进行评定；当档案、资料不全时，还应补充近位勘探点，进一步查明土层分布情况，并应结合当地工程经验进行核算和评价。

（3）对建造在斜坡场地上的建筑物，应根据历史资料和实地勘察结果，对边坡场地的稳定性进行评级。

地基基础子单元的安全性鉴定评级，应根据地基变形或地基承载力的评定结果进行确定。对建在斜坡场地的建筑物，还应按边坡场地稳定性的评定结果进行确定。评级标准如下：

（1）当地基基础的安全性按地基变形观测资料或其上部结构反应的检查结果评定时，应按下列规定评级：

A_u 级：不均匀沉降小于现行国家标准《建筑地基基础设计规范》规定的沉降差；或建筑物无沉降裂缝、变形或位移。

B_u 级：不均匀沉降不大于现行国家标准《建筑地基基础设计规范》规定的允许沉降差，且连续两个月地基沉降速度小于 2mm/月或建筑物上部结构砌体部分虽有轻微裂缝，但无发展迹象。

C_u 级：不均匀沉降大于现行国家标准《建筑地基基础设计规范》规定的允许沉降差；或连续两个月后地基沉降速度大于 2mm/月；或建筑物上部结构砌体部分出现宽度大于 5mm 的沉降裂缝，预制构件之间的连接部位出现宽度大于 1mm 的沉降裂缝，且沉降裂缝短期内无终止趋势。

D_u 级：不均匀沉降远大于现行国家标准《建筑地基基础设计规范》规定的允许沉降差；连续两个月地基沉降速度大于 2mm/月，且尚有变快趋势；或建筑物上部结构的沉降裂缝发展明显，砌体的裂缝宽度大于 10mm；预制构件之间的连接部位的裂缝宽度大于 3mm；现浇结构个别部位也已开始出现沉降裂缝。

以上 4 款的沉降标准，仅适用于建成已 2 年以上、且建于一般地基土上的建筑物；对建在高压缩性黏性土或其他特殊性土地基上的建筑物，此年限宜根据当地经验适当加长。

（2）当地基基础的安全性按其承载力评定时，可根据本检测和计算分析结果，并应采用下列规定评级：

1）当地基基础承载力符合现行国家标准《建筑地基基础设计规范》（GB 50007）的规定时，可根据建筑物的完好程度评为 A_u 级或 B_u 级。

2）当地基基础承载力不符合现行国家标准《建筑地基基础设计规范》（GB 50007）的规定时，可根据建筑物开裂、损伤的严重程度评为 C_u 级或 D_u 级。

当现场条件适合于按地基（或桩基）的承载力进行鉴定评定时，可根据岩土工程勘察档案和有关检测资料的完整程度，适当补充近位勘探点，进一步查明土层分布情况，并采用原位测试和取原状土做室内物理力学性能试验方法进行地基检验，结合当地工程经验，对地基、桩基的承载力做综合评价；若现场条件许可，还可以在基础（承台）下进行载荷试验，以确定地基（或桩基）的承载力；当发现地基受力层范围内有软弱下卧层时，应对软弱下卧层地基承载力进行验算。按承载能力评级的标准是：当承载能力符合现行国家标准《建筑地基基础设计规范》或现行行业标准《建筑桩基技术规范》的要求时，可根据建筑物的完好程度评为 A_u 级或 B_u 级；当承载能力不符合现行国家标准《建筑地基基础设计规范》或现行行业标准《建筑桩基技术规范》的要求时，可根据建筑物损坏的严重程度定为 C_u 级或 D_u 级。

（3）当地基基础的安全性按边坡场地稳定性项目评级时，应按下列规定评级：

A_u 级：建筑场地地基稳定，无滑动迹象及滑动史。

B_u 级：建筑场地地基在历史上曾有过局部滑动，经治理后已停止滑动，且近期评估表明，在一般情况下不会再滑动。

C_u 级：建筑场地地基在历史上发生过滑动，目前虽已停止滑动，但若触动诱发因素，今后仍有可能再滑动。

D_u级：建筑场地地基在历史上发生过滑动，目前又有滑动或滑动迹象。

2.1.1.2　民用建筑地基基础子单元的使用性鉴定评级

地基基础的使用性，可根据其上部承重结构或围护系统的工作状态进行评定。当评定地基基础的使用性等级时，应按下列规定评级：

（1）当上部承重结构和围护系统的使用性检查未发现问题，或所发现问题与地基基础无关时，可根据实际情况定为 As 级或 Bs 级。

（2）当上部承重结构和围护系统所发现的问题与地基基础有关时，可根据上部承重结构和围护系统所评的等级，取其中较低一级作为地基基础使用性等级。

2.1.2　工业建筑地基基础的安全性和使用性等级评定

2.1.2.1　工业建筑地基基础的安全性等级评定

地基基础的安全性等级评定应遵循下列原则：

（1）宜根据地基变形观测资料和建、构筑物现状进行评定。必要时，可按地基基础的承载力进行评定。

（2）建在斜坡场地上的工业建筑，应对边坡场地的稳定性进行检测评定。

（3）对有大面积地面荷载或软弱地基上的工业建筑，应评价地面荷载、相邻建筑以及循环工作荷载引起的附加沉降或桩基侧移对工业建筑安全使用的影响。

工业建筑地基基础的安全性等级按如下标准评定：

（1）当地基基础的安全性按地基变形观测资料和建、构筑物现状的检测结果评定时，应按下列规定评定等级：

A 级：地基变形小于现行国家标准《建筑地基基础设计规范》（GB 50007）规定的允许值，沉降速率小于 0.01mm/d，建、构筑物使用状况良好，无沉降裂缝、变形或位移，吊车等机械设备运行正常。

B 级：地基变形不大于现行国家标准《建筑地基基础设计规范》（GB 50007）规定的允许值，沉降速率小于 0.05mm/d，半年内的沉降量小于 5mm，建、构筑物有轻微沉降裂缝出现，但无进一步发展趋势，沉降对吊车等机械设备的正常运行基本没有影响。

C 级：地基变形大于现行国家标准《建筑地基基础设计规范》（GB 50007）规定的允许值，沉降速率大于 0.05mm/d，建、构筑物的沉降裂缝有进一步发展趋势，沉降已影响到吊车等机械设备的正常运行，但尚有调整余地。

D 级：地基变形大于现行国家标准《建筑地基基础设计规范》（GB 50007）规定的允许值，沉降速率大于 0.05mm/d，建、构筑物的沉降裂缝发展显著，沉降已使吊车等机械设备不能正常运行。

（2）当地基基础的安全性需要按承载力项目评定时，应根据地基和基础的检测、验算结果，按下列规定评定等级：

A 级：地基基础的承载力满足现行国家标准《建筑地基基础设计规范》（GB 50007）规定的要求，建、构筑物完好无损。

B 级：地基基础的承载力略低于现行国家标准《建筑地基基础设计规范》（GB 50007）规定的要求，建、构筑物可能局部有轻微损伤。

C级：地基基础的承载力不满足现行国家标准《建筑地基基础设计规范》（GB 50007）规定的要求，建、构筑物有开裂损伤。

D级：地基基础的承载力不满足现行国家标准《建筑地基基础设计规范》（GB 50007）规定的要求，建、构筑物有严重开裂损伤。

工业建筑地基基础的安全性等级，按以上两个检查项目中最低等级来确定。

2.1.2.2 工业建筑地基基础的使用性等级评定

地基基础的使用性等级宜根据上部承重结构和围护结构使用状况评定。根据上部承重结构和围护结构使用状况评定地基基础使用性等级时，应按下列规定评定等级：

A级：上部承重结构和围护结构的使用状况良好，或所出现的问题与地基基础无关。

B级：上部承重结构或围护结构的使用状况基本正常，结构或连接因地基基础变形有个别损伤。

C级：上部承重结构和围护结构的使用状况不完全正常，结构或连接因地基变形有局部或大面积损伤。

2.2 建筑地基基础的检测

2.2.1 建筑地基基础检验与监测的一般要求

2.2.1.1 建筑地基基础检验的一般要求

A 基槽检验

基槽（坑）开挖后，应进行基槽检验。以天然土层为地基持力层的浅基础，基槽检验工作应包含下列内容：

（1）应做好验槽准备工作，熟悉勘察报告，了解拟建建筑物的类型和特点，研究基础设计图纸及环境监测资料。当遇到下列情况时，应列为验槽的重点：

1）当持力层的顶板标高有较大的起伏变化时；

2）基础范围内存在两种以上不同成因类型的地层时；

3）基础范围内存在局部异常土质或坑穴、古井、老地基或古迹遗址时；

4）基础范围内遇有断层破碎带、软弱岩脉以及湮废河、湖、沟、坑等不良地质情况时；

5）在雨季或冬季等不良气候条件下施工，基底土质可能受到影响时。

（2）验槽应首先核对基槽的施工位置。平面尺寸和槽底标高的允许误差，可视具体的工程情况和基础类型确定。

（3）基槽检验报告是岩土工程的重要技术档案，应做到资料齐全，及时归档。

B 压实填土检验

在压实填土的过程中，应分层取样检验土的干密度和含水量。取样检验分层定，一般情况下宜按 $20 \sim 50$ cm 分层进行检验。每 $50 \sim 100 m^2$ 面积内应有一个检验点，根据检验结果求得的压实系数，不得低于表 2.1 中规定。对碎石土，其干密度可取 $2.0 \sim 2.2 t/m^3$。

表 2.1   压实填土的质量控制

结构类型	填土部位	压实系数 λ_c	控制含水量/%
砌体承重结构和框架结构	在地基主要受力层范围内	≥0.97	$w_{OP} \pm 2$
砌体承重结构和框架结构	在地基主要受力层范围以下	≥0.95	
排架结构	在地基主要受力层范围内	≥0.96	
排架结构	在地基主要受力层范围以下	≥0.92	

注：1. 压实系数 λ_c 为压实填土的控制干密度；w_{OP} 为最优含水量。

　　2. 地平垫层以下及基础底面标高以上的压实填土，压缩系数不应小于 0.94。

C   复合地基检验

复合地基除应进行静载荷试验外，尚应进行竖向增强体及地基周边土的质量检验。

复合地基的强度及变形模量应通过原位试验方法检验确定，但由于试验的压板面积有限，考虑到大面积荷载的长期作用与小面积短时荷载作用的试验结果有一定的差异，故需要再对竖向增强体及地基质量进行检验。对挤密碎石桩，应用动力触探法检测桩身和桩间土的密实度；对水泥土搅拌桩、低强度素混凝土桩、石灰粉煤灰桩，应对桩身的连续性和材料进行检验。

D   预制桩检验

对预制打入桩、静力压桩，应提供经确认的施工过程有关参数，包括桩顶标高、桩底标高、桩端进入持力层的深度等。其中预制桩还应提供打桩的最后三阵锤击贯入度、总锤击数等，静力桩还应提供最大压力值等。施工完成后，尚应进行桩顶标高、桩位偏差等检验。

当预制打入桩、静力压桩的入土深度与勘察资料不符或对桩端下卧层有怀疑时，可采用补勘方法，检查自桩端以上 1m 起至下卧层 $5d$（d 为桩的直径）范围内的标准贯入击数和岩土特征。

E   混凝土灌注桩检验

对混凝土灌注桩，应提供经确认的施工过程有关参数，包括原材料的力学性能检验报告、试件留置数量及制作养护方法、混凝土抗压强度试验报告、钢筋笼制作质量检查报告，还应包括桩端进入持力层的深度。对锤击沉管灌注桩，应提供最后三阵锤击贯入度、总锤击数等；对钻（冲）孔桩，应提供孔底虚土或沉渣情况等；当锤击沉管灌注桩、冲（钻）孔灌注桩的入土（岩）深度与勘察资料不符或对桩端下卧层有怀疑时，可采用补勘方法，检查自桩端以上 1m 起至下卧层 $5d$ 范围内的岩土特征。施工完成后，尚应进行桩顶标高、桩位偏差等检验。

F   人工挖孔桩检验

人工挖孔桩终孔时，应进行桩端持力层检验；应逐孔进行终孔验收，终孔验收的重点是持力层的岩土特征。对单柱单桩的大直径嵌岩桩，承载能力主要取决于嵌岩段岩性特征和下卧层的持力性能。终孔时，应用超前钻逐孔对孔底下 $3d$ 或 5m 深度范围内的持力层进行检验，查听是否存在溶洞、破碎带和软夹层等不良地质条件，并提供岩芯抗压强度试验报告。

G 桩身质量检验

施工完成后的工程桩应进行桩身质量检验。直径大于 800mm 的混凝土嵌岩桩，应采用钻孔抽芯法或声波透射法检测，检测桩数不得少于总桩数的 10%，且每根柱下承台的桩抽检数不得少于 1 根。直径小于或等于 800mm 的嵌岩桩及直径大于 800mm 的非嵌岩桩，可根据桩径和桩长的大小，结合桩的类型和实际需要，采用钻孔抽芯法和声波透射法或可靠的动测法进行检测，检测桩数不得少于总桩数的 10%，且不少于 10 根。

桩基工程事故，有相当部分是因桩身存在严重的质量问题而造成的。桩基施工完成后，合理地选取工程桩进行完整性检测，评定工程桩质量，是十分重要的。抽检方式必须随机，有代表性。常用桩基完整性检测方法有钻孔抽芯法、声波透射法、高应变动力检测法、低应变动力检测法等。其中低应变动力检测法方便灵活，检测速度快，适宜用于预制桩、小直径灌注桩的检测。一般情况下，低应变动力检测法能可靠地检测到桩顶下第一个残部缺陷的界面。但由于激振能量小，当桩身存在多个缺陷或桩周土阻力很大或桩长较大时，难以检测到桩底反射波和深部缺陷的反射波信号，影响检测结果的准确度。改进方法是加大激振能量，相对地采用高应变检测方法的效果要好，但对大直径桩特别是嵌岩桩，高、低应变均难以取得较好的检测效果。钻孔抽芯法通过钻取混凝土芯样和桩底持力层岩芯，既可直观地判别桩身混凝土的连续性、持力层岩土特征及沉渣情况，又可通过芯样试压，了解相应混凝土和岩样的强度，是大直径桩的重要检测方法。不足之处是仅为一孔之见，存在片面性，且检测费用大，效率低。声波透射法通过预埋管逐个剖面检测桩身质量，既能可靠地发现桩身缺陷，又能合理地评定缺陷的位置、大小和形态；不足之处是需要预埋管，检测时缺乏随机性。实际工作中，将声波透射法与钻孔抽芯法有机地结合起来进行大直径桩质量检测，是科学、合理且切实有效的检测手段。

直径大于 800mm 的嵌岩桩，其承载力一般设计得较高，桩身质量是控制承载力的主要因素之一，应采用可靠的钻孔抽芯法或声波透射法（或两者组合）进行检测。每根柱下承台的桩抽检数不得少于 1 根，单柱单桩的嵌岩桩必须 100%检测。直径大于 800mm 的非嵌岩桩，检测数量不少于总桩数的 10%。小直径桩的抽检数量宜为 10%。对预制桩，当接桩质量可靠时，抽检率可比灌注桩稍低。

H 工程桩竖向承载力检验

施工完成后的工程桩应进行竖向承载力检验。竖向承载力检验的方法和数量可根据地基基础设计等级和现场条件，结合当地可靠的经验和技术确定。复杂地质条件下的工程桩竖向承载力的检验，宜采用静载荷试验，检验桩数不得少于同条件下总桩数的 1%，且不得少于 3 根。大直径嵌岩桩的承载力，可根据终孔时端桩持力层岩性报告结合桩身质量检验报告核检。

工程桩竖向承载力检验，可根据建筑物的重要程度确定抽检数量及检验方法。对地基基础设计等级为甲、乙级的工程，宜采用慢速静荷载加载法进行承载力检验。

当嵌岩桩的设计承载力很高，受试验条件和试验能力限制时，可根据终孔时桩端持力层岩性报告，综合桩身质量检验报告核验单桩承载力。

I 地下连续墙检验

对地下连续墙，应提交经确认的有关成墙记录和报告，主要包括槽底岩性、入岩深度、槽底标高、槽宽、垂直度、清渣、钢筋笼制作和安装质量、混凝土灌注质量记录及预留试块强度检验报告等。地下连续墙完成后，尚应进行质量检验。由于高低应变检测数学模型与连续墙不符，对地下连续墙的检测，检验方法可采用钻孔抽芯法或声波透射法。对承重连续墙，检验槽段数不得小于同条件下总槽段数的20%。

J　抗浮锚杆检验

抗浮锚杆完成后应进行抗拔力检验，检验数量不得少于锚杆总数的3%，且不得少于6根。

2.2.1.2　建筑地基基础监测的一般要求

（1）大面积填方、填海等地基处理工程，应对地面沉降进行长期监测，施工过程中还应对土体变形、孔隙水压力等进行监测。

（2）施工过程中需要降水而周边环境要求监控时，应对地下水位变化和降水对周边环境的影响进行监测。人工挖孔桩降水、基坑开挖降水等都对环境有一定的影响，为了确保周边环境的安全和正常使用，施工降水过程中应对地下水位变化，周边地形，建筑物的变形、沉降、倾斜、裂缝和水平位移等情况进行监测。

（3）预应力锚杆施工完成后，应对锁定的预应力进行监测。监测锚杆数量不得少于总数的10%，且不得少于6根。预应力锚杆施加的预应力实际值，因锁定工艺不同和基坑及周边条件变化而发生改变，需要监测。

（4）基坑开挖应根据设计要求进行监测，实施动态设计和信息化施工。工程上由于设计、施工不当造成的基坑事故时有发生，因此，基坑工程的监测既是实现信息化施工、避免事故发生的有效措施，又是完善、发展设计理论，设计方法和提高施工水平的重要手段。

（5）基坑开挖监测内容，包括支护结构的内力和变形，地下水位及周边建（构）筑物，地下管线等市政设施的沉降和位移等。监测项目选择应根据基坑支护形式、地质条件、工程规模、施工工况与季节及环境保护的要求等因素综合而定。监测内容可按表2.2选择。地基基础设计等级的划分见表2.3。

表 2.2　基坑开挖监测项目选择

监测项目 地基基础 设计等级	支护结构水平位移	监控范围内建（构）筑物沉降与地下管线变形	土方分层开挖标高	地下水位	锚杆拉力	支撑轴力或变形	立柱变形	桩、墙内力	基坑底隆起	土体侧向变形	孔隙水压力	土压力
甲级	√	√	√	√	√	√	√	√	√	√	△	△
乙级	√	√	√	√	√	△	△	△	△	△	△	△

注：1. 地基基础设计等级根据表2.3确定；
　　2. "√"为必测项目，"△"为宜测项目。

表 2.3 地基基础设计等级

设计等级	建筑和地基类型
甲级	重要工业与民用建筑物 30 层以上的高层建筑物 体型复杂、层数相差超过 10 层的高低层连成一体建筑物 大面积的多层地下建筑物（如地下车库、商场、运动场） 对地基变形有特殊要求的建筑物 复杂地质条件下的坡上建筑物（包括高坡边缘） 对原有工程影响较大的新建筑物 场地和地基条件复杂的一般建筑物 位于复杂地质条件及软土地区的二层及二层以上地下室的基坑工程
乙级	除甲级、丙级以外的工业与民用建筑物
丙级	场地和地基条件简单、荷载分布均匀的七层以及七层以下民用建筑及一般工业建筑物；次要的轻型建筑物

（6）基坑开挖对邻近建（构）筑物的变形监控应考虑基坑开挖造成的附加沉降与原有沉降的叠加。监测值的变化和周边建（构）筑物、管网允许的最大沉降变形，是确定监控报警标准的主要因素。其中周边建（构）筑物原有的沉降与基坑开挖造成的附加沉降叠加后，不能超过允许的最大沉降变形值。

（7）边坡工程施工过程中，应严格记录气象条件、挖方、填方、堆载等情况。爆破开挖时，应监控爆破对周边环境的影响。爆破对周边环境的影响程度与炸药量、引爆方式、地质条件、离爆破点距离等有关，实际影响程度需对测点的震动速度和频率进行监测确定。土石方工程完成后，尚应对边坡的水平位移和竖向位移进行监测，直到变形稳定为止，且时间不得少于 3 年。

（8）对挤土桩，当周边环境保护要求严格、布桩较密时，应对打桩过程中造成的土体隆起和位移、邻桩桩顶标高及桩位、孔隙水压力等进行监测。挤土桩施工过程中造成的土体隆起等挤土效应，不但影响周边环境，也会造成邻桩的抬起，严重影响成桩质量和单桩承载力，应实施监控。

（9）建筑物沉降观测，包括从施工开始整个施工期内和使用期间对建筑物进行的沉降观测，并以实测资料作为建筑物地基基础工程质量检验的依据之一。建筑物施工期的观测日期和次数，应根据施工进度确定。建筑物竣工后的第一年内，每隔 2~3 月观测一次，以后适当延长至 2~6 月，直至达到沉降变形稳定标准为止。下列建筑物应在施工期间及使用期间进行变形观测：

1）地基基础设计等级为甲级的建筑物；

2）复合地基或软弱地基上的设计等级为乙级的建筑物；

3）加层、扩建建筑物；

4）受邻近深基坑开挖施工影响或受场地地下水等环境因素变化影响的建筑物；

5）需要积累建筑经验或进行设计反分析的工程。

2.2.2 地基承载力的检测

2.2.2.1 地基静力载荷试验

静力载荷试验就是在拟建建筑场地上，在挖至设计基础埋置深度的平整坑底放置一定规格的方形或圆形承压板，在其上逐级施加与变形特性，求得地基容许承载力与变形模量等力学数据。

静力载荷试验可用于下列目的：确定地基土的临塑荷载、极限荷载，为评定地基土的承载力提供依据；估算地基土的变形模量。

A 载荷试验的设备

目前常用的静力载荷试验设备如图 2.1 所示。

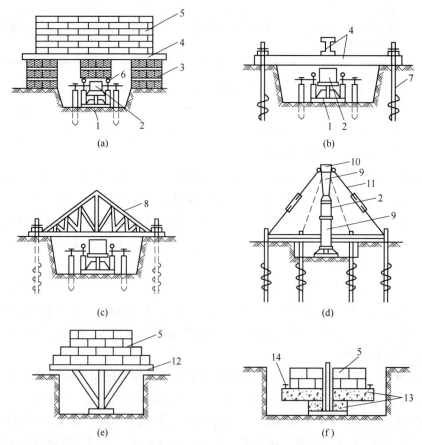

图 2.1 几种常用的静力荷载试验设计结构略图

1—承压板；2—千斤顶；3—木垛；4—钢梁；5—钢锭；6—百分表；7—地锚；8—桁架；9—立柱；
10—分力帽；11—拉杆；12—载荷台；13—混凝土平板；14—测点

B 静力载荷试验

静力载荷试验的承压板一般用刚性的方形板或圆形板，其面积应为 2500cm^2 或 5000cm^2，目前工程上常用的是 70.7cm×70.7cm 和 50cm×50cm。对于均质密实的土如 Q_3

老黏性土，也可用 1000cm² 的承压板。但对于饱和软土层，考虑到在承压板边缘的塑性变形影响，承压板的面积不应小于 5000cm²。如果地表为厚度不大的硬壳层，其下为软弱下卧层，而且建筑物基础以硬壳层为持力层，此时承压板应当选用尽量大的尺寸，使受压土层厚度与实际压缩层厚度相当。条件许可时，最好在现场浇一实体基础供试验用。但承压板面积加大，加载重量相应增加，试验的困难也就增大。故除了专门性的研究外，通常仍然采用 5000cm² 的承压板。在软土层或一般黏性土层中，比例界限值（临塑压力）一般不受或很少受承压板宽度的影响，但不同埋深对 p_0 有影响，随埋深增大而增大，其变化规律与试验深度处土体原始有效覆盖压力的变化基本一致。所以，对于厚度大而且比较均匀的软土或一般黏性土地基，可以采用较小面积的承压板进行静力载荷试验。

为了排除承压板周围超载的影响，试验标高处的坑底宽度不应小于承压板直径（或宽度）的 3 倍，并应尽可能减小坑底开挖和整平对土层的扰动，缩短开挖与试验的间隔时间。而且在试验开始前，应保持土层的天然湿度和原状结构。当被试土层为软黏土或饱和松散砂土时，承压板周围应预留 20~30cm 厚的原状土作为保护层。当试验标高低于地下水位时，应先将地下水位降低至试验标高以下，并在试坑底部敷设 5cm 厚的砂垫层，待水位恢复后进行试验。

承压板与土层接触处，一般应敷设厚度不超过 20mm 的中砂层或粗砂层，以保证底板水平，并与土层均匀接触。

试验加荷方法应采用分级维持荷载沉降相对稳定法（慢速法）或沉降非稳定法（快速法）。试验的加荷标准为：试验的第一级荷载（包括设备自重）应接近卸去土的自重。每级荷载增量（即加荷等级）一般取被试地基土层预估极限承载力的 1/8~1/12，施加的总荷载应尽量接近试验土层的极限荷载。荷载的量测精度不低于最大荷载的 ±1%，沉降值的量测精度不低于 ±0.01mm。

各级荷载下沉降相对稳定标准一般采用连续 2h 的每小时沉降量不超过 0.1mm。

试验点附近应有取土孔提供土工试验，或其他原位测试资料。试验后，应在承压板中心向下开挖进行取土试验，并描述 2.0 倍承压板直径（或宽度）范围内土层的结构变化。

静力载荷试验过程中出现下列现象之一时，即可认为土体已达到极限状态，应终止试验：

（1）承压板周围的土体有明显的侧向挤出，周边岩土出现明显隆起或径向裂缝持续发展；

（2）本级荷载的沉降量大于前级荷载沉降量的 5 倍，荷载与沉降曲线出现明显陡降；

（3）在某级荷载下 22h 沉降速率不能达到相对稳定标准；

（4）总沉降量与承压板直径（或宽度）之比超过 0.06。

静力载荷试验的主要成果是 p-s 曲线（见图 2.2）。

C 静力载荷试验资料的应用

静力载荷试验资料主要有以下应用：

（1）确定地基土的承载力。根据静力载荷试验资料确定地基土的承载力，应根据 p-s 曲线（或同时应用 s-t 曲

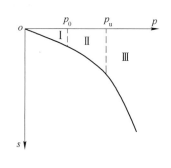

图 2.2 p-s 曲线

线）的全部特征综合考虑。

（2）确定地基土的变形模量 E。一般取 $p\text{-}s$ 曲线的直线段（即第 I 阶段）计算 E_0 值。

2.2.2.2　复合地基载荷试验

复合地基载荷试验遵循下列原则：

（1）单桩复合地基载荷试验的压板可用圆形或方形，面积为一根桩承担的处理面积；多桩复合地基载荷试验的压板可用方形或矩形，其尺寸按实际桩数所承担的处理面积确定。

（2）压板底高程应与基础底面设计高程相同，压板下宜设中粗砂找平层。

（3）加荷等级可分为 8~12 级，总加载量不宜少于设计要求值的 2 倍。

（4）每加一级荷载 Q，在加荷前后应各读记压板沉降 s 一次，以后每半小时读记一次。当一小时内沉降增量小于 0.1mm 时，即可加下一级荷载；对饱和黏性土地基中的振冲桩或砂石桩，一小时内沉降增量小于 0.25mm 时，即可加下一级荷载。

（5）当出现下列现象之一时，可终止试验：

1）沉降急骤增大、土被挤出或压板周围出现明显的裂缝。

2）累计的沉降量大于压板宽度或直径的 10%。

3）总加载量已为设计要求值的 2 倍以上。

（6）卸荷可分三级等量进行，每卸一级，读记回弹量，直至变形稳定。

（7）复合地基承载力特征值的确定：

1）当 $p\text{-}s$ 曲线上有明显的比例极限时，可取该比例极限所对应的荷载。

2）当极限荷载能确定，而其值又小于对应比例极限荷载值的 1.5 倍时，可取极限荷载的一半。

3）按相对变形值确定：

①振冲桩和砂石桩复合地基：对以黏性土、粉土、砂土为主的地基，可取 s/b 或 s/d =0.010 所对应的荷载（b 和 d 分别为压板宽度和直径）。

②土挤密桩复合地基，可取 s/b 或 s/d=0.010~0.015 所对应的荷载；对灰土挤密桩复合地基，可取 s/b 或 s/d=0.008 所对应的荷载。

③深层搅拌桩或旋喷桩复合地基，可取 s/b 或 s/d=0.006~0.010 所对应的荷载。

（8）试验点的数量不应少于 3 点。当满足其极差不超过平均值的 30%时，可取其平均值为复合地基承载力特征值。

2.2.3　桩基静载试验和动测技术

2.2.3.1　单桩竖向静载荷试验

A　试验加载装置

一般采用油压千斤顶加载，千斤顶的加载反力装置可根据现场实际条件取下列三种形式之一：

（1）锚桩横梁反力装置（图 2.3）。

锚桩、反力梁装置能提供的反力应不小于预估最大试验荷载的 1.2~1.5 倍。

采用工程桩作锚桩时，锚桩数量不得少于 4 根，并应对试验过程中锚桩上拔量进行监测。

（2）压重平台反力装置。压重量不得少于预估最大试验荷载的 1.2 倍，压重应在试验开始前一次加上，并均匀稳固放置于平台上。

（3）锚桩压重联合反力装置。当试桩最大加载量超过锚桩的抗拔能力时，可在横梁上放置或悬挂一定重物，由锚桩和重物共同承受千斤顶加载反力。

千斤顶平放于试桩中心，当采用 2 个以上千斤顶加载时，应将千斤顶并联同步工作，并使千斤顶的合力通过试桩中心。

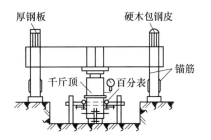

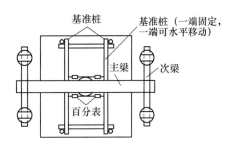

图 2.3 桩横梁反力装置

B 试桩制作要求

（1）试桩顶部一般应予加强，可在桩顶配置加密钢筋网 2~3 层，或以薄钢板圆筒做成加劲箍与柱顶混凝土浇成一体，用高标号砂浆将桩顶抹平。对于预制桩，若桩顶未破损，可不另做处理。

（2）为安置沉降测点和仪表，试桩顶部露出试坑地面的高度不宜小于 600mm，试坑地面宜与桩承台底设计标高一致。

（3）试桩的成桩工艺和质量控制标准应与工程桩一致。为缩短试桩养护时间，混凝土强度等级可适当提高，或掺入早强剂。

C 加卸载与沉降观测

（1）加载分级：每级加载为预估极限荷载的 1/15，第一级可按 2 倍分级荷载加荷。

（2）沉降观测：每级加载后间隔 5min、10min、15min 各测读一次；以后每隔 15min 测读一次；累计 1h 后，每隔 30min 测读一次。每次测读值均记入试验记录表。

（3）沉降相对稳定标准：每 1h 的沉降不超过 0.1mm，并连续出现两次（由 1.5h 内连续三次观测值计算），认为已达到相对稳定，可加下一级荷载。

（4）终止加载条件：当出现下列情况之一时，即可终止加载。

1）某级荷载作用下，桩的沉降量为前一级荷载作用下沉降量的 5 倍；

2）某级荷载作用下，桩的沉降量大于前一级荷载作用下沉降量的 2 倍，且经 24h 尚未达到相对稳定；

3）已达到锚桩最大抗拔力或压重平台的最大重量时。

（5）卸载与卸载沉降观测：每级卸载值为每级加载值的 2 倍。每级卸载后隔 15min 测读一次残余沉降；读两次后，隔 30min 再读一次，即可卸下一级荷载。全部卸载后，隔 2~4h 再读一次。

D 单桩竖向极限承载力的确定

（1）根据沉降随荷载的变化特征确定极限承载力：对于陡降型 Q-s 曲线，取 Q-s 曲线发生明显陡降的起始点。

（2）根据沉降量确定极限承载力：对于缓变型 Q-s 曲线，一般可取 $s=40mm$ 所对应的荷载；对于大直径桩，可取 $s=(0.03\sim0.06)D$（D 为桩端直径，大桩径取低值，小桩径取高值）所对应的荷载值；对于细长桩（$t/d>80$），可取 $s=60\sim80mm$ 所对应的荷载值。

（3）根据沉降随时间的变化特征确定极限承载力：取 s-$\lg t$ 曲线尾部出现明显向下弯曲的前一级荷载值。

2.2.3.2　动力试桩技术

动力试桩法是应用物体振动和应力波的传播理论，来确定单桩竖向承载力以及检验桩身完整性的一种方法。与传统的静载荷试验相比，它无论在试验设备、测试效率、工作条件以及试验费用等方面，均具有明显的优越性，其最大的益处是速度快、成本低，可对工程桩进行大量的普查，及时找出隐患，防止重大安全质量事故。

动力试桩法种类繁多，一般可分为高应变动力检测法和低应变动力检测法两大类。

A　小应变频域法动力测定单桩承载力

频域法检测桩承载力的方法，就是在频域曲线（速度幅频曲线，或速度导纳幅频曲线）上，分析桩的容许承载力。

频域法检测桩的完整性可按如下步骤进行：

（1）处理桩头并安放传感器。在检测之前，先清除桩头的疏松和有裂隙的部分，将桩顶凿平并清扫干净，以便粘结传感器。力和响应信号的传感器宜用黄油（气温低时）和橡皮泥（气温高时）粘结，并应在同一水平面上。响应信号传感器的平面位置宜放在离桩边缘 $1/4\sim1/3$ 桩半径处。

（2）安装激振器。目前国产的激振器类型较多，但不论何种类型，在安装时都必须注意两点：一是对中，使激振力的作用点与桩顶面的中心点对准，偏差不得大于 $0.5cm$；二是使激振力垂直作用在桩顶面。

（3）通电前检查仪器。通电前先检查工作电压，如偏差大于 1.5%，则需加调压器。试验现场的电网电压波动较大时，应配置稳压器。通电前应仔细检查连接线路有无短路、开路或接头松动等现象。检查各仪器开关挡位置是否正确；检查放大器与传感器的灵敏度是否匹配。

（4）通电预热，并将信号源调至 $15Hz$，检查测试仪器是否工作正常，发现问题应及时消除。如激振器在 $f=15Hz$ 时发生摇摆，则起始工作频率可提高到 $f=20Hz$。

（5）在保持激振力幅值不变的情况下，增加激振频率，取步长小于 $5Hz$ 进行扫频激振，并记录下每一振动频率下的速度（或速度导纳）值，或通过微型计算机自动显示或绘制出速度（或速度导纳）幅值随频率的变化曲线。

（6）根据现场实测的速度 v（或速度导纳 v/Q_0）幅频曲线，按上述的原理和方法，评定该桩的承载力。

B　大应变曲线拟合法动力测定单桩承载力

曲线拟合法是波动方程法的一种类型，如目前应用较广的 CAPWAP 法，就是在凯斯法基础上发展而来的。

曲线拟合法的检测设备由锤击设备和量测仪器两部分组成。曲线拟合法现场检测的仪器设备配置框图如图 2.4 所示。

曲线拟合法检测桩的承载力可按如下步骤进行：

（1）处理桩头。检测桩在施工完毕后经过规定的打入桩休止时间（砂土中为7d，粉土中为10d，非饱和黏性土为15d，饱和黏性土为25d）以及灌注桩的混凝土达到设计强度等级后即可处理桩头。

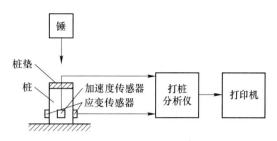

图2.4　曲线拟合现场检测的仪器设备配置框图

（2）在试桩上安置传感器。分别在待测的试桩上对称地安装两个应变传感器和两个加速度传感器，以便取平均值，消除偏心的影响。传感器与桩可以用螺栓连接，也可以采用粘贴连接，但一定要注意传感器与桩身接触面的平面度。对于不平整的表面要凿平、磨光，并保证传感器的轴线与桩身轴线平行。所有传感器均宜安在桩身四个侧面的同一标高上。

（3）进行测试前检测仪器和设备的检查。在接通检测仪器后，应先检查各部分是否能正常运行。为此，可在正式测试前进行试锤击，若发现某部分仪器设备不能正常运行，应立即找出原因并排除故障。

（4）进行测试中的信号采集及数据记录。正式测试开始后，每次锤击，打桩分析仪或基桩检测仪都自动采集桩顶的力（即应变）和速度（即由加速度积分）信号，即可能得到两条曲线。每根桩有效锤击3次，得到3组实测的完整曲线后，即可结束试验。测试中，应按锤击顺序分别记录每次锤击所对应的实测贯入度、入土深度、间歇时间以及桩垫的情况等。

C　大应变静动法动力测定单桩承载力

静动法测试时，通过在汽缸中点燃固体燃料，产生高压气体，将桩顶上的堆载平台举起。如果堆载的质量为m，举起时的加速度为a，则此上举力为$F=ma$。与此同时，施加在桩顶上的反作用力为$-ma$。由于静动法所产生的加速度$a=10\sim20g$，所以平台上的堆载只需要静载试验的5%～10%，从而大大节省了人力和物力。

尤其重要的是，这种可控制的燃烧过程，可以使汽缸维持高压达100～800ms，这与锤击作用下应力波在桩身中的传播有着本质的不同，而更接近于静力加载的情况。图2.5所示即为埋设应变计的桩，在静载加荷和静动法加荷时，实测的桩身轴力的一组曲线。静动法的动力平衡及试验过程如图2.6和图2.7所示。

2.2.4　深基坑工程监测

基坑现场监测的内容，随拟建建（构）筑物的规模、拟建场地的地质条件及周围环境的不同而变化。因此，确定具体工程的监测内容时，应综合考虑该工程的自身及周边环境特征、有关规范的规定及围护结构方案对监测内容的具体要求等因素。一般情况下，对较为重要的拟建工程的监测，常包括以下几方面的内容：围护结构（包括支撑）变形量测及内力量测；土压力量测；地下水位及孔隙水压力量测；坑周土体变形量测；周围环境包括相邻建（构）筑物、道路及地下管线、隧道等保护对象的变形量测。

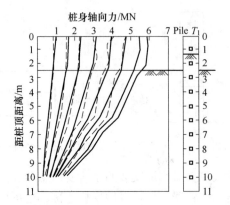
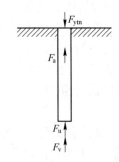

图 2.5　实测桩身轴力（实线为静动法、虚线为静载加荷）　　　　图 2.6　静动法的动力平衡

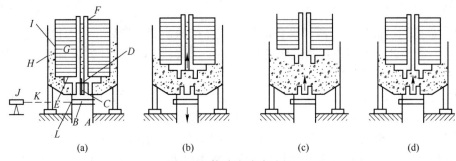

图 2.7　静动法试验过程

（a）设备安装完毕；（b）点燃固体燃料产生高压气体、举起堆载平台；

（c）堆载及平台回落；（d）堆载平台落在砂砾缓冲层上

A—桩；B—力传感器；C—带燃烧室的汽缸；D—活塞；E—平台；F—消声器；G—堆载（反压块）；

H—砂砾容器；I—砂砾；J—激光发生器；K—激光光束；L—激光传感器（接收器）

当然，工程不同，其监测内容可能有所不同。其实，即使是同一工程的不同地段，由于采取的围护结构、地质条件以及环境状况等方面的差异，其监测内容与监测要求也应区别对待，以突出重点，抓住关键。这对于做好监测工作是非常重要的。

2.2.4.1　监测设备

用于深基坑工程现场监测的常用仪器主要有水准仪、经纬仪、测斜仪、分层沉降仪、应变仪、频率仪、钢筋计、土压力计、孔隙水压力计等。

2.2.4.2　监测项目和测点的布置

A　监测项目

根据基坑工程的特点，在基坑工程中，目前经常采用的现场监测项目有以下 9 个：

（1）基坑围护桩（墙）的水平变形，包括桩（墙）的测斜和桩（墙）顶部的垂直及水平位移；

（2）地层分层沉降（或回弹）量；

（3）立柱垂直及水平位移；

（4）支撑围檩的变形及弯矩；

（5）基坑围护桩（墙）的弯矩；

（6）环境，包括基坑周围地下管线、房屋及其他重要构筑物的沉降和水平位移；

（7）基坑内外侧的孔隙水压力及水位；

（8）结构底板的反力及弯矩；

（9）基坑内外侧的水土压力值。

在实际工程中选择监测项目时，需要根据工程实际、地质条件及环境条件而定。一般来说，大型工程及位于市区的环境要求较高的大、中型工程，需测量的项目较全，而中、小型工程则可选择其中的部分项目实施监测。其中，测斜、支撑结构轴力及围护结构变形的量测是基坑监测的基本项目，因为它们能综合反映基坑变形、基坑受力的情况，直接反馈基坑的安全度。

B 监测点布置

根据对基坑工程控制变形的要求，设置在围护结构里的测斜管，一般情况下，每边设 1~3 点；测斜管深度与围护结构入土深度一样。围护桩（墙）顶的水平位移、垂直位移测点应沿基坑周边每隔 10~20m 设一点，基准点应设在远离基坑（大于 5 倍基坑开挖深度）的地方。考虑到基坑工程施工所产生的可能影响，基准点要按其稳定程度定时测量其位移和沉降。

根据围护结构及支撑系统的受力特点，围护桩（墙）弯矩测量点应选择基坑每侧中心处布置，深度方向测点间距一般以 1.5~2.0m 为宜；支撑结构轴力测点需设置在主撑跨中部位，每层支撑都应选择几个具有代表性的截面进行测量。对重要支撑，除测量轴力外，应注意配套量测其在支点处的弯矩以及两端和中部的沉降和位移。对底板反力测量，应按底板结构形状的最大正弯矩和负弯矩布置测点。

立柱桩沉降测点可直接布置在立柱桩上方的支撑面上。对立柱桩的降沉量、位移量的量测，可将测点布置在基坑中多个支撑交汇、受力复杂处的立柱上，且变形与应力量测应配套进行。必要时，也可对基坑中所有的立柱进行量测。

环境监测应包括基坑开挖深度 3 倍以内的范围。地下管线位移量测有直接法和间接法两种。直接法就是将测点布置在管线上，而间接法则是将测点埋设在靠近管线顶面的土体中。房屋沉降量测点则应布置在墙角、柱身（特别是代表独立基础及条形基础差异沉降的柱身）、门边等外形突出部位。测点间距以能充分反映建筑物各部分的不均匀沉降为宜。

在实际工程中，应根据工程施工引起的应力场、位移场分布情况，分清重点与一般，抓住关键部位，做到重点量测项目配套，强调量测数据与施工工况的具体施工参数配套，以形成有效的整体监测系统。另外，应使工程设计和施工设计紧密结合，以达到保证工程施工安全并及时优化设计及施工的目的。

C 监测项目的警戒值

在工程监测中，每一测试项目都应根据具体工程实际，按照一定的原则，预先确定相应的警戒值，以判断位移或受力状况是否会超过允许的范围，判断工程施工是否安全可靠，是否需要调整施工步序或优化原设计方案。因此，测试项目警戒值的确定至关重要。一般情况下，每个警戒值应由两部分控制，即总允许变化量和单位时间内允许变化量（允许变化速度）。

a　警戒值确定的原则

（1）满足现行的相关规范、规程的要求；

（2）满足设计计算的要求；

（3）满足测试对象的安全要求，达到保护目的；

（4）满足环境和施工技术的要求，以实现对环境的保护；

（5）满足各保护对象的主管部门提出的要求。

b　警戒值的确定

对于基坑监测项目的具体警戒值，目前尚无统一标准。地区不同、地质条件不同、工程规模不同、基坑周围环境不同等，对监测项目的警戒值要求便可能有所不同。根据以上原则，参照有关规范，再结合前人经验，对下列具体的监测项目提出警戒值（供参考）：

（1）基坑围护结构倾斜与发展速率。该项指标主要通过测斜结果来反映。对于一般性的基坑工程且周围环境无严格的位移要求时，最大位移一般控制为 80mm，每天发展不超过 10mm。对于周围存在要求严格保护的建（构）筑物的基坑，应根据保护对象的具体要求来确定围护结构位移的控制标准。例如上海市地铁一号线隧道，周围施工对其影响所造成的位移不得超过 20mm。

（2）地下管线（包括煤气管线、自来水管线、电缆线和电话线等）的位移和发展速率。在地下管线当中，以煤气管线最为重要。煤气管线的位移：沉降或水平位移均不得超过 10mm，每天发展不得超过 2mm。自来水管道位移：沉降或水平位移均不得超过 30mm，每天发展不得超过 5mm。

（3）基坑外水位变化：坑内降水或基坑开挖引起坑外水位下降不得超过 1000mm，每天发展不得超过 500mm。

（4）立柱桩差异隆起与沉降：基坑开挖中引起的立柱桩隆起或沉降不得超过 10mm，每天发展不得超过 2mm。

（5）弯矩及轴力：根据设计计算书确定，一般将警戒值定在 80% 的设计允许最大值以内。

（6）另外，对于测斜、围护结构纵深弯矩等光滑的变化曲线，若曲线上出现明显的折点变化，也应作报警处理。

实际上，在具体的监测工作中，应以保证被监测工程的安全和周围环境的安全为目的，选取合适的监测项目及其警戒值，使主体工程建设能够顺利地进行。

2.2.4.3　监测数据的整理与利用

对于监测资料的整理，整理方法非常重要。在整理资料时，只有提高分析能力，才能做到去伪存真，舍粗取精，正确判断，准确表达，以提高监测资料的整理水平，充分发挥监测工作对基坑工程施工的指导作用。否则，监测工作的作用将得不到应有的发挥。例如，在分析位移时，若只顾位移的大小，而不注意速率和表示方法，必将会影响到正确指导施工，有时还会导致事故的发生。

根据实际监测经验以及理论研究成果，在对各监测项目的实测数据进行整理时，宜重视实测资料的整理方法。对于墙顶位移，监测人员应根据测量数据绘制位移平面图，以便设计人员检验原设计意图和帮助施工人员考虑下一步需要注意的事项，决定是否采取一些必要的措施等，从而保证工程施工的顺利进行。对墙体内的倾斜或水平位移实测数据，应选择典型测点，绘制位移大小和速率变化曲线，以帮助工程技术人员进一步分析围护结构的稳定性。对支撑轴力，应注意对温度和混凝土的收缩力的量测，便于分析温度和混凝土的收缩力对轴力量测结果的影响，提高监测数据的准确性。当采用爆破或钻凿钢筋混凝土支撑以及换支撑时，要与施工单位配合，加强监控，避免出事。

对基坑周围环境监测项目的实测资料的整理，同样应选择合适的方法，以提高实测资料的使用效率。对管线（包括自来水管、电缆线、电话线和煤气线）的位移和速率，在绘制位移大小变化曲线的同时，应提供变化速度曲线，其中尤以煤气管线更为重要。对基坑周围已有房屋，在一般情况下，测量沉降可满足要求。但在差异沉降较为明显的情况下，应对房屋的倾斜情况加强观测，并将位移的大小和位移速率同时绘制成曲线，以便工程技术人员判断基坑内外可能出现的问题。孔隙水压力与水位的监测，深层土的沉降和土压力的量测，可以更全面地提供有关数据，更好地指导信息化施工，保证基坑工程施工得以顺利进行。

2.3 既有建筑物地基基础的托换加固

2.3.1 概述

当已有的建筑地基基础遭到破坏，影响了建筑的使用功能或寿命，或设计和施工中的缺陷引起了地基基础事故，或者是因上部结构荷载增加，原有地基与基础已满足不了新的要求等情况，需要对已有地基基础进行托换加固。例如，已有基础受到酸、碱腐蚀；软土或不均匀沉降导致墙体与基础开裂；湿陷性黄土引起的不均匀沉降与基础裂缝；地震引起的基础竖向与水平位移；相邻基础或堆载引起基础或墙柱下沉与倾斜；上部结构改建与增层引起基础荷载的增加等。特别是近十来年，由于地价上涨，全国各城市都有大量房屋需要加层扩建，以挖掘原有房屋的潜力，托换加固已有的建筑地基基础的工程任务便日益增多。

2.3.2 建筑物地基基础的托换加固

托换加固是解决原有建筑的地基处理、基础加固或改建问题；解决在原有建筑基础下修建地下工程，以及在原有建筑物邻近建造新工程而影响到原有工程的安全等问题的技术方法。建筑地基基础的托换加固工作应依据行业标准《既有建筑地基基础加固技术规范》（JGJ 123—2012）进行。托换加固前需做如下几项工作：

掌握托换加固工程场地详尽的工程地质和水文地质资料；掌握被加固托换建筑物的结构设计、施工、竣工、沉降观测和损坏原因分析等资料；掌握场地内地下管线、调研邻近建筑物周围环境对此托换加固施工或竣工可能产生的影响；根据被托换加固工程的要求与托换加固类型，制定托换具体方案。

托换加固已有地基基础的方法很多，图2.8所示只是一些常用的方法。

2.3.2.1 基础补强注浆法

当已有建筑物的基础由于不均匀沉降或施工质量、材料不合格，或因使用中地下水及生产用水的腐蚀等原因，产生裂缝、空洞等破损时，可用注浆法加固。

图 2.8　地基基础加固方法

注浆法是在基础的破损部位两侧钻孔，注入水泥浆或环氧树脂等浆液。注浆管管径为 25mm，与水平方向的倾角不小于 30°。钻孔直径比注浆管直径大 2~3mm，孔距 0.5~1m，注浆压力 0.1~0.3MPa。如浆液不再下沉，可加大至 0.6MPa。在 10~15min 内浆液不下沉时，可停止注浆。每个注浆孔注浆的有效直径范围为 0.6~1.2m。单独基础每边钻孔不应少于 2 个。条形基础裂缝多时，可纵向分段施工，每段长度可取 1.5~2.0m。某条形基础注浆补强如图 2.9 所示。

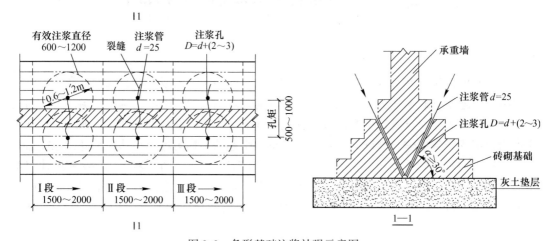

图 2.9　条形基础注浆补强示意图

2.3.2.2　加大基础底面法

当地基承载力或基础面积不足时，可以加大已有基础底面，加大的方法如图 2.10~图 2.12 所示。

在施工和设计时应注意以下几点：

（1）基础荷载偏心时，可以不对称加宽。

（2）接合面要凿毛清净，涂高强水泥浆或界面剂，以增强新老部分混凝土的接合。也可以插入钢筋以加强连接。

（3）加宽部分的主筋应与原基础内主筋焊接。

（4）对条形基础应分段间隔施工，每段长度 1.5~2.0m。因为在全长开挖基础两侧，对基础的安全有影响。

（5）加宽部分下的基础垫层材料和宽度应与旧有部分相同。

（6）加宽后基础的抗剪、抗弯及承载力均应经过计算，必要时应进行沉降计算。

（7）此法一般用于地下水位以上，否则要迫降水位以后再施工。

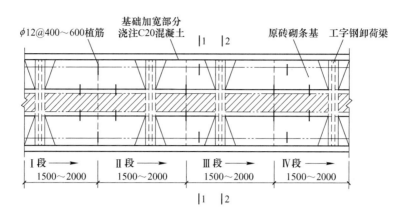

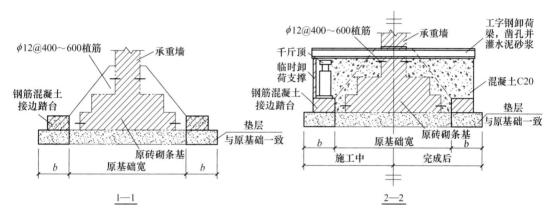

图 2.10　砖砌条形基础混凝土套加宽底面积（梁卸荷时）

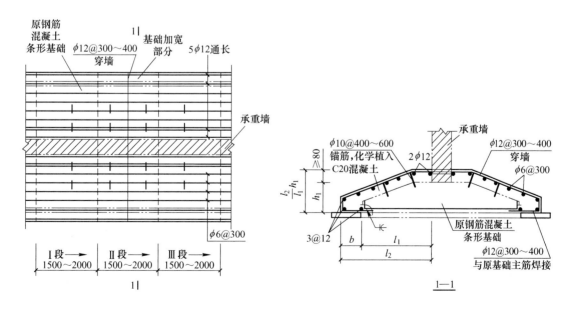

图 2.11　钢筋混凝土条形基础钢筋混凝土套加宽底面积

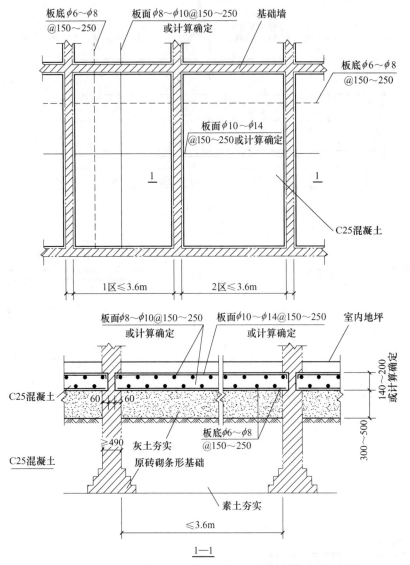

图 2.12　条形基础改筏板基础

2.3.2.3　已有基础的加深法

旧房增层、危房加固或邻近新建深基础预防性加固等情况，可加深原有基础至下部坚实土层。加深基础方法适用地下水位以上，且原基底下不太深处有较好的土层可以做持力层的情况。如果有地下水或基础太深，使施工难度与造价增加，不宜采用本方法。

案例说明：英国 Winchester 大教堂为 90 年前建造的古建筑（图 2.13），20 世纪初由一名潜水工在水下挖坑，穿过墙基下的粉土与泥炭到达坚实的砾石层，并用混凝土包填实进行托换加固，使该教堂免于倒塌。

施工步骤：

（1）开挖竖坑。开挖应贴近被托换基础，竖向深度深于原基底 1.5m 左右；竖坑宽 0.8m 左右，便于人工开挖。

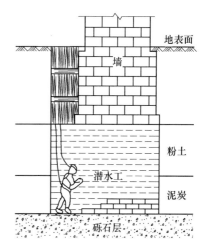

图 2.13 英国 Winchester 大教堂及其加固工程

（2）扩挖基底。由竖坑横向扩挖至基础底面以下，并自基底向下开挖到要求的持力层。

（3）浇筑混凝土。现浇混凝土由基础下坑底至离基底 80mm 处。养护 1 天后，用干稠水泥砂浆填入 80mm 空隙，并用锤敲击短木，充分挤实填入的砂浆。

（4）分段施工。挖坑和浇筑混凝土应分段进行，以防基底脱空太多引起不良影响。

2.3.2.4 桩式托换法

桩式托换法是用桩将原基础荷载传到较深处的好土上去，使原基础得到加固的方法。常用的桩类型有锚杆静压桩，坑式静压桩，灌注桩，树根桩等。这类桩没有太大振动与噪声，对周围环境与地基土的破坏和干扰小，因而常被采用。打入的预制桩不能采用，因为振动与挤土作用对已有基础的地基产生有害作用。

A 锚杆静压桩加固法

此法适用于淤泥、淤泥质土、黏性土、粉土和人工填土上的基础。对过于坚实的土，压桩有困难。

此法一般是在原基础上凿出桩孔和锚杆孔，埋设锚杆与安装反力架，用千斤顶将预制好的桩段逐段通过桩孔压入原基础下的地基中。如图 2.14 所示锚杆静压桩工作原理示意图。

压桩施工流程见图 2.15，各步骤的详细要求见《既有建筑地基基础加固技术规范》。

桩材料宜用钢或钢筋混凝土，截面边长为 200～350mm，桩段长度由施工净空和机具确定，一般为 1～3m。配筋量由计算确定，但不宜少于 $4\phi10$（截面边长 200mm 时）或 $4\phi12$（截面边长 250mm 时）或 $4\phi14$（截面边长 300mm 时）或 $4\phi16$（截面边长 350mm 时）。桩段间用硫黄胶泥连接，但桩身受拉时改用焊接。

单桩承载力可采用单桩静载试验确定，当无试验资料时也可按有关规定确定。原基础的强度应能抵抗桩的冲剪与桩荷载在基础中产生的弯矩，否则应加固或采用挑梁。

承台边缘至边桩的净距不宜小于 300mm；承台厚度不宜小于 400mm；桩顶嵌入承台内的长度为 50～100mm。当桩身受拉时，应在桩顶设锚固筋伸入承台。桩孔截面应比桩截面大 50～100mm，且为上小下大的形状。桩孔凿开后，应将孔壁凿毛、清洗。原基础钢筋需割断，待压桩后再焊接。

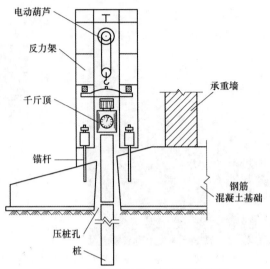

图 2.14 锚杆静压桩工作原理示意图

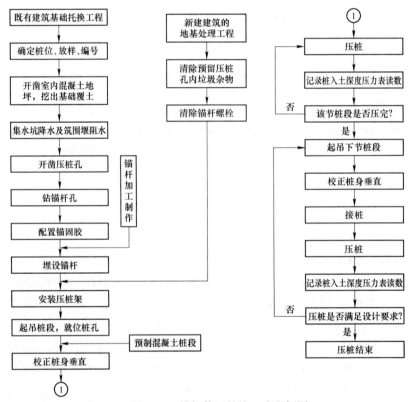

图 2.15 锚杆静压桩施工流程框图

整桩需一次压到设计标高,当必须中途停顿时,桩端应停在软弱土中且停留时间不超过 24h。压桩施工应对称进行,不应数台压桩机在同一个独立基础上同时施压。桩尖应达到设计深度且压桩力达到单桩承载力的 1.5 倍,维持时间不应少于 5min。在此后即可使千斤顶卸载,拆除桩架,焊接钢筋,清除孔内杂物,涂混凝土界面剂,用 C30 或 C35 微膨胀早强混凝土填实桩孔。

图 2.16（a）和（b）所示为某一既有建筑下条形基础锚杆静压桩加固施工图，按此施工后达到恢复加固效果。

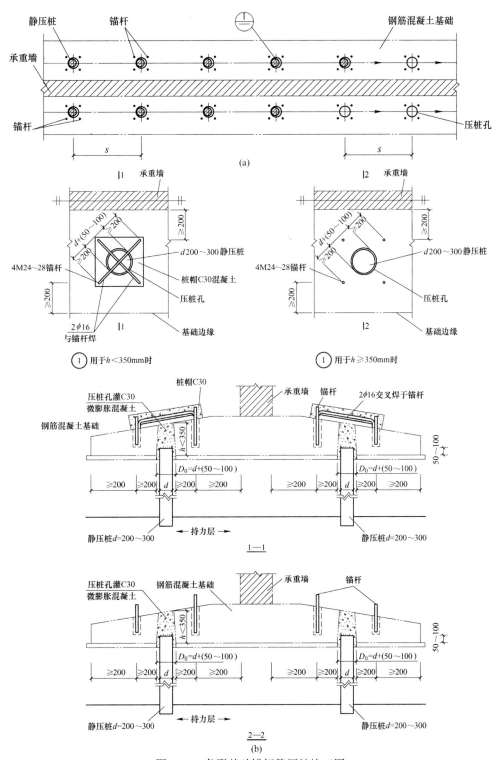

图 2.16 条形基础锚杆静压桩施工图

B　坑式静压桩加固法

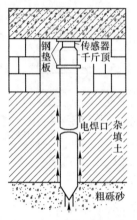

图 2.17　坑式静压桩示意图

坑式静压桩（如图 2.17 所示）是对既有建筑物地基的加固方法，是采用既有建筑物自重作反力，用千斤顶将桩段逐段压入土中的托换方法。千斤顶上的反力梁可利用原有基础下的基础梁或基础板，对无基础梁或基础板的既有建筑，则可将底层墙体加固后再进行托换。国内坑式静压桩的桩身多数采用边长为 100~600mm 的预制钢筋混凝土方桩，也有采用直径 150~350mm 的开口钢管。

坑式静压桩的施工要点：

（1）先在基础一侧挖长 1.2m，宽 0.9m，深于基底 1.5m 的竖坑，以便工人操作，坑壁松软时应加支护；再向基础下挖出一长 0.8m，宽 0.5m 的基坑以便放测力计、千斤顶和压桩。每压入一节后再压下一节。

（2）桩身可用 ϕ150~300mm 的开口钢管或截面边长为 150~250mm 的混凝土方桩。桩长由基坑深度和千斤顶行程决定。

（3）桩的平面位置应设在坚固的墙、柱下，避开门、窗等墙体与基础的薄弱部位。

（4）钢桩用满焊接头，钢筋混凝土桩用硫黄胶泥接头。桩尖遇到硬物时，可用钢板靴保护。

（5）桩尖应达到设计深度且压桩力达到设计单桩承载力的 2 倍并维持 5min 以上，即可卸去千斤顶，用 C30 微膨胀早强混凝土将原基础与桩浇成整体。

C　树根桩加固法

树根桩是一种小直径灌注桩（ϕ150~400mm），长度不宜超过 30m，可以是竖直桩，也可以是网状结构或斜桩。可用于淤泥、淤泥质土、黏性土、粉土、砂土、碎石土和人工填土等地基上的已有建筑、古建筑、地下隧道穿越等加固工程。由于其适用性广泛，结构形式灵活，造价不高，因而常被采用。树根桩施工工程流程如图 2.18 所示。

桩身混凝土不应低于 C20，钢筋笼直径小于设计桩径 20~60mm。主筋不宜少于 3 根。钢筋长度不宜少于 2/3 桩长，斜桩以桩承受水平荷载时应全长配筋。树根桩采用钻机成孔，可穿过原基础进入土层。在土中钻进时，宜采用清水或泥浆护壁或用套管。成孔后放入钢筋笼，填入碎石或细石，用 1MPa 的起始压力将水泥浆从孔底压入孔中直至从孔口泛出。根据经验，大约有 50% 的水泥浆压入周围土层，使桩的侧面摩阻力增大。对某些土层，如若希望提高

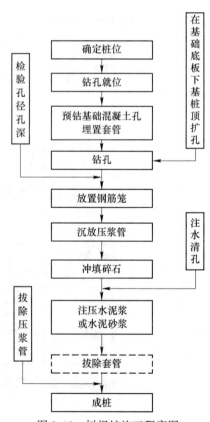

图 2.18　树根桩施工程序图

该层的摩阻力，可在该层范围内采用二次注浆，可使该层的摩阻力提高 30%～50%。二次注浆时，需要在第一次压浆初凝时进行（45～100min），注浆压力提高至 1～3MPa。浆液宜用水泥浆，在高压下浆液劈裂已注的水泥浆和周围土体形成树根状的固体。注浆时应采用间隔施工、间歇施工或添加速凝剂，以防止相邻桩冒浆或串孔，影响成桩质量。可采用静载试验、动测法、留试块等方法检测桩身质量、强度与承载力。

图 2.19 和图 2.20 所示是已有房屋条形基础采用树根桩将既有房屋的荷载传至深层，减小了新建工程引起既有建筑沉降和开裂的危险。

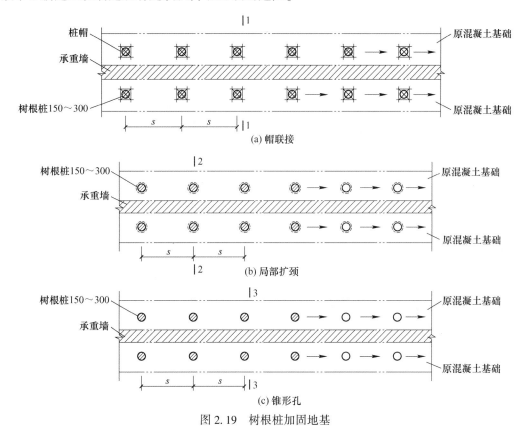

图 2.19　树根桩加固地基

D　石灰桩加固法

石灰桩是生石灰和粉煤灰（火山灰亦可）组成的柔性桩，有时为提高桩身强度，可掺入一些水泥、砂或石屑。它的加固作用是桩与桩间土组成复合地基，使变形减小，承载力提高。

土性改善的原因为：

（1）成孔时的挤密作用，提高了土的密实度。

（2）生石灰熟化时的吸水作用，有利于软土排水固结。1kg 的纯氧化钙可吸水 0.32kg。一般采用的生石灰其 CaO 含量不低于 70%，由此可估出软土含水量的降低值。

（3）膨胀作用。生石灰吸水后体积膨胀 20%～30%。

（4）发热脱水。生石灰吸水后发热可使桩身达 200～300℃，土中水气化，含水量下降。

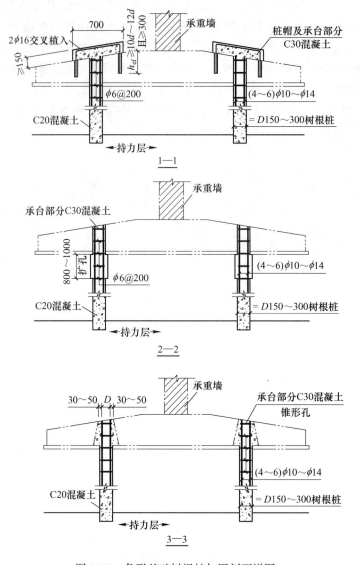

图 2.20　条形基础树根桩加固剖面详图

（5）生石灰中的钙离子可在石灰桩表面形成一硬壳并可进入桩间土中，改善了土的性质。

（6）桩身强度比软土高。

由于这些原因，使复合地基的承载力较加固前提高 0.7~1.5 倍。

确定复合地基的承载力，可通过静载试验、标贯、静探等常规手段获得。

石灰桩的设计施工要点：

（1）生石灰的 CaO 含量不得低于 70%，含粉量不大于 10%，含水量不大于 5%，最大灰块不得大于 50mm，粉煤灰应为 Ⅰ、Ⅱ 级灰。

（2）常用的石灰与粉煤灰的配合比为 1:1、1:1.5 或 1:2（体积比）。为提高桩身的强度，亦可掺入一定量的水泥、砂、石屑。

（3）桩径为 200~300mm（洛阳铲成孔）或 325~425mm（沉管成孔），桩距为 2.5~

3.5 倍桩径。平面布置为三角形或正方形。处理范围比基础宽出 1~2 排桩且不小于加固深度的一半。加固深度由地质条件决定。石灰桩顶部宜有 200~300mm 厚的碎石垫层。

（4）石灰桩的成孔方法：

1）振动沉管法。为防止生石灰膨胀堵塞，在采用管内填料成桩法时，要加压缩空气；在采用管外填料成桩时，要控制每次填料数量及沉管深度。注意振动不宜大，以免影响已有基础。

2）锤击成桩法。要注意锤击次数要少，振动要小。

3）螺旋钻成桩法。钻至设计深度后提钻，清除钻杆上的泥土，将整根桩的填料堆在钻杆周围，再将钻杆沉底，钻杆反转，将填料边搅拌边压入孔中，钻杆被压密的填料逐渐顶起，至预定标高后停止，用 3∶7 灰土封顶。

4）洛阳铲成桩法。用于不产生塌孔的土中，孔成后分层加填料，每次厚度不大于 300mm，用杆状锤夯实。

5）静压成孔法。先成孔后灌料。

石灰桩成孔的关键问题是生石灰吸水膨胀时要有一定的约束力，否则吸水后变成软物，不硬结。试验表明，当桩填筑的干重度达到 11.6kN/m³ 时，只要胀发时竖向压力大于 50kPa，桩体就不会变软。桩体的夯实很重要。

图 2.21 所示是几种加固已有建筑地基的布桩方案。一般尽可能不穿透原基础，以降低施工难度和保持原基础强度。

图 2.22 所示是加固某四层住宅的布桩图。该房屋位于软土上，一端有故河道，土层不均匀，造成墙体多处开裂形成危房。采用粉煤灰石灰桩加固，有长 6.5m 的直桩与 6.5m 的斜桩，加固外墙基础下的地基，取得良好效果。

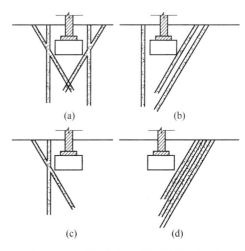

(a)　　　　(b)

(c)　　　　(d)

图 2.21　静压生石灰桩加固危险房屋地基的几种桩方案

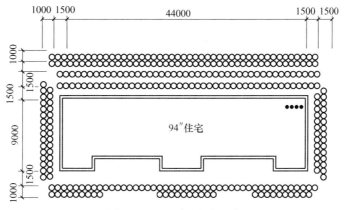

图 2.22　地基加固平面图

2.3.2.5　注浆加固法

注浆加固法适用于砂、粉土、填土、裂缝岩石等岩土加固或防渗。注浆是采用液压、气压或电渗方法将浆液注入基础中或地基中，凝固成为"结合体"，从而具有防渗、防水和提高强度等功能，是加固已有建筑基础常用的方法。

案例说明：某工程当地土质结构较为松散，一小区住宅楼因当初设计施工问题导致不均匀沉降，建筑主体倾斜，墙体开裂，迫使建筑主体出现墙体裂缝并处于不断沉降过程中。采用注浆法在基础的破损部位两侧钻孔，注入浆液。注浆加固施工完成后（图2.23），地基土层强度明显提高，形成抗渗性好、稳定性高的新结构体，使地基承载力达到了设计要求。

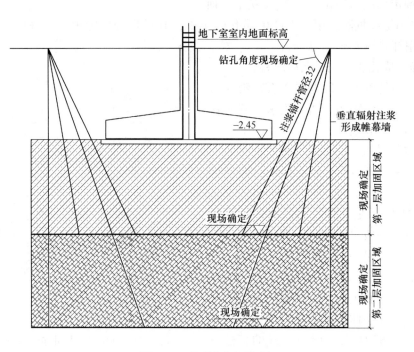

图 2.23　注浆加固示意图

2.3.2.6　其他加固地基的方法

加固已有建筑物地基的方法还有很多，见表2.4。

表 2.4　其他既有建筑地基加固方法

方法名称	适用场合	参考资料
高压喷射注浆法	淤泥、淤泥质土、黏性土、粉土、黄土、砂土、人工填土、碎石等	地基处理规范
深层搅拌法	淤泥、淤泥质土、粉土、含水量较高的黏性土	地基处理规范
灰土挤密桩法	地下水位以上的湿陷性黄土、素填土、杂填土等	地基处理规范
双液硅化法	渗透系数大于2m/d的土	地基处理规范
单液硅化法	渗透系数为0.1~0.2m/d的湿陷性黄土	地基处理规范

2.4　建筑物的纠偏技术

2.4.1　建筑物的倾斜原因及纠偏原则

2.4.1.1　建筑物倾斜原因

建筑物倾斜是地基丧失稳定性的反映，其倾斜原因主要有以下 6 点：

（1）土层厚薄不匀，软硬不均。在山坡、河漫滩、回填土等地基上建造的建筑物，地基土一般有土层厚薄不匀，软硬不均的现象。若地基处理不当，或选用的基础形式不对，很容易造成建筑物倾斜。

案例说明：苏州虎丘塔，塔底直径 3.66m，高 47.5m，重 63000kN，整个塔支承在内外 12 个砖墩上。塔基下土层可划分为五层，每层的厚度不同，因而导致塔身向东北方向倾斜。1957 年，塔顶位移 1.7m，1978 年达到 2.3m，塔的重心偏离基础轴线 0.924m。后采用 44 个人工挖孔桩柱进行基础加固，桩柱直径 1.4m，伸入基岩 50cm，桩顶浇筑钢筋混凝土圈梁，使其连成整体，稳定了塔的倾斜趋势。

（2）地基稳定性差，受环境影响大。湿陷性黄土、膨胀土在我国分布较广，它们受环境影响大——膨胀土吸水后膨胀，失水后收缩；湿陷性黄土浸水后产生大量的附加沉降，且超过正常压缩变形的几倍甚至十几倍，1~2 天就可能产生 20~30cm 的变形量。另外，这种黄土地基在土层分布较深、湿陷面积大、建筑物的刚度较好且重心与基础形心不重合时，还会引起建筑物的倾斜。

案例说明：某建筑发生不均匀沉降，基础坐落在回填土上。该回填土属于湿陷性黄土，遇水则发生收缩。通过综合分析基础构造、土层状况等因素，调查小组最终将沉降病害的原因锁定为：地基承载力不足。由于地基承载力设计取值超出地基土正常极限值，致使地基土产生过大塑性区，难以满足地基长期荷载的要求。后经处理将倾斜建筑物主体调平扶正，并使未达标地基得到妥善加固，使其满足设计承载力要求。

（3）勘察不准，设计有误，基底压力大。软土地基、可塑性黏土、高压缩性淤泥质土等条件，荷载对沉降的影响较大。若在勘察时过高地估计土的承载力或设计时漏算荷载，或基础过小，都会导致基底应力过高，引起地基失稳，使建筑物倾斜甚至倒塌。

案例说明：加拿大特朗斯康谷仓严重倾斜事故。该谷仓高 31m，宽 23m，其下为片筏基础，由于事前不了解基础下有厚达 16m 的可塑黏土层，贮存谷物后基底平均压力（为 320kN/m^2）超过了地基极限承载力，地基失稳倾斜，使谷仓西侧陷入土中 8.8m，东侧上升 1.5m，仓身倾斜 27°，由于谷仓整体性好，没有倒塌。后经浇筑混凝土墩，并用千斤顶将谷仓顶起扶正。

（4）建筑物重心与基底的形心偏离过大。建筑物重心与基底形心经常会出现很大偏离的情况，从设计上，一般住宅的厨房、楼梯间、卫生间多布置在北侧，造成北侧隔墙多，设备多，恒载的比例大；从使用上看，大面积的堆载，大风引起的弯矩及荷载差异等，都会引起建筑物的倾斜。

（5）地基土软弱。软土地基的沉降量较大，在软土地基上，五、六层混合结构的沉降量一般为 40~70cm。建造烟囱、水塔、筒仓、立窑等高耸构筑物，如果采用天然地基，埋深又较小，产生不均匀沉降的可能性较大。

案例说明： 首都机场滑行道塌陷。根据现场勘查及建设单位提供资料显示，滑行道混凝土结构基础层下部为回填土层，再往下为软弱土层。采用注浆法填充土层空洞及空隙，迫使滑行道抬升。经处理后塌陷地面得到有效加固，土层强度得到有效加强，承载力明显提高，彻底杜绝了跑道继续下沉的可能。

（6）其他原因。除了上述原因外，引起建筑物倾斜还有其他原因。例如，沉降缝处两相邻单元或相近的两座建筑物，由于地基应力变形的重叠效应，会导致相邻单元（建筑物）的相倾。又如，地震作用引起的地基液化和地下工程的开挖等，都会引起建筑物的倾斜。

2.4.1.2　建筑物纠偏原则

纠偏扶正建筑物是一项难度很大的工作，需要综合运用各种技术知识。采用本章介绍的各种纠偏方法时，应遵照以下原则：

（1）在制定纠偏方案前，应对纠偏工程的沉降、倾斜、开裂、结构、地基基础、周围环境等情况做周密的调查。

（2）结合原始资料，配合补勘、补查、补测，搞清楚地基基础和上部结构的实际情况及状态，分析倾斜原因。

（3）拟纠偏的建筑物的整体刚度要好。如果刚度不满足纠偏要求，应对其做临时加固。加固的重点应放在底层，加固措施有增设拉杆、砌筑横墙、砌实门窗洞口，以及增设圈梁、构造柱等。

（4）加强观测是搞好纠偏的重要环节，应在建筑物上多设观测点。在纠偏过程中，要做到勤观测、多分析，及时调整纠偏方案，并用垂球、经纬仪、水准仪、倾角仪等进行观察。

（5）如果地基土尚未完全稳定，在施行纠偏施工的另一侧，应采用锚杆静压桩以阻止建筑物的进一步倾斜。桩与基础之间采用铰接连接或固结连接，连接的次序分纠偏前和纠偏后两种，应视具体情况而定。

（6）在纠偏设计时，应充分考虑地基土的剩余变形，以及因纠偏致使不同形式的基础对沉降的影响。

2.4.2　建筑物的纠偏工作程序

已有建筑产生了倾斜要进行纠偏时，纠偏工作的程序为：

（1）观测倾斜是否仍在发展，记录每日倾斜的发展情况。

（2）根据地质条件、相邻建筑、地下管线、洞穴分布、建筑本身的上部结构现状与荷载分布等资料，分析倾斜原因。

（3）提出纠偏方案并论证其可行性。在选择方案时宜优先选择迫降纠偏，当不可行时，再选用顶升纠偏，因为迫降纠偏比较容易实施。

（4）对上部结构的已有破损进行调查与评价，提出加固方案。当对纠偏结构有不利影响时，应在纠偏之前先对结构进行加固。

（5）纠偏工程设计包括选择该方法的依据，纠偏施工的结构内力分析，纠偏方法与步骤，监测手段与安全措施等。

（6）纠偏的施工。

2.4.3 常用纠偏方法

纠偏的方法分为两大类，即顶升纠偏和迫降纠偏。迫降纠偏是将下沉小的建筑物一侧令其产生缓缓的下沉（迫降），直到倾斜得到纠正。顶升纠偏则相反，是用抬升的方法使下沉多的一侧比下沉小的一侧升得多些，最后达到扶正的目的。

纠偏工作是一项特别需要谨慎细致的工作，有时还要在不停产或上部结构已有破损的情况下进行，工作条件比新建工程更为艰难复杂。纠偏中的监测工作是说明结构当时状态的最主要的资料来源，由监测结果可以分析纠偏中结构是否产生不容许的变形、裂缝或不均匀沉降，地基是否受力过大，变形过大或快要失稳，从而可以及时地采取有效措施，或变更纠偏方法、步骤或速率。当然，如果监测结果说明上部结构与地基基础什么问题也没有，也可考虑适当加快纠偏步伐。如果出现了某些现象一时还解释不清楚，就应考虑暂停，静观与分析原因。纠偏工作中"耐心"是必要的，绝不能有赶任务的思想，应以施工安全与保护建筑为先。

纠偏的具体方法有很多种，常用的方法见表2.5。

表 2.5　已有建筑常用纠偏加固方法

类别	方法名称	基 本 原 理	适 用 范 围
迫降纠偏	人工降水纠偏法	利用地下水位降低出现水力坡降产生附加应力差异对地基变形进行调整	不均匀沉降量较小，地基土具有较好渗透性，而降水不影响邻近建筑物
	堆载纠偏法	增加沉降小的一侧的地基附加应力，加剧变形	适用于基底附加应力较小，即小型建筑物的迫降纠偏
	地基部分加固纠偏法	通过沉降大的一侧地基的加固，减少该侧沉降，另一侧继续下沉	适用于沉降尚未稳定，且倾斜率不大的建筑纠偏
	浸水纠偏法	通过土体内成孔或成槽，在孔或槽内浸水，使地基土湿陷，迫使建筑物下沉	适用于湿陷性黄土地基
	钻孔取土纠偏法	采用钻机钻取基础底面下或侧面的地基土，使地基土产生侧向挤压变形	适用于软黏土地基
	水冲掏土纠偏法	利用压力水冲，使地基土局部掏空，增加地基土的附加应力，加剧变形	适用于砂性土地基或具有砂垫层的基础
顶升纠偏	砌体结构顶升纠偏法	通过结构墙体的拖换梁进行抬升	适用于各种地基土、标高过低而需要整体抬升的砌体建筑物
	框架结构顶升纠偏法	在框架结构中设拖换牛腿进行抬升	适用于各种地基土、标高过低而需要整体抬升的框架建筑物
	其他结构顶升纠偏法	利用结构的地基反力对上部结构进行拖换抬升	适用于各种地基土、标高过低而需要整体抬升的建筑物
	压桩反力顶升纠偏法	先在基础中压足够的桩，利用桩竖向力作为反力，将建筑物抬升	适用于较小型的建筑物
	高压注浆顶升纠偏法	利用压力注浆在地基土中产生的顶托力将建筑物顶托升高	适用于较小型的建筑物和筏型基础

2.4.3.1　迫降纠偏法

A　迫降纠偏的设计

包括以下内容：

（1）确定迫降点位置及各点的迫降量。

（2）确定迫降的顺序，制定实施计划。

（3）制定迫降的操作规定及安全措施。

（4）布设迫降的监控系统。沉降观测点在建筑物纵向每边不应少于两点，框架结构还要适当增加。

（5）规定迫降的沉降速率。一般控制在 5~10mm/d 范围内，开始和结束阶段取低值，中间可适当加快。接近终了时，要预留一定沉降量。

（6）沉降观测应每天进行，对已有结构上的裂缝也应进行监控，这一点很重要。根据监测结果，施工中应合理地调整设计步骤或改变纠偏方法。

B　迫降纠偏方法

a　掏土纠偏法

掏土纠偏是在沉降较小的一侧地基中掏土，迫使地基产生沉降，达到纠偏的目的。掏土纠偏法适用于淤泥、淤泥质土等易于取土的场合。根据掏土部位，又可分为在建筑物基础下掏土和在建筑物外侧地基中掏土两种。

（1）基础下地基中掏土纠偏法。直接在基础下地基中掏土时，建筑物沉降反应敏感，一定要严密监测，利用监测结果及时调整掏土施工顺序及掏土数量。掏土又可分为钻孔取土、人工直接掏挖和水冲法。一般砂性土地基采用水冲法较适宜，黏性土及碎卵石地基采用人工掏挖土与水冲相结合的方法。

（2）基础外侧地基中掏土纠偏法。在建筑物沉降较小的一面外侧地基中设置一排密集的掏土孔，在靠近地面处用套管保护，在适当深度通过掏土孔取土，使地基土发生侧向位移，增大该侧沉降量，达到纠偏的目的。如需要，也可加密掏土孔，使之形成深沟。基础外侧地基中掏土纠偏施工过程大致分为定孔位、钻孔、下套管、掏土、孔内做必要排水和最终拔管回填等阶段。孔位（孔距）根据楼房平面形式、倾斜方向和倾斜率、房屋结构特点及地基土层情况确定。掏土采用钻孔的方法，钻孔又分为直钻和斜钻两种。所谓直钻，是指垂直地面向下钻孔，直孔的直径应大于或等于 400mm；所谓斜钻，是指向基础方向以 30°~60°的角度钻孔，斜孔直径一般小于 300mm。斜钻法掏土直接，效果较好。掏土孔的深度根据掏土部位和土质确定，取土的深度通常大于 6m。

b　人工降水纠偏法

人工降水纠偏法是在建筑物下沉小的一侧采用人工降水，使土自重压力增加，土体脱水产生下沉，从而达到纠偏目的。此法适用于土的渗透系数大于 0.001cm/s 的浅埋基础。降水的效果及降水深度应该先行计算。对每日抽水量及下降情况应进行监测。还要特别注意人工降水对邻近已有建筑的影响，应在被保护区附近设水位观测井、回灌井或隔水墙，以保证相邻建筑的安全。此法费用不高，施工较易，但调节的倾斜量不能太大。

c　注水纠偏法

注水纠偏主要用于湿陷性黄土上的已有建筑倾斜，一般上部结构的刚性宜较好。

注水纠偏时，在沉降小的一侧基础旁开挖不宽的注水槽，向槽中注水引起湿陷性以达纠偏目的。也可采用注水坑或注水孔。注水前要设置严密的监测系统及应对可能出现问题的预防手段。开始时浸水量要少，并密切注意结构的下沉情况。当出现下降速率过快时，应立即停止注水并回填生石灰吸水；当沉降速率过低达不到要求时，可以补充采取其他纠偏方法（如掏土法）联合纠偏。纠偏结束时要预留一些倾斜量，观察后再决定是否停止浸水，以防止纠偏过头。注水结束后，应将注水孔、槽用不渗水材料封闭夯实，防止以后的降雨或生产、生活用水沿这些地方浸入土中。

d 堆载纠偏法

堆载纠偏法是在沉降小的一侧堆上土、石、钢锭等重物，使地基中的附加应力增大而产生新的沉降的方法。它适用于淤泥、淤泥质土和填土上体积小且倾斜量不大的浅基础建筑的纠偏。在倾斜量较大时，亦可考虑与其他方法联合使用。

堆载的荷载值、分布范围和分级加载速率应事先经过设计和计算，严禁加载过快危及地基的稳定。施工中要严密进行沉降观测，绘制荷载-沉降-时间关系曲线，从曲线上判断荷载值与加载速率是否恰当。如出现沉降不随时间见效的现象，应立即卸荷，观察下一步沉降的发展，再采取相应措施。

e 锚桩加压纠偏法

图2.24是锚桩加压纠偏的简图，它一般用在单柱基础的纠偏。通常是在基础下沉小的一侧打两根锚桩，锚桩上有横梁，构成反力架；再在基础上设一悬臂梁，伸至锚桩处。在反力架与悬臂梁之间设千斤顶等加荷设备，当千斤顶加荷时，将悬臂梁下压，下沉少的基础一侧受到较大的压力而下沉，从而达到纠偏的目的。悬臂梁的刚度比较大，可视为刚性梁，这样梁只是做转动而挠度不大，可以较好地控制基础下沉。悬臂梁与基础间应有很牢固的拉锚，以免与基础脱开。

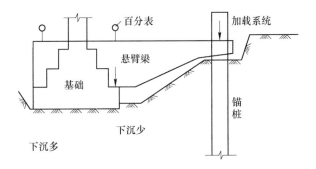

图2.24 锚桩加压纠偏

2.4.3.2 顶升纠偏法

A 顶升梁法纠偏

顶升纠偏是将建筑物基础和上部结构断开，在断开处设置若干支承点，在支承点上安装顶升设备（一般是千斤顶），使建筑物作某个平面转动，令下沉大的一侧上升，从而倾斜得以纠正。

顶升纠偏的适用条件：建筑的整体沉降与不均匀沉降均大，造成建筑标高降低，妨碍其观瞻及使用功能的场合；倾斜建筑为桩基的场合；不适于采用迫降纠偏的场合；已有建筑或构筑物在原设计中预先设置了可调整标高措施的场合（如软土上的浮顶油罐在设计时常留下安装顶升千斤顶的位置；某些软土上的柱脚旁设置可纠偏的小牛腿以便于给千斤顶以支承等）。目前最大的顶升高度已达240cm，顶升的楼房已超过百例，最高为7层。

顶升纠偏施工按以下步骤进行：

（1）钢筋混凝土顶升梁柱的托换施工。砌体建筑的顶升梁的分段长度不大于1.5m且不大于开间墙段的1/3，应间隔施工。先对墙体的施工段中每隔0.5m开凿一洞孔，放置钢筋混凝土芯垫（对24墙，芯垫断面为120mm×120mm，高度与顶升梁相同），1.5m长度内设两个芯垫，用高强水泥砂浆塞紧。芯垫是作为开凿墙体时的支点，待填塞的水泥砂浆达到一定强度后才可凿断墙体。顶升梁中的钢筋搭接长度向两边凿槽外伸。铺好顶升梁中的钢筋后，浇混凝土。逐段施工，最后连成一体。

（2）设千斤顶底座及安放千斤顶。垫块需钢制。

（3）设置顶升标尺。位置在各顶升点旁边，以便目测各顶升点的顶升情况。

（4）顶升梁（柱）及顶升机具的试验检验。抽检试验点数不小于20%，以观察梁的承载力与变形和千斤顶的工作情况。

（5）顶升前一天凿除框架结构柱或砌体构造柱的混凝土，顶升时切断钢筋。

（6）在统一指挥下顶升施工。每次顶升量不超过10mm，按结构允许变形为（0.003～0.005）l来限制各点顶升量的偏差。若千斤顶的最大间距为1.2m，则$l=1.2m$，允许变形为3.6～6mm。顶升仅在沉降较大处进行，而沉降小处则做同步转动。

（7）当顶升量达到100～150mm时，开始千斤顶倒程。相邻千斤顶不得同时倒程。

（8）顶升达到设计高度后，立即在墙体交点或主要受力点用垫块支撑，迅速连接结构，待达到设计强度后，方可分批分期拆除千斤顶。连接处的强度应大于原有强度。

（9）整个顶升施工须在水准仪和经纬仪观测下进行，以便纵观全局，随时调整顶升施工进程。

由上述可知，对整栋较大型的结构，其顶升工作十分复杂。但单独柱基或轻的构筑物（如罐、支架等）发生倾斜时，顶升工作较易进行，可在基础下挖坑支起千斤顶，顶升复位后将坑用素混凝土填实即可。

案例说明： 针对加拿大谷仓事故进行分析（图2.25），并且在基础下设置了70多个支承于深16m基岩上的混凝土墩，使用了388台千斤顶，逐渐将倾斜的筒仓纠正。

图2.25 加拿大谷仓地基不均匀沉降事故图

B 压桩反力顶升纠偏

压桩反力顶升是较为简单的一种顶升方法,在基础外打入一些用作千斤顶支点的桩,在柱顶设千斤顶,在房屋基础下浇一些托梁,横过整个建筑物并支承在千斤顶上,通过千斤顶的抬升将房屋的倾斜纠正过来。施工的程序为打桩—设梁—顶升。

C 注浆顶升纠偏法

压密注浆是将浓浆液压入土中形成浆泡,对下部的土及同标高的土,浆泡可起压密作用;对上部土层,浆泡起抬升作用。因此,对荷载不大的小型结构,可利用注浆的顶升力来纠偏。

2.5 建筑物的迁移

2.5.1 建筑物迁移技术的发展概况

建筑物迁移技术在国外发展较早,早在1937年,苏联就曾成功平移过三幢楼房。欧美等国家也有建筑物整体迁移的记录。自从20世纪80年代建筑物整体平移技术在我国出现以来,我国已有上百个平移工程成功实例,遍及十几个省市。这些工程中既包括了框架结构,也包括砖混结构甚至组合结构,平移的建筑物有住宅、办公楼、酒店、纪念馆、古建筑,也有塔和桥梁。移动方向有纵向、横向、斜向和水平旋转平移。从工程角度来看,我国的建筑物整体平移技术已经达到了较高的水平。

国内最早的整体平移技术出现在煤矿矿井建设中,有关文献中介绍过小恒山矿排矸井井塔整体平移。1992年8月,成功将山西常村煤矿高65m、3腿支撑的巨型井塔平移75m,准确落在主井口上。平移中使用了两台16t牵引设备。

1991年,出现楼房滑动平移方法。该方法的主要思路是在建筑物基础下部修建新基座,基座下修建滑道,然后顶移到新位置。1992年,科技人员提出了将上部结构与基础分离的方法,由于该方法适用性广,迅速取代了原平移方法。福建于1992年9月首先完成了国内第一个整体平移工程——闽侯县交通局平移工程——水平旋转62°。该房屋为三层砖混结构,平移前首先设立旋转中心、旋转轨道和上部结构水平框架,旋转中心由外径95mm的钢轴制作,固定在原有基础地梁上;然后将房屋整体顶升,安装11个滚动支座和11台千斤顶。1993年11月30日《浙江日报》报道,上海外滩有一建于1907年,高52m,重200余吨,号称“天文台”的古建筑,被迁移到离原地24.2m的新位置。这是我国首次文物建筑整体平移。

近两年,随着城市改造高潮的到来,整体平移技术发展迅速,平移工程如雨后春笋,解决了一些新的技术难题。东南大学特种基础公司对房屋平移进行了深入的研究,拥有房屋平移方面的国家专利技术多项,在国内处于领先地位。

2000年11月,北京市物资局明光老干部活动中心首次完成了带地下室的建筑物平移工程。南京江南大酒店整体平移工程在就位连接中采用了滑移隔震技术,将平移后的房屋抗震能力提高了60%~80%,新旧基础之间的过渡段地基处理采用了经济实用的木桩技术。常州市武进区红星大厦平移工程是我国目前整体平移的最高建筑。

建筑物整体平移技术也应用到一些较小的纪念性建筑迁移中,如南京莫愁湖公园南大门牌楼平移，主要解决了"头重脚轻"的问题。

2001年，平移技术被应用到桥梁和构筑物的整体平移工程中。2001年2月，在建造成都石羊场三环路公路地道桥时，先将8孔道的桥体预制，然后通过整体平移"嵌入"铁路下面。8月，燕山石化66万吨乙烯改造，高62m、直径11m的大型急冷水塔被预制后移至设计位置，工程中采用了跨越多轨道的通长滚轴。

2.5.2　建筑物迁移的意义

建筑物的迁移对于城市改造和城镇规划也具有重大意义，根据目前已经完成的迁移工程的调查来看，综合考虑经济、安全和工期的要求后，选用合适的迁移方案，可以恢复甚至提高建筑物的使用功能，比起拆除重建，具有明显的社会效益和经济效益，主要表现在：

（1）节省造价。统计分析表明，平移费用仅为拆除重建费用的1/4~1/3，甚至达到1/6。

（2）节省工期，对楼房使用人员的生活影响小。与拆除重建相比，托换处理方法通常可以节省1~2年的工期。

（3）减少建筑垃圾的处理，有利于保护环境。

（4）减少了用户的搬迁费用和商业建筑停业期间的间接损失。

对于重点文物的修复和保护，建筑物的迁移工程更有着不可替代的重要作用。由于文物的特殊地位，在古老城市的发展过程中，文物往往成为其现代化发展的瓶颈，拆除或者重建，就会破坏文物的特殊价值。对此，将其平移往往是解决问题的有效办法。例如在1972年，捷克的技术人员曾将已有200年历史的圣母玛利亚教堂以2cm/min的速度"整体搬家"至841.1m外的莫斯特市新址。该教堂高31m，宽30m，长60m，总重量10000t，目前正以其悠久的历史和"非凡"的经历吸引着众多的世界游客。

2.5.3　建筑物的迁移技术

2.5.3.1　建筑物的迁移技术原理

整体平移的基本原理是将房屋整体托换到移动装置上，用千斤顶施加推力或拉力，使建筑物和滚动装置在轨道上行走，移至房屋新位置后进行就位连接。托换有两种思路：一种是将房屋连同基础整体托换；另一种是将基础以上部位切断，将上部结构移到新基础。

2.5.3.2　建筑物的迁移的主要工艺流程

建筑物的整体迁移通常分为如下的工艺流程：

（1）过渡段地基处理及新基础施工；

（2）制作下轨道梁并安装滚动（滑动）装置；

（3）施工上加固梁系以及柱托换节点；切断柱和墙体，使建筑物支撑在移动装置上，同时切断水、电管线；

（4）施工（安放）反力支座装置；

（5）施加水平推力（或拉力），建筑物在轨道上移动；

（6）就位连接，恢复。

建筑物的迁移中的关键是托换技术（将建筑物荷载转换到滚动、滑动装置上），同步移动施力系统，柱切割技术和就位连接技术。

2.5.3.3　建筑物的迁移技术介绍

平移技术包括结构托换、切割、地基处理、移动系统和同步移动、就位连接等关键环节，本节分别介绍平移技术各关键环节的进展现状。

A　托换技术

托换技术是建筑物整体平移的关键技术之一，平移托换体系包括上部结构加固托架和墙柱的托换构造。托换技术最早出现在既有建筑物基础的加固和改造中，平移工程采用的托换体系属于临时性托换。

目前对结构的临时性托换研究较少，其中砖墙的托换方法有两种：一种是双夹梁式墙体托换（图2.26）；另一种方法是单梁托换（图2.27），施工时分段制作图中滚轴上方的托梁，最后完成整个结构的托换。两种托换方法在施工过程中都利用了砌体的"内拱卸荷作用"，前者施工简单，工期短，应用到大多数平移工程中；后者节省材料，但施工时间长。

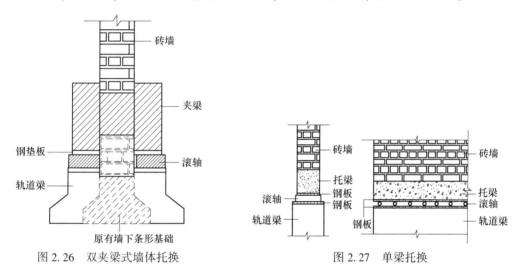

图2.26　双夹梁式墙体托换　　　　　图2.27　单梁托换

B　上部结构和基础分离技术

平移工程中，上部结构和基础的分离技术一般采用风镐和人工凿断，工作条件较差。采用国外的金刚石线切割设备，切割时无振动，速度快，但成本较高。在施工空间允许的情况下，也可以采用混凝土取芯机和轮片切割机械等。

C　行走轨道技术

平移中连接新旧基础的用于支撑滚轴的结构称为下轨道。下轨道一般由下轨道梁和铺设的钢板组成。轨道梁主要起安全支撑作用，钢板则起减小摩擦和防止滚轴受力不均匀引起的下轨道梁局压破坏的作用。

当前工程中的下轨道梁大多采用钢筋混凝土条基形式，个别工程应用了其他形式。《建筑地基处理技术规范）（JGJ 79—2012）中提出了三种不同的轨道形式，如图2.28所示。

D　就位连接构造

建筑物平移就位连接技术目前仍不成熟，常用做法是将新基础中的预埋钢筋和柱纵筋

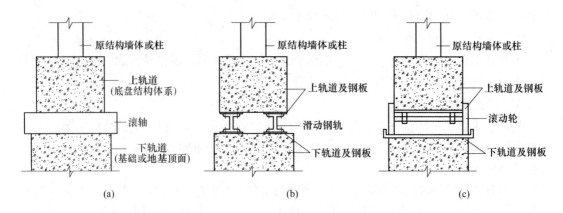

图 2.28   移动装置示意图

（a）滚轴滚动移位；（b）中间设滑动平移装置；（c）中间设滚动轮

焉接，然后浇灌混凝土。这种方法的四个难点为：一是所有柱纵筋在同一截面切断，对抗震不利；二是焊接操作空间小，钢筋焊接困难；三是混凝土密实度难控制；四是柱中纵筋和预埋钢筋的对中问题。东南大学采用滑移隔震技术进行就位连接，取得了很好的效果，但费用略高。

习题与思考题

2-1 基槽检验工作包括哪些内容？

2-2 基坑开挖监测内容及监测项目如何选择？

2-3 哪些建筑物应在施工期间及使用期间进行变形观测？

2-4 基坑工程的监测有哪些内容？

2-5 哪些情况要加固已有建筑物的地基基础？

2-6 如何进行地基注浆加固？

2-7 树根桩加固法的特点是什么？

2-8 纠偏有哪些方法？

2-9 怎样进行锚桩加压纠偏法？

2-10 建筑物迁移技术的意义何在？

2-11 试论述建筑物迁移技术的国内外发展情况。

3 混凝土结构的检测鉴定与加固

学习要点

（1）了解结构检测的作用、意义、内容、分类和原则

（2）掌握混凝土结构检测的方法

（3）掌握混凝土结构的可靠性鉴定的方法；评定等级的划分；各个等级的标准

（4）掌握混凝土结构的加固方法

标准规范

（1）《民用建筑可靠性鉴定标准》（GB 50292—2015）

（2）《建筑结构检测技术标准》（GB/T 50344—2004）

（3）《建筑结构荷载规范》（GB 50009—2012）

（4）《混凝土结构现场检测技术标准》（GB/T 50784—2013）

（5）《回弹法检测混凝土抗压强度技术规程》（JGJT 23—2011）

（6）《混凝土结构设计规范》（GB 50010—2010）

（7）《建筑抗震鉴定标准》（GB 50023—2009）

（8）《建筑抗震设计规范》（GB 50011—2010）

（9）《高层建筑混凝土结构技术规程》（J 186—2010）

3.1 概　　述

3.1.1　检测的作用、意义、内容、分类和原则

3.1.1.1　检测的作用和意义

建筑结构的检测是工程建设中必不可少的重要环节，是一项重要的基础技术工作。以下情况都需要对工程结构进行必要的检测：

（1）采用了新材料、新结构、新工艺的工程。由于实际结构的复杂性、计算模式的近似性、施工工艺的差异性和材料性能的离散性，结构在作用下所产生的效应的计算值与实际值往往有较大的差别。需要进行实测以判别误差的大小，并作为验收的依据。

（2）为了保证工程的质量，除了常规的对主要的建筑材料（混凝土、砂浆、砖石、钢筋）进行检测外，对某些重要构件，设计中往往会提出检测的要求，如大跨度的预应力构件等。

（3）当建筑物的施工质量存在问题时，如混凝土试块达不到强度要求，钢筋的位置

和数量或结构构件的几何尺寸与设计不符，需要通过检测了解问题的严重程度，为是否能使用、是否需要加固、怎样加固提供依据。

（4）当建筑物遭受到火灾、风灾、洪灾、爆炸、冲撞等灾害后，需要通过现场检测了解受灾程度，以判别建筑物还能否继续使用，是否需要加固，怎样加固。

（5）对于使用年代久远或处于恶劣的环境下（如高温、高湿）的建筑物，材料的性能明显恶化。如钢筋发生锈蚀，木材出现腐朽、虫蛀，砖石出现风化，混凝土发生了腐蚀，这时需要通过测试了解材料的性能变化以及材料老化以后结构的性能变化的情况。

（6）对一些使用年限久远的危房，特别是历史性建筑进行可靠性鉴定时，原设计资料常常散失或不全。在这种情况下，需要对建筑进行全面调查和检测。

检测的含义应是广义的，不应单纯局限于仪器量测的数据。检测包括检查和测试，前者一般是指利用目测了解结构或构件的外观情况，如结构是否有裂缝，基础是否有沉降，混凝土构件表面是否存在蜂窝、麻面，钢结构焊缝是否存在夹渣、气泡、咬边，连接构件是否松动等，主要是进行定性判别；后者是指通过工具或仪器测量，了解结构构件的力学性能和几何特性。对观察到的情况要详细写出记录，对测量的数据要做好原始记录，并对原始记录进行必要的统计和计算。

3.1.1.2　检测的内容及分类

建筑结构检测的内容很广，凡是影响结构可靠性的因素，都可以成为检测的内容。从这个角度，检测内容根据其属性可以分为：几何量（如结构的几何尺寸、地基沉降、结构变形、混凝土保护层厚度、钢筋位置和数量、裂缝宽度等）、物理性能（如材料强度、地基的承载能力、桩的承载能力、预制板的承载能力、结构自振周期等）和化学性能（混凝土碳化、钢筋锈蚀等）。

结构检测按方法不同可以分为以下三类：

（1）非破损检测法。常用的非破损法有测定混凝土强度的回弹法、超声波法以及回弹法、超声波法综合运用的所谓的综合法。

（2）半破损检测法。半破损法有取芯法、拉拔法等。

（3）破损检验法。该方法主要用于数量较多的预制构件，随机选取有代表性的构件，进行破坏性试验，以测定其极限承载能力。

3.1.1.3　检测的原则

建筑结构的检测是一项技术性很强的工作。一个建筑物要检测哪些内容，需要由鉴定委托人视结构的复杂程度、房屋的现状和委托鉴定的目的而定。现场检测费钱费时，有些检测项目检测时对房屋的正常使用还会造成一定的影响，因而检测的内容、范围和数量必须在开始前，经与委托单位协商后明确。检测工作一般应遵循以下4个原则：

（1）"必须、够用"原则。检测的范围、内容和数量应根据鉴定评级的需要来确定，既不能随意省略检测内容，也不要盲目扩大检测内容。

（2）针对性原则。建筑结构的种类很多，结构现状千差万别，必须在初步调查的基础上，针对每一个具体的工程制订检测计划。

（3）规范性原则。测试方法必须符合国家有关的规范标准要求，测试仪器必须标准，测试单位必须具备资质，测试人员必须取得上岗证书。

（4）科学性原则。被测构件的抽取、测试手段的确定、测试数据的处理要有科学性，切忌头脑里先有结论，而把检测作为证明来对待。

3.1.2 混凝土结构的外观及裂缝和变形检测

结构构件的尺寸，直接关系到构件的刚度和承载能力。正确度量构件尺寸，可为结构验算提供资料。

对于缺乏设计图纸的旧建筑，几何量的测量更是必不可少的，也是工作量最大的。即使对于保留有设计图纸的危险房屋，由于存在施工的误差或者是有意的偷工减料，也必须进行必要的几何测量。此外，对裂缝、基础沉降、房屋倾斜几何量的检测也是重要的检测内容。

3.1.2.1 建筑结构的测绘

对于设计图纸已丢失或不全的建筑，应对主要的结构图进行测绘，其内容有：柱网的轴线尺寸、主要受力构件的截面尺寸（梁柱的截面、墙体的厚度、板的厚度）、各层建筑的标高。

几何量的检测应采用钢尺，有的构件虽然不是承重构件，但作为结构上的载荷也应仔细测量并记录。

对一些与承载能力有关的隐蔽工程，如钢筋的间距、数量和直径，都应凿除混凝土表面仔细测量，必要时还应取样以检测其强度，对于基础，应在开挖以后测量基础的大小、埋置深度，并评价地基的力学性能，必要时应进行勘探。

测量完成以后及时绘制实测图，绘图时发现有未测量的数据应及时补测。

3.1.2.2 裂缝检测

裂缝的检测包括裂缝出现的部位（分布），裂缝的走向、长度和宽度。观察裂缝分布和走向，并绘制裂缝分布图。为便于研究分析，裂缝图应根据构件逐一绘制展开图，即将梁的侧面、底面展开在一个平面上来绘制，柱子则将四个面展开，并在图上标明方位。当裂缝数量较多时，可在构件有裂缝的表面画上方格，方格尺寸依据构件的大小以 200～500mm 为宜，在裂缝的一侧用毛笔或粉笔沿裂缝画线，然后依据同样的位置翻样到记录纸上，必要时可以拍照和摄像。

裂缝宽度用 10～20 倍裂缝读数放大镜读取。裂缝长度可用钢尺测量。裂缝深度可以用极薄的钢片插入裂缝，粗略地量测。判断裂缝是否发展可以用粘贴石膏法，将厚 10mm 左右、宽 50～80mm 的石膏饼牢固地粘贴在裂缝处，观察石膏是否裂开；也可以在裂缝的两侧粘贴纸条，并在纸条上注明粘贴时间，过一段时间后观察纸条是否撕裂。

对建筑结构有危害的裂缝主要有：受力裂缝、温度裂缝和地基不均匀沉降引起的裂缝，这些裂缝属于观测的对象；对于粉刷层的龟裂引起的裂缝，则不属观测对象，以免鱼目混珠。

3.1.2.3 结构变形检测

结构变形有许多类型，对水平构件（如梁、板、屋架）会产生挠度，对屋架及墙柱等竖向构件会产生倾斜或侧移。

此外，地基基础可能产生不均匀沉降以及引起建筑物倾斜等。

测量跨度较大的梁、屋架的挠度时，可用拉铁丝的简单方法，也可选取基准点用水准仪量测。测量楼板挠度时，应扣除梁的挠度。

屋架的倾斜变位测量，一般在屋架中部拉杆处，从上弦固定吊锤到下弦处，铅垂线到相应下弦的水平距离即为屋架的倾斜值，并记录倾斜方向。

基础不均匀沉降可根据建筑物水准点进行观测，观测点宜设置在建筑物四周角点、中点或转角处、沉降缝的两侧，一般沿建筑物周边每隔 $10 \sim 20 \mathrm{m}$ 设置一点，用经纬仪、水准仪测量水平和垂直方向的变形。对于未埋设沉降观测点的建筑，不均匀沉降是无法测出的，这时可根据墙体是否出现沉降裂缝来判断地基是否发生了不均匀沉降。一般来说，当底层出现 $45°$ 方向的斜裂缝时，地基发生了盆式沉降（中间下沉多）；当墙面的裂缝发生于顶层时，则是端部的沉降多。

测量建筑物的倾斜量时，首先在建筑物垂直方向设置上下两点或上、中、下三点作为观察点，观测时在离建筑物距离大于其高度的地方放置经纬仪，以下观测点为基准，测量其他点的水平位移。倾斜观测应在相互垂直的两个方向上进行。

3.1.3　混凝土强度的检测

混凝土的强度是决定混凝土结构和构件受力性能的关键因素，也是评定混凝土结构和构件性能的主要参数。正确确定实际构件混凝土的强度，一直是国内外学者关心和研究的课题。

混凝土的立方体抗压强度是其各种力学性能指标的综合反映，它与混凝土轴心抗拉强度、轴心抗压强度、弯曲抗压强度、疲劳强度等有良好的相关性，且其测试方便可靠。因此，混凝土的立方体抗压强度是混凝土强度的最基本的指标。

对已有建筑物混凝土抗压强度的测试方法很多，大致可以分为局部破损法和非破损法两类。局部破损法主要包括取芯法、小圆柱劈裂法、压入法和拔出法等。非破损法主要包括表面硬度法（回弹法、印痕法）、声学法（共振法、超声脉冲法）等。这些方法可以按不同组合形成多种多样的综合法。

在 20 世纪 70 年代初，各种非破损法曾风靡一时；进入 80 年代，局部破损法又重新受到重视。目前以局部破损法测试结果为依据，对非破损测试数据进行校正的综合评定方法，已经占据了主导地位。

3.1.3.1　回弹法测定混凝土强度

回弹法测定混凝土强度属于非破损检测方法，自 1948 年瑞士工程师施密特（Schmidt）发明回弹仪以来，经过不断改进，已比较成熟，在国内外应用比较广泛。我国已制定了《回弹法检测混凝土抗压强度技术规程》（JGJ/T 23—2011）。

测定回弹值的仪器称为回弹仪。回弹仪有不同的型号，按冲击动能的大小分为重型、中型、轻型、特轻型四种。在进行建筑结构检测时，一般使用中型回弹仪。通过一系列的大量试验建立的回弹值与混凝土强度之间的关系，称为测强曲线。由于受回弹法所必需的测强曲线的代表性的限制，现行《回弹法检测混凝土抗压强度技术规程》（JGJ/T 23—2011）规定：回弹法只适用于龄期为 $14 \sim 1000 \mathrm{d}$ 范围内自然养护、评定强度在 $10 \sim 50 \mathrm{MPa}$ 的普通混凝土；不适用于内部有缺陷或遭化学腐蚀、火灾、冰冻的混凝土和其他品种混凝土。

3.1.3.2　超声法检测混凝土的强度

超声法与回弹法相类似，也是通过相关性来间接测定混凝土强度的一种方法，也是建立在混凝土的强度与其他物理特征值的相关关系基础上的。

混凝土强度与其弹性模量、密度等密切相关，而根据弹性波动理论，超声波在弹性介质中的传播速度又与弹性模量、密度这些参数之间存在一定的关系。因此，混凝土强度与超声波在其中的传播速度具有一定的相关性。建立了混凝土强度与波速之间的定量关系后，即可根据检测到的超声波波速推定混凝土强度。混凝土强度越高，其波速越快。由于混凝土是一种非匀质、非弹性的复合材料，因此，其强度与波速之间的定量关系受到混凝土自身各种技术条件，如水泥品种、骨料品种和粒径大小、水灰比、钢筋配制等因素的影响，具有一定的随机性。由于这种原因，目前尚未建立统一的混凝土强度和波速的定量关系曲线。

超声波法检测混凝土强度时，一般采用发、收双探头法。采用超声法测定混凝土的强度，在实际工程的应用中局限性较大，因为除混凝土除强度外还有很多因素影响声速，例如混凝土中骨料的品种、粗骨料的最大粒径、砂率、水泥品种、水泥用量、外加剂、混凝土的龄期、测试时的温度和含水率等。因此，最好是用较多的综合指标来测定混凝土的强度。目前应用较多的超声-回弹综合法就是这样一种方法。

3.1.3.3　超声-回弹综合法测定混凝土强度

超声-回弹综合法是 20 世纪 60 年代发展起来的一种非破损综合检测方法，在国内外已得到广泛应用，我国已制定了《超声回弹综合法检测混凝土强度技术规程》（CECS 02：2005）。用超声回弹法综合检测混凝土强度时，测区布置同回弹法。测区内先进行回弹测试，再进行超声测试。用超声-回弹综合法检测时，构件混凝土强度推定值的确定方法与回弹法相同。

3.1.3.4　拉拔法测定混凝土的强度

拉拔法是混凝土结构的半破损检测方法。半破损检验法是在不影响结构总体使用性能的前提下，在结构物的适当部位取样进行强度试验，或直接在结构物的适当部位进行局部的破损性试验。前者通常又叫取芯法，后者常用的有拉拔法。

拉拔法测强是检测构件表层混凝土的抗拉力与抗剪力，以此推断混凝土抗压强度的一种测试方法。它又分为预埋件拔出法和锚杆拔出法。

（1）预埋件拔出法是把一端带有挡板的螺杆预埋在混凝土表层一定的深度中，另一端露在外面。待混凝土硬化后，拔出预埋件，记录其拔出力。挡板周围的混凝土受剪力和拉力破坏，按照已建立的拉拔力与混凝土强度之间的相互关系，换算混凝土的抗压强度。

（2）锚杆拔出法测强是在已硬化的混凝土表面钻孔，插入短锚杆，然后拔出锚杆，记录其拔出力，由拔出力再推算混凝土抗压强度。由于拔出锚杆时，锚杆环向混凝土的胀力大，所以这种方法只适用于体积较大的混凝土构件，不宜在梁、柱、屋架等小截面构件上应用。

一般说来，预埋件拔出法的锚固件与混凝土的粘结力较好，拉拔时着力点较稳固，试验结果也较好。但这种方法必须预先有进行拉拔试验的打算，按计划布置测点和预埋锚固件。当混凝土结构出现质量问题而需要现场检测混凝土的强度时，则只能采用锚杆拔出法。

3.1.3.5　钻芯法检测混凝土的强度

钻芯法也是一种半破损的现场检测混凝土强度的方法，它是在结构物上直接钻取混凝土试样进行压力检测，测得的强度值能真实反映结构混凝土的质量。但它的试验费用较高，目前国内外都主张把钻芯法与其他非破损方法结合使用，一方面利用非破损法来减少钻芯的数量，另一方面又利用钻芯法来提高非破损法的可靠性。这两者的结合使用是今后的发展趋势。

采用钻芯法测强，除了可以直接检验混凝土的抗压强度外，还有可能在芯样试体上发现混凝土施工时造成的缺陷。

钻芯法测定结构混凝土抗压强度主要适用于：

（1）对试块抗压强度测试结果有怀疑时；

（2）因材料、施工或养护不良而发生质量问题时；

（3）混凝土遭受冻害、火灾、化学侵蚀或其他损害时；

（4）需检测经多年使用的建筑结构或建筑物中混凝土强度时。

钻芯法测定混凝土强度的步骤为：钻取芯样、芯样加工、芯样试压和强度评定。

3.1.4　混凝土耐久性的检测

在自然界的各种物理、化学因素作用下，混凝土的性能受到影响并随着时间的推移可能发生各种损坏。这种随时间的渐渐损坏过程可称之为"老化"。而性能与环境不同的混凝土抵抗"老化"的能力也有异，这种能力就是混凝土的耐久性。引起混凝土结构耐久性下降的主要原因有：混凝土结构裂缝的出现、混凝土的碳化、有害介质的侵蚀、碱-骨料反应、冻融循环、钢筋的锈蚀等。

3.1.4.1　耐久性检测的内容

混凝土结构的耐久性检测包括：

（1）混凝土碳化深度的测定；

（2）钢筋位置（保护层厚度）及钢筋锈蚀程度的测定；

（3）特殊腐蚀物质侵入深度及含量的测定；

（4）混凝土蚀层深度的测定。

由于混凝土结构的耐久性不仅与以上混凝土的现状有关，还与外界环境的状况有关，因此耐久性检测还应包括：

（5）构件所处环境情况的调查及环境中特殊腐蚀性物质的种类等情况的调查及测定。

3.1.4.2　混凝土碳化深度的测量

在选定的混凝土检测位置上凿孔，凿孔可用电锤、冲击钻，测孔的直径为 12~25mm，视碳化深度的大小而定，并用皮老虎将孔内清扫干净后，向孔内喷洒 1% 浓度的酚酞试液。喷洒酚酞试液后，未碳化的混凝土变为红色，已碳化的混凝土不变色，测量变色混凝土前缘至构件表面的垂直距离，即为混凝土碳化深度。

3.1.4.3　钢筋的检测

通常混凝土结构中的钢筋是决定和影响承载能力的关键因素，因此钢筋的检测是十分重要的。钢筋的检测包括钢筋的数量、直径和位置的检测。当钢筋发生锈蚀时，还应对锈蚀的程度进行检测。

A　钢筋的直径、数量和位置的测量

钢筋位置和数量可用混凝土保护层厚度测定仪检测。检测时将测定仪探头长向与构件中钢筋方向平行；钢筋直径挡调至最小，测距挡调至最大；横向摆动探头，仪器指针摆动最大时，探头下就是钢筋位置。

钢筋位置确定后（标出所有钢筋位置即可确定钢筋数量），按图纸上的钢筋直径和等级调整仪器的钢筋直径、钢筋等级挡，按需要调整测距挡；将探头远离金属物体，旋转调旋钮使指针回零；将探头放置在测定钢筋上，从刻度盘上读取保护层厚度。对于钢筋直径，可将混凝土保护层凿开后用卡尺测量。

B　钢筋锈蚀的检测

钢筋锈蚀可采用三种方法检测：直观检查法、局部凿开法和自然电位法。

（1）直观检查法是观察混凝土构件表面有无锈痕、是否出现了沿钢筋方向的纵向裂缝，顺筋裂缝的长度和宽度可以反映钢筋的锈蚀程度。

（2）局部凿开法是敲掉混凝土保护层，露出钢筋，直接用卡尺测量锈层厚度和钢筋剩余直径，或截取一段在试验室进行量测。局部凿开法对结构有局部损伤，一般适用于混凝土表面已出现锈痕、顺筋裂缝，或保护层被胀裂、剥落处。

（3）自然电位法是测定钢筋与周围介质所形成的稳定电位，电位值大小能反映出钢筋状态。当钢筋处于钝化状态时，电位一般较低；当钢筋钝化状态破坏后，自然电位负向增大。它属非破损检测，操作简单，适合大面积普查，可以用来对钢筋锈蚀做初步的定性判断，但精度不是很高。要准确判断锈蚀程度需要与局部凿开法等其他方法配合使用。

3.1.5　混凝土结构鉴定评级

工业建筑混凝土构件评定包括安全性等级评定和使用性等级评定；民用混凝土结构构件的安全性鉴定，应按承载能力、构造以及不适于承载的位移（或变形）和裂缝（或其他损伤）等四个检查项目，分别评定每一受检构件的等级，并取其中最低一级作为该构件安全性等级。

3.1.5.1　工业建筑混凝土构件安全性等级评定

混凝土构件的安全性等级应按承载能力、构造和连接两个项目评定，并取其中较低等级作为构件的安全性等级。

A　混凝土构件安全性等级的承载能力项目评定

混凝土构件的承载能力项目应按表 3.1 评定等级。

表 3.1　混凝土构件承载能力评定等级

构件种类	$R/(\gamma_0 S)$			
	a 级	b 级	c 级	d 级
重要构件	≥1.0	<1.0 ≥0.90	<0.90 ≥0.85	<0.85
次要构件	≥1.0	<1.0 ≥0.87	<0.87 ≥0.82	<0.82

注：1. 混凝土构件的抗力 R 与作用效应 $\gamma_0 S$ 的比值 $R/\gamma_0 S$，应取各受力状态验算结果中的最低值；γ_0 为现行国家标准《建筑结构可靠度设计统一标准》GB 50068 中规定的结构重要性系数。

　　2. 当构件出现受压及斜压裂缝时，视其严重程度，承载能力项目直接评为 c 级或 d 级；当出现过宽的受拉裂缝、过度的变形、严重的缺陷损伤及腐蚀情况时，应按考虑其对承载能力的影响，且承载能力项目评定等级不应高于 b 级。

B　工业建筑混凝土构件安全性等级的构造和连接项目评定

混凝土构件的构造和连接项目包括构造、预埋件、连接节点的焊缝或螺栓等，应根据对构件安全使用的影响，按下列规定评定等级：

（1）当结构构件的构造合理，满足国家现行标准要求时，评为 a 级；基本满足国家现行标准要求时，评为 b 级；当结构构件的构造不满足国家现行标准要求时，根据其不符合的程度，评为 c 级或 d 级。

（2）当预埋件的锚板和锚筋的构造合理、受力可靠，经检查无变形或位移等异常情况时，可视具体情况评为 a 级或 b 级；当预埋件的构造有缺陷，锚板有变形或锚板、锚筋与混凝土之间有滑移、拔脱现象时，可根据其严重程度评为 c 级或 d 级。

（3）当连接节点的焊缝或螺栓连接方式正确，构造符合国家现行规范规定和使用要求时，或仅有局部表面缺陷，工作无异常时，可视具体情况评为 a 级或 b 级；当节点焊缝或螺栓连接方式不当，有局部拉脱、剪断、破损或滑移时，可根据其严重程度评为 c 级或 d 级。

（4）应取（1）、（2）、（3）中较低等级作为构造和连接项目的评定等级。

3.1.5.2　工业建筑混凝土构件的使用性等级评定

工业建筑混凝土构件的使用性等级应按裂缝、变形、缺陷和损伤、腐蚀四个项目评定，并取其中的最低等级作为构件的使用性等级。

A　工业建筑混凝土构件的裂缝项目评定等级

混凝土构件的裂缝项目可按下列规定评定等级：（1）混凝土构件的受力裂缝宽度可按表 3.2-1～表 3.2-3 评定等级；（2）混凝土构件因钢筋锈蚀产生的沿筋裂缝在腐蚀项目中评定，其他非受力裂缝应查明原因，判定裂缝对结构的影响，可根据具体情况进行评定。

表 3.2-1　钢筋混凝土构件裂缝宽度评定等级

环境类别与作用等级	构件种类与工作条件		裂缝宽度/mm		
			a	b	c
Ⅰ-A	室内正常环境	次要构件	<0.3	>0.3，≤0.4	>0.4
		重要构件	≤0.2	>0.2，≤0.3	>0.3
Ⅰ-B，Ⅰ-C	露天或室内高湿度环境，干湿交替环境		≤0.2	>0.2，≤0.2	>0.3
Ⅲ，Ⅳ	使用除冰盐环境，滨海室外环境		≤0.1	>0.1，≤0.2	>0.2

表 3.2-2　采用热轧钢筋配筋的预应力混凝土构件裂缝宽度评定等级

环境类别与作用等级	构件种类与工作条件		裂缝宽度/mm		
			a	b	c
Ⅰ-A	室内正常环境	次要构件	≤0.2	>0.20，≤0.35	>0.35
		重要构件	≤0.05	>0.05，≤0.10	>0.10
Ⅰ-B，Ⅰ-C	露天或室内高湿度环境，干湿交替环境		无裂缝	≤0.05	>0.05
Ⅲ，Ⅳ	使用除冰盐环境，滨海室外环境		无裂缝	≤0.02	>0.02

表 3.2-3　采用钢绞线、热处理钢筋、预应力钢丝配筋的预应力混凝土构件裂缝宽度评定等级

环境类别与作用等级	构件种类与工作条件		裂缝宽度/mm		
			a	b	c
Ⅰ-A	室内正常环境	次要构件	≤0.02	>0.02，≤0.10	>0.10
		重要构件	无裂缝	≤0.05	>0.05
Ⅰ-B，Ⅰ-C	露天或室内高湿度环境，干湿交替环境		无裂缝	≤0.02	>0.02
Ⅲ，Ⅳ	使用除冰盐环境，滨海室外环境		无裂缝	—	有裂缝

注：1. 当构件出现受压及斜压裂缝时，裂缝项目直接评为 c 级；
　　2. 对于采用冷拔低碳钢丝配筋预应力混凝土构件裂缝宽度的评定等级，可按表 3.2-3 和有关技术规程评定；
　　3. 表中环境类别与作用等级的划分，应符合《工业建筑可靠性鉴定标准（GB50144—2008）》第 4.1.9 条的规定。

B　工业建筑混凝土构件的变形项目评定等级

工业建筑混凝土构件的变形项目应按表 3.3 评定等级。

表 3.3　工业建筑混凝土构件变形评定等级

构件种类		a	b	c
单层厂房托架、屋架		≤$L_0/500$	>$L_0/500$≤$L_0/450$	>$L_0/450$
多层框架主梁		≤$L_0/400$	>$L_0/400$≤$L_0/350$	>$L_0/350$
屋盖、楼盖及楼梯构件	L_0>9m	≤$L_0/300$	>$L_0/300$≤$L_0/250$	>$L_0/250$
	7m≤L_0≤9m	≤$L_0/250$	>$L_0/250$≤$L_0/200$	>$L_0/200$
	L_0<7m	≤$L_0/200$	>$L_0/200$≤$L_0/175$	>$L_0/175$
吊车梁	电动吊车	≤$L_0/600$	>$L_0/600$≤$L_0/500$	>$L_0/500$
	手动吊车	≤$L_0/500$	>$L_0/500$≤$L_0/450$	>$L_0/450$

注：1. 表中 L_0 为构件的计算宽度；
　　2. 本表所列的为按荷载效应的标准组合并考虑荷载长期作用影响的挠度值，应减去或加上制作反拱或下挠值。

C　工业建筑混凝土构件的缺陷和损伤项目评定等级

工业建筑混凝土构件的缺陷和损伤项目应按表 3.4 评定等级。

表 3.4　工业建筑混凝土构件缺陷和损伤评定等级

a	b	c
完好	局部有缺陷和损伤，缺损深度小于保护层厚度	有较大范围的缺陷和损伤，或者局部有严重的缺陷和损伤，缺损深度大于保护层厚度

注：1. 表中缺陷一般指构件外观存在的缺陷，当施工质量较差或有特殊要求时，尚应包括构件内部可能存在的缺陷；
　　2. 表中的损伤主要指机械磨损或碰撞等引起的损伤。

D　工业建筑混凝土构件腐蚀项目评定等级

混凝土构件腐蚀项目包括钢筋锈蚀和混凝土腐蚀，应按表3.5的规定评定，其等级应取钢筋锈蚀和混凝土腐蚀评定结果中的较低等级。

表3.5　工业建筑混凝土构件腐蚀评定等级

评定等级	a	b	c
钢筋锈蚀	无锈蚀现象	有锈蚀可能和轻微锈蚀现象	外观有沿筋缝或明显锈迹
混凝土腐蚀	无腐蚀现象	表面有轻度腐蚀损伤	表面有明显腐蚀损伤

注：对于墙板类和梁柱构件中的钢筋及箍筋，当钢筋锈蚀状况符合表中b级标准时，钢筋截面锈蚀损伤不应大于5%，否则应评为c级。

3.1.5.3　民用混凝土结构构件的安全性鉴定

民用混凝土结构构件的安全性鉴定，应按承载能力、构造以及不适于承载的位移（或变形）和裂缝（或其他损伤）等四个检查项目，分别评定每一受检构件的等级，并取其中最低一级作为该构件安全性等级。

A　民用建筑混凝土结构构件的安全性按承载能力评定

民用建筑混凝土结构构件的安全性按承载能力评定时，应按表3.6的规定，分别评定每一验算项目的等级，然后取其中最低一级作为该构件承载能力的安全性等级。

表3.6　民用建筑混凝土结构构件承载能力等级的评定

构件类别	$R/(\gamma_0 S)$			
	a_u级	b_u级	c_u级	d_u级
主要构件及节点、连接	≥1.0	≥0.95	≥0.90	<0.90
一般构件	≥1.0	≥0.90	≥0.85	<0.85

注：1. 表中R和S分别为结构构件的抗力和作用效应，应按《民用建筑可靠性鉴定标准（GB 50292—2015）》第5.1.2条的要求确定；γ_0为结构重要性系数，应按验算所依据的国家现行设计规范选择安全等级，并确定本系数的取值。

2. 结构倾覆、滑移、疲劳的验算，应符合国家现行有关规范的规定。

B　民用建筑混凝土结构构件的安全性按构造评定

当混凝土结构构件的安全性按构造评定时，应按表3.7的规定，分别评定两个检查项目的等级，然后取其中较低一级作为该构件构造的安全性等级。

表3.7　民用建筑混凝土结构构件构造等级的评定

检查项目	a_u级或b_u级	c_u级或d_u级
结构构造	结构、构件的构造合理，符合或基本符合现行设计规范要求	结构、构件的构造不当，或有明显缺陷，不符合现行设计规范要求
连接（或节点）构造	连接方式正确，构造符合国家现行设计规范要求，无缺陷，或仅有局部的表面缺陷，工作无异常	连接方式不当，构造有明显缺陷，已导致焊缝或螺栓等发生变形、滑移、局部拉脱、剪坏或裂缝

续表 3.7

检查项目	a_u级或b_u级	c_u级或d_u级
受力预埋件	构造合理，受力可靠，无变形、滑移、松动或其他损坏	构造有明显缺陷，已导致预埋件发生变形、滑移、松动或其他损坏

注：评定结果取 a_u 级或 b_u 级，应根据其实际完好程度确定；评定结果取 c_u 级或 d_u 级，应根据其实际严重程度确定。

C 民用建筑混凝土结构构件的安全性按不适于承载的位移或变形评定

当民用建筑混凝土结构构件的安全性按不适于承载的位移或变形评定时，应遵守下列规定：

（1）对桁架的挠度，当其实测值大于其计算跨度的 1/400 时，应按《民用建筑可靠性鉴定标准（GB 50292—2015）》第 5.2.2 条验算其承载能力。验算时，应考虑由位移产生的附加应力的影响，并按下列规定评级：

1）若验算结果不低于 b_u 级，仍可定为 b_u 级；

2）若验算结果低于 b_u 级，应根据其实际严重程度定为 c_u 级或 d_u 级。

（2）对其他受弯构件的挠度或施工偏差超限造成的侧向弯曲，应按表 3.8 的规定评级。

表 3.8 混凝土受弯构件不适于承载的变形的评定

检查项目	构 件 类 别		c_u级或d_u级
挠度	主要受弯构件——主梁、托梁等		$>l_0/200$
	一般受弯构件	≤7m	$>l_0/120$ 或$>47mm$
		>7m ≤9m	$>l_0/150$ 或$>50mm$
		>9m	$>l_0/180$
侧向弯曲的矢高	预制屋面梁或深梁		$>l_0/400$

注：1. l_0 为计算跨度。

2. 评定结果取 c_u 级或 d_u 级，应根据其实际严重程度确定。

3. 对柱顶的水平位移（或倾斜），当其实测值大于《民用建筑可靠性鉴定标准（GB 50292—2015）》表 7.3.6 所列的限值时，应按下列规定评级：

a. 若该位移与整个结构有关，应根据《民用建筑可靠性鉴定标准（GB 50292—2015）》第 7.3.6 条的评定结果，取与上部承重结构相同的级别作为该柱的水平位移等级；

b. 若该位移只是孤立事件，则应在其承载能力验算中考虑此附加位移的影响，并根据验算结果按（1）的 1）、2）两项的原则评级；

c. 若该位移尚在发展，应直接定为 d_u 级。

D 民用建筑混凝土结构构件的安全性按不适于承载的裂缝评定

（1）当混凝土结构构件出现表 3.9 所列的受力裂缝时，应视为不适于承载的裂缝，并应根据其实际严重程度定为 c_u 级或 d_u 级。

（2）当混凝土结构构件出现下列情况之一的非受力裂缝时，也应视为不适于承载的裂缝，并应根据其实际严重程度定为 c_u 级或 d_u 级：

1）因主筋锈蚀（或腐蚀），导致混凝土产生沿主筋方向开裂、保护层脱落或掉角。

表 3.9   混凝土构件不适于承载的裂缝宽度的评定

检查项目	环境	构 件 类 别		c_u 级或 d_u 级
受力主筋处的弯曲（含一般弯剪）裂缝和受拉裂缝宽度 /mm	室内正常环境	钢筋混凝土	主要构件	>0.50
			一般构件	>0.70
		预应力混凝土	主要构件	>0.20 （0.30）
			一般构件	>0.30 （0.50）
	高湿度环境	钢筋混凝土	任何构件	>0.40
		预应力混凝土		>0.10 （0.20）
剪切裂缝和受压裂缝 /mm	任何环境	钢筋混凝土或预应力混凝土		出现裂缝

注：1. 表中的剪切裂缝系指斜拉裂缝和斜压裂缝；
　　2. 高湿度环境系指露天环境、开敞式房屋易遭飘雨部位、经常受蒸汽或冷凝水作用的场所（如厨房、浴室、寒冷地区不保暖屋盖等）以及与土壤直接接触的部件等；
　　3. 表中括号内的限值适用于热轧钢筋配筋的预应力混凝土构件；
　　4. 裂缝宽度以表面测量值为准。

2）因温度、收缩等作用产生的裂缝，其宽度已比表 3.9 规定的弯曲裂缝宽度值超过 50%，且分析表明已显著影响结构的受力。

（3）当混凝土结构构件同时存在受力和非受力裂缝时，应按（1）及（2）分别评定其等级，并取其中较低一级作为该构件的裂缝等级。

（4）当混凝土结构构件有较大范围损伤时，应根据其实际严重程度直接定为 c_u 级或 d_u 级。

3.1.6   工程案例

3.1.6.1   工程概况

锡林浩特市原政府 3 号楼位于锡林浩特市锡林大街与北京路交叉口西北侧，建于 2004 年。主体结构为框架—剪力墙结构，局部地下一层，地上为十二层（局部设置十三层），主体结构平面整体呈 L 形布置。

该建筑框架柱截面尺寸类型较多，主要包括：400mm×400mm、500mm×500mm、600mm×600mm、650mm×650mm、700mm×700mm、800mm×800mm 等。该建筑框架梁截面尺寸以 250mm×550mm 为主，部分框架梁截面为 250mm×600mm、250mm×850mm、300mm×600mm 等。各层楼（屋）面板均采用现浇钢筋混凝土板，楼面板板厚为 100mm（局部板厚为 120mm、180mm 等），屋面板板厚为 120mm（局部板厚为 140mm）。

主体结构分布筋及箍筋采用 HPB235 级钢，主筋采用 HRB335 级钢。不同构件保护层厚度：基础为 40mm，基础柱为 55mm，地梁为 35mm，基础剪力墙为 25mm，框架柱为 30mm，楼板和剪力墙为 15mm，框架梁为 25mm。

3.1.6.2   鉴定目的和内容

本鉴定项目是为了了解主体结构的安全状况，保障结构的安全使用，为该结构后续继续使用或维修改造提供可靠的技术依据。

A　现场检测的内容

（1）结构体系及构件布置和尺寸检查（图3.1）。现场采用钢卷尺和激光测距仪检查该建筑结构体系及构件布置是否与原设计图纸相符；并采用钢卷尺和游标卡尺等对结构构件的截面尺寸进行抽样复核，并与原设计图纸对比。

（2）结构外观损伤情况检查。检查该建筑主体结构混凝土构件有无明显变形、倾斜或歪扭，混凝土构件有无破损、露筋、钢筋锈蚀、开裂及渗水等现象。检查玻璃幕墙有无变形、玻璃损坏及连接件缺失损坏等现象。

（3）主体结构材料强度检测。现场主要采用回弹法，对主体结构中的混凝土强度进行抽样检测，并考虑龄期对混凝土强度进行修正。

（4）钢筋保护层厚度及碳化深度检测。现场采用钢筋定位仪和酚酞试剂、游标卡尺对混凝土剪力墙、框架梁、板及柱的钢筋保护层厚度及混凝土碳化深度进行抽检（图3.2）。

（5）钢筋配置检测。现场采用钢筋定位仪对主体结构构件中的钢筋间距及根数进行抽样检测（图3.3）。

（6）主体结构倾斜检测。现场采用全站仪对主体结构的顶点位移及倾斜情况进行检测，判断其倾斜值是否影响结构的继续承载。

图3.1　结构现场校核钢筋直径

图3.2　主体结构二层框架柱1/B混凝土碳化深度检测

图 3.3 主体结构四层楼梯间剪力墙钢筋配置情况检测

B 结构承载能力验算分析

根据该建筑主体结构现状检测、检查结果及结构原设计图纸资料，建立主体结构整体计算模型，对结构构件的承载力（含抗震）进行验算分析。

C 结构抗震措施检查

根据《建筑抗震设计规范》（GB 50011—2010）对该建筑按后续使用年限 50 年（C 类建筑）、抗震设防烈度为 6 度（0.05g）、抗震设防类别为丙类进行主体结构抗震措施检查，分析主体结构体系布置及抗震连接构造措施是否符合规范要求。

3.1.6.3 调查、检测、分析的结果

A 结构布置及构件截面尺寸校核结果

根据该建筑主体结构原设计图纸资料，现场采用激光测距仪及钢卷尺对主体结构各层梁、柱的平立面布置及层高等进行复核，其检查结果如下：

（1）经检查后，该建筑主体结构布置与原设计相符。

（2）现场对该建筑主体结构构件截面尺寸进行抽样检测，复核其实际构件截面尺寸与原设计是否相符。由抽测结果可知：所抽测该建筑主体结构构件的截面尺寸与原设计相符。

B 建筑主体结构外观损伤检查结果

现场采用激光测距仪、相机、钢卷尺、裂缝观测仪等仪器，对可测外露区域内的梁、板及柱等构件损伤情况进行检查，经检查可知：

（1）地基基础检查结果：原政府 3 号楼经过多年正常使用，其地基及基础整体沉降趋于稳定，地面以上框剪结构未出现明显因不均匀沉降而造成的节点开裂现象，表明该建筑地基基础未出现明显不均匀现象。但一层部分室内地面及一层个别隔墙地梁下回填土未压实，造成室内地面沉陷及地梁下空鼓的现象。

（2）地上主体结构检查结果：该办公楼大部分结构被装饰层掩盖，地上主体结构损伤仅能从开凿位置及吊顶内检查。经检查，未发现地上主体结构剪力墙、框架梁、柱及楼（屋）面板出现明显开裂、露筋、钢筋锈蚀及变形破坏等现象，结构整体性较好。个别框架梁出现网状裂缝，裂缝集中于构件表面，裂缝宽度介于 0.05~0.10mm 之间。上述裂缝是由于温度收缩造成的，对构件安全性影响较小；少数楼（屋）面板出现局部渗水现象；

一层部分砌体隔墙出现开裂现象。

外墙干挂石材已出现明显破损及坠落现象，外露石材龙骨出现明显锈蚀现象，影响幕墙结构的安全使用，部分外挂石材存在坠落的危险。

C 混凝土强度抽样测试结果

该建筑主体结构材料均采用钢筋混凝土，混凝土强度采用回弹法进行测试，现场对具备条件的区域进行抽样检测，现场检测操作按《混凝土结构现场检测技术标准》（GB/T 50784—2013）和《回弹法检测混凝土抗压强度技术规程》（JGJ/T 23—2011）执行。

由框架梁和板的混凝土强度检测结果可知，所抽测该建筑框架梁混凝土强度满足原设计强度等级的要求。

D 混凝土结构耐久性能检测结果

混凝土结构的耐久性与结构的使用寿命直接相关，在保证结构承载能力的同时，保证结构的耐久性能也是十分必要的，因此本次现场检测分别对混凝土构件的耐久性能（钢筋保护层厚度、混凝土碳化深度）进行了检测。

（1）钢筋保护层厚度抽测结果。钢筋保护层采用钢筋定位仪进行现场抽样无损检测，同时辅以少量小破损（凿孔）的办法，用游标卡尺实际量测钢筋保护层，对用钢筋定位仪所测得数据进行校核。由各层框架梁，柱和板的混凝土保护层厚度的检测结果可知，所抽测该建筑混凝土构件中钢筋保护层厚度基本满足原设计要求。

（2）混凝土碳化深度抽测结果。混凝土碳化是导致钢筋锈蚀的一个重要前提，也是影响钢筋混凝土耐久性的主要因素。当碳化深度达到钢筋表面时，钢筋表面的钝化膜遭受破坏，在一定的水和氧气条件下，将会引起钢筋的锈蚀。为了评估混凝土的耐久性，可以通过检测碳化深度和保护层厚度了解混凝土碳化深度是否达到钢筋表面。

由现场抽测结果可知：所抽测框架构件的混凝土碳化深度在 2.0～6.0mm 之间，构件碳化深度未达混凝土构件外层钢筋表面，钢筋锈蚀的可能性较小，对结构安全无明显影响。

E 钢筋配置情况测试结果

按照《建筑结构检测技术标准》（GB/T 50344—2004）和《混凝土结构现场检测技术标准》（GB/T 50784—2013）的规定，现场采用钢筋定位仪对混凝土构件中的钢筋配置情况进行抽测，抽测框架梁的主筋和箍筋，框架柱的主筋和箍筋，板的分布筋和受力筋配置情况。钢筋配置抽测结果表明：所抽测该建筑主体结构混凝土构件中钢筋配置情况基本满足原设计要求。

F 结构承载能力验算及抗震措施检查结果

a 结构承载力（含抗震）验算结果

根据上述计算模型对框架-剪力墙结构进行配筋计算，与原设计配筋量进行比较，判断主体结构承载能力是否满足现行规范的要求。其承载力验算结果如下：

（1）由主体结构剪力墙、框架柱及梁的配筋计算结果可知，其剪力墙、框架柱和梁构件的计算配筋值均小于原设计配筋值，主体结构构件的承载能力满足现行规范的要求。

（2）由主体结构框架柱和剪力墙的轴压比计算结果可知，其框架柱最大计算轴压比为 0.74，剪力墙最大计算轴压比为 0.58，轴压比计算结果满足现行规范的要求。

b　结构抗震措施检查结果

主体结构抗震措施检查结果为：

（1）该建筑高度、框架及抗震墙布置、刚度和质量分布及底部加强部位设置高度等均满足现行抗震设计规范的要求。

（2）地下一~三层 5/A-B 抗震墙两侧端柱和洞口暗柱的体积配箍率不满足要求。

（3）一~六层柱共 41 个框架柱及对应框架节点核心区的体积配箍率不满足要求。

（4）框架梁及填充墙与主体结构的连接构造等其余各项抗震构造措施均满足现行抗震设计规范的要求。

3.1.6.4　处理建议

（1）建议对上述体积配箍率不满足要求的框架柱、节点核心区及剪力墙约束边缘构件采用外包钢板、内充灌浆料和混凝土加大截面的方法进行加固，以改善其抗震性能。

（2）建议拆除外立面玻璃幕墙和石材幕墙，防止坠落事故发生，并按现行规范重新设计及施工。

（3）建议对发生沉陷的一层地面进行重新回填压实，并对地梁下空鼓的区域进行灌浆处理。

（4）建议对个别渗水的楼（屋）面板及开裂的隔墙进行局部修补处理，并对框架梁中收缩裂缝进行封闭处理。

（5）建议在后续使用过程中对该建筑物进行正常使用和维护，严禁随意拆改结构及改变用途。

习题与思考题

3-1-1 结构检测有何作用和意义？

3-1-2 结构检测包含哪些内容？从对结构的影响程度分类，检测的方法有哪几种类型？

3-1-3 结构检测应遵循哪些原则？

3-1-4 建筑结构的测绘包含哪些主要内容？

3-1-5 如何进行结构裂缝的检测？

3-1-6 如何进行结构变形的检测？

3-1-7 如何用回弹法测定已有结构的混凝土强度？

3-1-8 如何用超声法测定已有结构的混凝土强度？

3-1-9 如何用超声-回弹法测定已有结构的混凝土强度？

3-1-10 如何用拉拔法测定已有结构的混凝土强度？

3-1-11 如何用钻芯法测定已有结构的混凝土强度？

3-1-12 试论述混凝土耐久性的检测方法。

3.2 混凝土受弯构件承载力加固

3.2.1 钢筋混凝土梁、板承载力不足的原因及表现

梁、板承载力不足，是指梁、板的承载力不能满足预定的或希望的承载能力的要求，必须进行补强加固，才能保证构件的安全使用。承载力不足的外观表现是构件的挠度偏大，裂缝过宽、过长，钢筋严重锈蚀，或受压区混凝土有压坏迹象等。本节列举工程实际中易出现承载力不足的受弯构件的外观表现及其原因分析。同时，介绍受弯构件正截面及斜截面的破坏特征。这些内容将有助于读者判定结构构件是否存在承载力不足，是否需要进行承载力加固。

引起梁、板等受弯构件承载力不足的主要原因，有下列 4 个方面。

3.2.1.1 施工方面原因

混凝土强度达不到设计要求，或钢筋少配、误配，是引起梁、板等受弯构件承载力不足施工方面的原因。例如，吉林某车库一层为梁板柱现浇混凝土结构，二层为混合结构。该楼使用后，梁及板都出现了裂缝，并日趋严重，板的挠度达 $l_0/82$，人在上面行走，颤动很大，最大裂缝宽度达 1.5mm。查其原因为施工质量差，如混凝土设计标号为 C20，而实际有的仅为 C10；梁中设计配筋为 $1251mm^2$，而实际仅配 $763mm^2$，因而该车库无法使用，最后不得不加固。又如，施工中有时将板式阳台及雨篷板（或梁）的钢筋错位至板（或梁）的下部或中部，致使阳台及雨篷板根部严重开裂，甚至发生断裂倒塌事故。如湖南某县有一四层楼房阳台因根部断裂而倒塌，事后查明，其原因在于该阳台板根部设计厚度为 100mm，而实际只有 80mm，且钢筋位置下移了 32mm。

建筑物施工中，材料使用不当或失误是造成建筑物承载力不足的又一原因。例如，随意用光圆钢筋代替变形钢筋，使用受潮或过期水泥；未经设计或验算，随便套用其他混凝土配合比；砂、石中的有害物质含量太大等，都将影响构件质量，导致承载力不足。

3.2.1.2 设计方面原因

引起梁、板等受弯构件承载力不足的原因，在设计方面最主要的是计算简图与梁、板实际受力情况不符合，或者荷载漏算、少算。例如，框架中的次梁通常为连续梁，若当作简支梁计算支座反力，并以此反力作用在大梁上，则将使中间支座的反力少算（有时可达 20%以上），导致支承该次梁的大梁承载力不足。

设计中，细部考虑不周是引起局部损坏的原因。例如，在预应力钢筋锚固区附近，由于预应力筋和其他钢筋交错配置，当混凝土浇捣不密实时，就会引起局部破坏和损伤。

梁、板承载力不足的另一个原因，是使用过程中严重超载。例如，1958 年，邯郸市某厂房屋盖，原设计为厚度 40mm 的泡沫混凝土，后改为厚度 100mm 的炉渣白灰。下雨后因浸水，容积密度大增，实际荷载达到设计荷载的 193%，造成屋盖倒塌。

另外，结构使用功能的改变，也是导致梁、板承载力不足的原因。例如，厂房因生产工艺的改变，需增添或更新设备；桥梁因通车量的增加或大吨位汽车的通过；民用建筑的加层或功能的改变（如改作仓库、舞厅等），这些都会使梁、板所承受的荷载增大，导致其承载力不足。

3.2.1.3　其他原因

造成构件承载力不足的原因，还有如下其他因素：

（1）地基的不均匀下沉，给梁带来附加应力。

（2）采用不成熟的构件。例如，槽瓦类构件。目前大部分槽瓦的内表面出现纵、横方面裂缝，这为下部受拉钢筋的锈蚀提供了条件，一般经10余年的碳化，保护层崩落，钢筋外露。当槽瓦用在有侵蚀性气体的车间时，钢筋锈蚀更加严重，甚至发生断裂、坠落事故。

（3）构件形式带来的影响。例如，采用薄腹梁虽有不少优点，但是在实际工程中，有一定数量的薄腹梁产生了较严重的斜裂缝。当69%～80%的设计荷载作用于薄腹梁时，腹板中部附近即出现斜裂缝，并呈枣核形迅速向上、向下开展，在长期荷载作用下，斜裂缝的宽度有所增加，长度有所发展。如某锻工车间于1971年建成后，发现薄腹梁有斜裂缝，经过抹灰三个月观察发现，斜裂缝不停地发展，一直延伸到截面的受压区（离梁顶仅150mm），最大裂缝宽度达0.5mm。薄腹梁产生斜裂缝的主要原因，除了混凝土强度过低外，还有腹板设计过薄和腹筋配置不足等问题。

由于构件的斜截面受剪破坏呈脆性破坏，所以当薄腹梁的斜裂缝较宽时，一般应及时进行加固。

（4）构件耐久性不足，导致钢筋严重锈蚀，甚至锈断，严重影响承载力。例如，1935年建成的宁波奉化桥为钢筋混凝土T形梁桥，由于长期超载行驶，混凝土保护层开裂、剥落严重，主筋外露、锈蚀；第1～3孔边梁有3根主筋锈断，部分钢筋面积只剩下一半；大梁挠度值最大达57mm。为此，1981年采用预应力法进行了加固。

引起承载力不足的原因，除上述举例外，还有钢筋锚固不足、搭接长度不够、焊接不牢，以及荷载的突然作用等等。

3.2.2　预应力加固法

用预应力筋对建筑物的梁或板进行加固的方法，称为预应力加固法。这种方法不仅具有施工简便的特点，而且在基本不增加梁、板截面高度和不影响结构使用空间的条件下，可提高梁、板的抗弯、抗剪承载力和改善其在使用阶段的性能。这些优点的形成，主要是由于预应力所产生的负弯矩抵消了一部分荷载弯矩，致使梁、板弯矩减小，裂缝宽度缩小甚至完全闭合。当采用鱼腹式预应力筋加固梁时，其效果将更佳。因此，在梁的加固工程中，预应力加固法的运用日趋广泛。例如，某I形梁桥，跨度20m，在加固前，跨中挠度达5.4cm，裂缝最宽处达0.5mm。采用4ϕ5下撑式预应力筋进行加固后，最大的一跨除抵消恒载挠度外，还上拱0.47cm。加固前是按双列汽-10偏心布载，加固后可按双列汽-13偏心布载。又如，某厂房的薄腹屋面梁，使用一年后出现许多裂缝，其中的一根薄腹梁上有63条裂缝，个别的贯穿整个腹板高度，裂缝最宽达0.6mm。分析其原因，是由于腹板太薄（100mm）、腹筋过少及混凝土强度偏低。采用下撑式预应力筋进行加固后，斜裂缝和垂直裂缝都有明显闭合，使用至今效果良好。

预应力筋加固梁、板的基本工艺是：

（1）在需加固的受拉区段外面补加预应力筋。

（2）张拉预应力筋，并将其锚固在梁（板）的端部。

下面分别叙述预应力筋张拉及锚固的方法及工艺。

3.2.2.1 预应力筋张拉

通常，加固梁的预应力筋裸置于梁体之外，所以预应力张拉亦是在梁体之外进行的。张拉的方法有多种，常用的有：

（1）千斤顶张拉法。这是一种用千斤顶在预应力筋的顶端进行张拉并锚固的方法。它较适用于鱼腹筋。对于直线筋，由于在梁端放置千斤顶较为困难，因此往往不易实现。

为了解决上述矛盾，有一种外拉式千斤顶，加固时，将其放置在梁的中间部位，启动油泵即可完成张拉。

（2）横向收紧法。这是一种横向预加应力的方法。其原理是在加固筋两端被锚固的情况下，利用扳手和螺栓等简易工具，迫使加固筋由直变曲产生拉伸应变，从而在加固筋中建立预应力（如图3.4所示）。

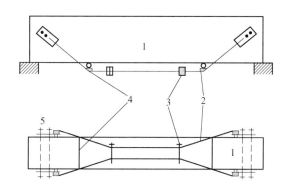

图 3.4　人工横向收紧法张拉预应力

1—原梁；2—加固筋；3—U形螺丝；4—撑杆；5—高强螺栓

（3）竖向张拉法。它包括人工竖向张拉法和千斤顶竖向张拉法两种，其中人工竖向张拉法又分为人工竖向收紧张拉和人工竖向顶撑张拉。图3.5（a）和图3.5（b）为人工竖向收紧张拉和人工竖向顶撑张拉的示意图。图3.6所示为用千斤顶竖向张拉屋架预应力

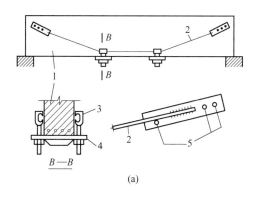

(a)

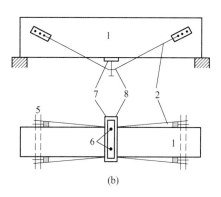

(b)

图 3.5　人工竖向张拉预应力筋

（a）人工竖向收紧张拉；（b）人工竖向顶撑张拉

1—原梁；2—加固筋；3—收紧螺栓；4—钢板；5—高强螺栓；6—顶撑螺丝；7—上钢板；8—下钢板

加固筋的装置图，其加固工艺为：

1）加固筋1被定位后，将其两端锚固在锚板上。

2）用带钩的张拉架3将千斤顶4挂在加固筋上（千斤顶的端部带有斜形楔块）。

3）启动千斤顶，将加固筋拉离支座2。待张拉达到要求后，在加固筋与支座间的缝隙内嵌入钢垫板即可。

（4）电热张拉法。电热张拉法的工艺为：对加固筋通以低电压的大电流，使加固筋发热伸长，伸长值达到要求后切断电流，并立即将两端锚固。随后，加固筋恢复到常温而产生收缩变形，在加固筋中建立了预应力。

3.2.2.2 预应力筋锚固

预应力筋的锚固方法，通常有以下6种：1）U形钢板锚固；2）高强螺栓摩擦-粘结锚固；3）焊接粘结锚固；4）扁担式锚固；5）利用原预埋件锚固；6）套箍锚固。

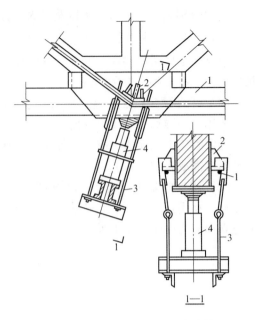

图 3.6 千斤顶竖向张拉预应力筋
1—预应力加固筋；2—加固支座；
3—张拉架；4—千斤顶

3.2.3 改变受力体系加固法

改变结构受力体系加固法，包括在梁的中间部位增设支点，增设托梁（架），拔去柱子（简称托梁拔柱），将多跨简支梁变为连续梁等方法。改变结构的受力体系能大幅度地降低结构的内力，提高结构的承载力，达到加强原结构的目的。

通常，支柱采用砖柱、钢筋混凝土柱、钢管柱或型钢柱，托架、托梁常为钢筋混凝土结构或钢结构。

3.2.3.1 预应力撑杆（支柱）

所谓预应力撑杆（支柱），是指在施工时，对支撑杆件施加预压应力，使之对被加固结构构件施加预顶力。它不仅可保证支撑杆件良好地参加工作，而且可调节被加固结构构件的内力。

预顶力对被加固构件的内力有较大的影响。图3.7示出了承受均布荷载的单跨简支梁，在跨中增设预应力撑杆后，撑杆预顶力 N 对原构件弯矩图的影响情况。

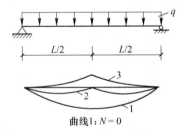

图 3.7 预应力对弯矩图的影响图

由图可见，梁的跨中弯矩随预顶力的增大而减小，预顶力越大，跨中弯矩减小得越多，增设支点的"卸载"作用也就越大。若预顶力过大，原梁可能出现反向弯矩（图3.7中曲线3所示）。因此，对预顶力的大小应加以控制。加固规范规定：预顶力的大小以支点上表面不出现裂缝和不需增设附加钢筋为宜。

3.2.3.2 多跨简支梁的连续化

简支梁在房屋建筑和桥梁工程中有着广泛的应用。例如，厂房建筑中的吊车梁大都为多跨简支梁，在旧公路及铁路桥梁中，多跨简支梁亦占有相当的比重。简支梁采用连续化的加固方法十分有效。

多跨简支梁连续化，就是设法在原来简支梁的支座处加配负弯矩钢筋，使其可以承受弯矩。这样，简支梁体系变为连续梁体系，减小了原梁的跨中弯矩，提高了受荷等级。在公路桥梁的加固改造中，这种方法得到了较多的应用。

多跨简支梁连续化的方法，分单支座连续化和双支座连续化两种。单支座连续化是将相连续的两简支梁的支座拆除并更换成单一的支座；双支座连续化则不扰动简支梁的支座，直接加配负弯矩钢筋。

3.2.3.3　增设托梁拔柱法

在工业厂房或沿街商业建筑的改造中，有时需要拔去某根柱子，以改善或改变使用条件。这时可采用增设托梁拔柱法，即通过增设托梁把原柱承受的力传给相邻的柱（或增设的柱）。

案例说明：图 3.8 所示河源市文福花园综合楼，位于广东省河源市区，建筑层数共八层，为框架结构体系；平面内横向柱距为 4.0m，纵向柱距为 6.0m。拟将首层横向两根柱拆除，使梁跨度增大为 8.0m，设计采用大截面转换梁支撑上部荷载，并在端部加腋处理。

图 3.8　托梁拔柱法

3.2.4　增大截面加固法

增大截面加固法，是指在原受弯构件的上面或下面再浇一层新的混凝土和补加相应的钢筋（图 3.9 和图 3.10），以提高原构件承载能力的方法。它是工程上常用的一种加固方法。

由图 3.9 可见，补浇的混凝土可能处在受拉区，对补加的钢筋起到粘结和保护的作用。当补浇层混凝土处在受压区时，增强了构件的有效高度，从而提高了构件的抗弯、抗剪承载力，增强了构件的刚度。因此，较有效地发挥了后浇混凝土层的作用，其加固的效果是很显著的。

在实际工程中，在受拉区补浇混凝土层的情况是比较多的。例如，对于图 3.9（c）中的 T 形梁，原配筋率较低，其混凝土受压区高度较小，因此在受拉区补加纵向钢筋并补浇混凝土层，是提高该梁抗弯承载力的有效办法。又如，阳台、雨篷、檐口板的承载力加固，可在原板的上面（受拉区）补配钢筋和补浇混凝土。

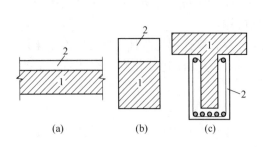

图 3.9 补浇混凝土加固梁

（a）加厚；（b）加高；（c）受拉区加筋浇混凝土

1—原构件；2—新浇筑混凝土

图 3.10 增大梁截面

当在连续梁（板）的全长上部补浇混凝土时，后补浇的混凝土在跨中处于受压区，而在支座却处于受拉区。

3.2.5 增补受拉钢筋加固法

增补受拉钢筋加固法，是指在梁的受力较大区段补加受拉钢筋（或型钢），以提高梁承载能力。

图 3.11 和图 3.12 为增补钢筋和增补型钢加固梁的示意图，增补钢筋与原梁之间的连接方法有全焊接法、半焊接法和粘结法三种，此外，在增补筋的端部，还可采用预应力筋与原梁的锚固方法。增补型钢与原梁的连接方法有湿式外包法和干式外包法两种。

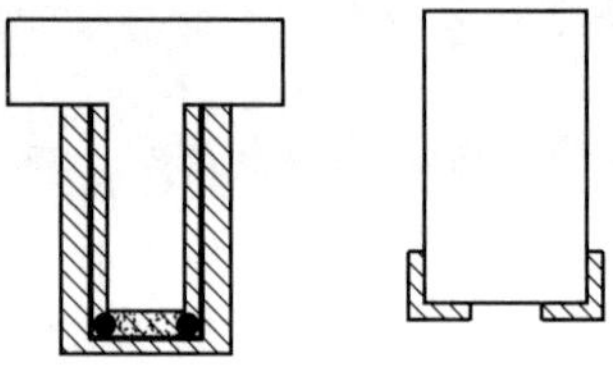

图 3.11 增补钢筋、型钢加固梁示意图

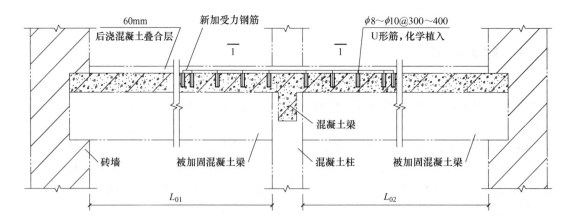

图 3.12 连续梁加筋加固正截面

（1）全焊接法。全焊接法指把增补筋直接焊接在梁的原筋上，以后不再补浇混凝土作粘结保护，即增补筋是在裸露条件下，依靠焊接参与原梁的工作（如图 3.13 所示）。

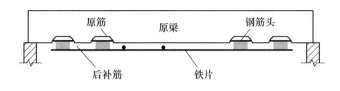

图 3.13　全焊接补筋加固梁

（2）半焊接法。半焊接法是指增补筋焊接在梁中原筋上后，再补浇或喷射一层细石混凝土进行粘结和保护。这样，增补筋既受焊点锚固，又受混凝土粘结力的固结，使增补筋的受力特征与原筋相近，受力较为可靠。

（3）粘结法。粘结法指增补筋是完全依靠后浇混凝土的粘结力传递来参与原梁的工作。

（4）湿式外包钢加固法。湿式外包钢加固法是一种用乳胶水泥浆或环氧树脂水泥浆把角钢粘贴在原梁下边角部，并用 U 形螺栓套箍加强，再喷射水泥砂浆保护的加固方法（图 3.14a）。当被加固梁为楼面梁时，应在楼板的 U 形螺栓相应位置处凿一方形（或长方形）凹坑，以使垫板和螺帽不致露出板面。凹坑深度为 20~30mm，基本为楼板面层的厚度。当被加固梁为屋面梁时，可直接

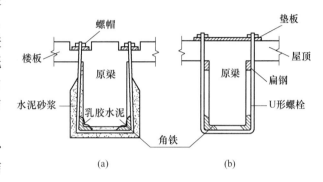

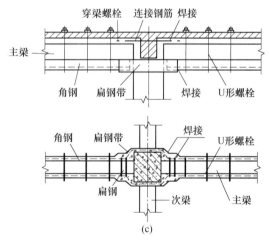

图 3.14　外包钢加固框架梁

将垫板和螺帽置于防水层上（图 3.14b），这样不仅不影响防水层，而且施工亦较方便。图 3.15 和图 3.16 分别为外包钢加固连续梁和简支梁。

（5）干式外包钢。用型钢对梁做加固时，当型钢与原梁间无任何胶粘剂，或虽填塞水泥砂浆，但仍不能确保剪力在结合面上的有效传递，这种加固方法属干式外包钢连接（图 3.14b）。

图 3.14（c）所示为受力角钢（或扁钢）绕过柱子时的连接方法。它通过两块与角钢焊接的弯折扁钢来实现角钢受力的连续性，板下扁钢的连续性则是由两根穿过次梁且与扁钢焊接的弯折钢筋来实现的。为了消除因角钢（或扁钢）力线的改变而使弯折扁钢（或连接钢筋）变直的可能性，在扁钢与连接钢筋的焊接处增设一根穿过主梁的螺栓，并在角钢下部加焊一块扁钢。

图 3.15　外包钢加固连续梁

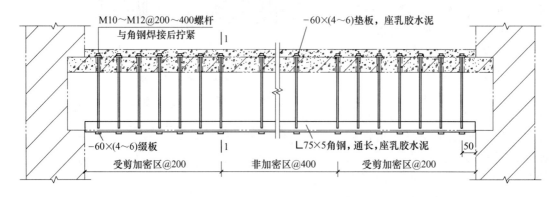

图 3.16　外包钢加固简支梁

3.2.6　粘贴钢板加固法

粘贴钢板加固法，是指用胶粘剂把钢板粘贴在构件外部的一种加固方法，如图 3.17~图 3.19 所示。常用的胶粘剂是在环氧树脂中加入适量的固化剂、增韧剂、增塑剂配成所谓的"结构胶"。

近年来，粘贴钢板加固法在加固、修复结构工程中的应用发展较快，趋于成熟。美国已制定了建筑结构胶的施工规范，日本有建筑胶粘剂质量标准，我国也已将此法收入《混凝土结构加固技术规范》中。粘贴钢板加固法能够受到工程技术人员的兴趣和重视，是因为它有传统的加固方法不可取代的如下优点：

（1）胶粘剂硬化时间快，工期短。因此，构件加固时不必停产或少停产。

（2）工艺简单，施工方便，可以不动火，能解决防火要求高的车间构件的加固问题。

（3）胶粘剂的粘结强度高于混凝土、石材等，可以使加固体与原构件形成一个良好的整体，受力较均匀，不会在混凝土中产生应力集中现象。

（4）粘贴钢板所占的空间小，几乎不增加被加固构件的断面尺寸和重量，不影响房屋的使用净空，不改变构件的外形。

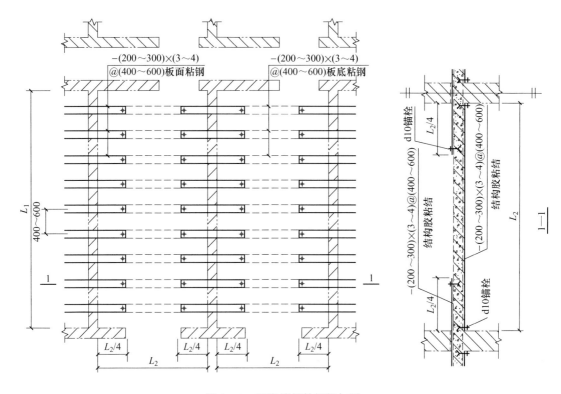

图 3.17 现浇楼板粘钢板加固

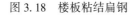

图 3.18 楼板粘结扁钢

图 3.19 框架梁主梁粘贴钢板

【例3.1】 鞍钢中板厂25t、50t重级工作制吊车梁,分A、B列,全长185m,因使用年久,损坏严重,需进行加固。经检查发现:吊车梁的碳化深度达10~60mm,侧面密布50余条宽0.5~10mm、长150~1200mm的裂缝(裂纹)。有4处梁底保护层剥落,主筋锈蚀,以致锈断。有17处面积为50~600cm²、高10~150mm的空鼓。

【解】 (1)加固方法及工艺。经论证,决定采用粘贴钢板法对吊车梁进行承载力加固,并用环氧树脂灌注法修补其裂缝。具体做法是:对有锈断钢筋的梁粘贴厚2~3mm、宽800mm、长6600mm(或3000mm)的A3钢板。在钢板端点靠支座处浇贴4层宽900mm的环氧玻璃钢,以加强钢板端部及提高斜截面承载力。

加固工艺为:混凝土凿毛,用钢刷对外露的钢筋除锈,用压缩空气消除表面浮灰,涂刷 YJ-302 混凝土界面处理剂，压抹 C25 级高强快硬砂浆，养护至 $f_c \geqslant 10\mathrm{MPa}$ 时，用丙酮擦抹表面在混凝土上及已处理过的钢板上，同时涂刷结构胶粘贴钢板并紧固固化 16h 后，再按要求粘贴 4 层环氧玻璃钢固化 48h 后，交付使用。

（2）加固效果验证。为了确保加固效果，在加固前制作了 5 根模拟加固梁以便试验。对其中 4 根梁的底部贴厚 12mm、长 1.86m 的钢板，端部贴绕两层环氧玻璃丝布。试验时，对其中 1 根梁进行疲劳试验（400 万次）和静载试验，其余梁直接做静载试验。试验结果，前者的承载力较非加固梁提高 2.15 倍，后者的承载力提高 1.24~3.7 倍。

此工程加固后经 3 年多时间的使用，情况正常。

3.2.7　碳纤维复合材料加固

3.2.7.1　碳纤维复合材料加固优点

碳纤维（carbon fiber reinforced polymer，CFRP）加固法是把碳纤维用树脂系粘贴剂浸渍后叠合在混凝土构件受力部位，使之与基体合为一体，从而提高结构构件的承载力、减少构件的变形和控制结构裂缝扩大的一种加固方法。

CFRP 加固方法与其他加固方法比较，具有以下优点：

（1）具有很高的材料抗拉强度，且自重小，即比强度高。CFRP 的拉伸强度约为钢材的 10 倍，而密度却只有其 1/4。纤维的拉伸强度高是因为纤维具有很小的直径，其内部缺陷要比块状形式的材料少得多。如块状玻璃的拉伸强度为 40~100MPa，而玻璃纤维的拉伸强度可达 4000MPa，为块状玻璃的 40~100 倍。比强度高，对于航天、航空、造船、汽车、建筑、化工等部门都是很重要的。如用纤维复合材料对房屋结构进行加固，可基本不考虑纤维复合材料对原结构附加的荷载。

（2）具有很高的比刚度（弹性模量与密度之比）。高弹模碳纤维的弹性模量可达钢材的 2~3 倍，弹性变形能力强。

（3）抗腐蚀性能和耐久性好。建筑工程用的 CFRP 不仅能经得起水泥碱性的腐蚀，而且当应用于经常受盐害侵蚀等腐蚀性环境时，其寿命也较长，有很好的防水效果，能抑制混凝土的劣化和钢筋的锈蚀。芳纶纤维具有很大的韧性和耐久性，以往常用于防弹衣、防火衣、钢盔等军工产品，以及光纤补强、轮胎和橡胶补强等。当混凝土用芳纶片材包裹后，它可以提供永久的防护，并作为碳化的屏障。它特别适用于那些不可能经常检查的地方，如地下或深海基础工程等领域。

（4）抗疲劳能力强。在纤维方向加载时，在很高的应力水平上，CFRP 对拉伸疲劳损伤仍不敏感。与普通钢筋混凝土相比，CFRP 加固混凝土的抗疲劳性能有了很大的提高。实验研究发现，CFRP 加固混凝土经过一定次数的疲劳循环荷载，再进行静载强度、挠度试验，与未经历疲劳循环荷载的对比试件相比，其强度及延性指标并没有显示出有所降低。而普通的钢筋混凝土试件经历同样的疲劳循环荷载后，其静载强度及延性指标会有不同程度的降低（根据试件的不同及疲劳循环荷载条件的不同而有所差异）。主要是由于 CFRP 材料本身抗疲劳性能优异。因此，在设计承受反复荷载的结构时，如考虑使用 CFRP 材料，则会显示出很大的优势。另外，CFRP 在纤维方向受拉伸荷载的蠕变性能非常好，优于"低松弛"钢。

（5）较高的电阻和较低的磁感应。芳纶（KF）是电绝缘体，可用于接近高压线或电信设施的地方，而碳纤维（CF）有导电性。

（6）结构外观和尺寸不会出现明显变化，修复加固效果好。

（7）施工过程简便，大部分为手工操作，无需特殊的装备，不需要特别的专业技术工人；无需焊接，也没有噪声；无需较大的施工空间，可对结构的各种部位、各种形状和各种环境下的结构进行施工。CFRP 加固还可用于某些用传统加固方法几乎无法施工的地方，施工质量也容易得到保证，工作量小，施工工期可以大大缩短。

（8）CFRP 体系的维修费用低，CFRP 不易被腐蚀。

各种加固方法的比较见表 3.10。

表 3.10　各种加固方法的比较

项目	钢筋混凝土增厚法	体外预应力法	外包钢和钢板粘结张贴法	FRP 片材张贴法
增加体积	大	小	小	小
增加重量	大	小	大	小
施工时间	长	较长	较长	短
需要工人数	多	多	多	少
施工空间	大	大	大	小
大型设备	需要	需要	需要	不需要
抗腐蚀，耐久性	差	差	差	良好

3.2.7.2　碳纤维复合材料加固混凝土结构的破坏形式和施工工艺

A　受力特点及破坏形式

a　受弯构件正截面抗弯

碳纤维加固混凝土受弯构件的受力性能和破坏形式与一般的钢筋混凝土构件不同。计算机模拟分析和实验结果表明（见图 3.20），加固截面的受力过程可以分为三个受力阶段：

第一阶段为整体工作阶段，从开始加载至截面混凝土开裂，此时纤维材料的作用较小，截面的弯矩-曲率关系与未加固构件相差不大。

第二阶段是带裂缝工作阶段，从截面开裂至受拉钢筋屈服，此时纤维的作用开始明显，与普通截面比较，截面刚度和屈服荷载增大。

第三阶段是纤维增强阶段。从受拉钢筋屈服至截面破坏，此时外贴纤维板起控制作用，是截面抗力增加的主要因素，截面承担的弯矩有明显的提高。但与上一阶段相比，截面的刚度有较明显的下降。

在第三阶段，截面不像普通混凝土截面那样，有一个明显的延性发展过程。当外部纤维材料与被加固构件间可靠粘结，不产生粘结滑移时，截面的弯矩-曲率关系基本呈线性变化，如图 3.20（a）所示；而对破坏前产生局部粘结破坏的加固构件，第三阶段又可以分为两个受力过程：在初期，自钢筋屈服到局部粘结破坏开始，截面的弯矩-曲率关系基本呈线形变化，纤维材料明显发挥作用，截面承担的弯矩有明显的提高；而在后期，从局部粘结破坏开始到构件破坏，纤维与被加固构件间的局部粘结破坏不断发展，截面弯矩仍有一定的提高，但截面曲率（变形）发展很快，如图 3.20（b）所示。

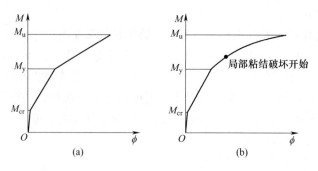

图 3.20   粘纤维加固截面弯矩-曲率关系示意图

（a）完全粘结时；（b）破坏前产生局部粘结破坏时

对粘结锚固可靠的粘纤维加固受弯构件，其正截面可能产生纤维拉断破坏或混凝土压碎破坏两种破坏形态。截面的破坏状态与截面的配筋量、外贴纤维的用量以及混凝土的强度等级等有关。在混凝土强度和原有配筋率不变的情况下（如图 3.21 所示），当纤维配置率较小时，截面的破坏以纤维拉断破坏为标志（图 3.21 曲线 2）；随着纤维配置率的增大，截面将产生界限破坏，即在纤维拉断的同时混凝土压碎（图 3.21 曲线 3）；当纤维配置率继续增大时，截面的破坏以混凝土的压碎为标志（图 3.21 曲线 4）。图 3.21 中，曲线 1是未加固构件的弯矩–曲率曲线。

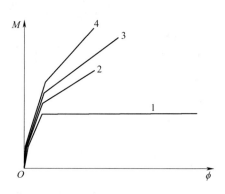

图 3.21   不同破坏形式粘碳纤维加固截面弯矩-曲率关系示意图

b   受弯构件斜截面抗剪

梁斜截面加固主要是采用粘贴封闭箍、U 形箍和双 L 形箍以及梁侧垂直或倾斜的板（布）条进行加固。

实验结果表明，加固梁斜截面的破坏形式有锚固破坏和纤维材料拉断破坏，破坏是脆性的。无论产生纤维材料破坏还是粘结破坏，在破坏前，绝大部分纤维板的强度没有达到材料的极限强度。

由于纤维复合材料是弹性材料，当材料达到极限强度时将断裂，因此它不像钢筋那样，在破坏前由于屈服，会产生比较充分的应力重分布。对于粘结可靠的加固梁斜截面，由于纤维材料的脆性性能，纤维材料的破坏是逐条顺序断裂，当应力最大的一根板箍应力达到极限强度（此时相邻箍的应力一般还没有达到极限强度，甚至相差还很大），纤维断裂并退出工作，相邻箍应力迅速增大至极限强度而相继断裂。

采用外贴纤维复合材料对钢筋混凝土梁进行斜截面抗剪加固时，外贴纤维的形式主要有封闭式、U 形或双 L 形，以及梁侧垂直或倾斜的板（布）条等（见图 3.22 和图 3.23）。

B   施工工艺

外贴 CFRP 加固在国内还是一种新技术，而外贴 CFRP 加固时的施工质量对加固效果有很大影响。外贴 CFRP 加固混凝土结构的施工流程为：基面处理—基面清洗—涂刷底胶—粘贴面修补—粘贴 CFRP—养护—外表防护处理。

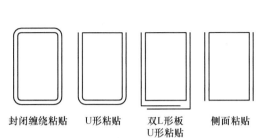

封闭缠绕粘贴　　U形粘贴　　双L形板　　侧面粘贴
　　　　　　　　　　　　　　U形粘贴

图 3.22　外贴纤维受剪加固的形式　　　　　图 3.23　粘贴碳纤维复合材料后的梁

根据试验及工程应用，以日本产 CFRP 为例，总结出以下施工要点，可供工程应用参考：

a　基面处理

（1）对混凝土粘贴面的劣化层（如浮浆风化层等），用砂轮认真清除和打磨。

（2）基面凸出部分要磨平，转角部位要做倒角处理。

（3）强度等级较低和质量较差的混凝土应凿掉，并用不低于原混凝土强度等级的环氧砂浆修补。

（4）裂缝部分要注入环氧树脂修补。

b　基面清洗

（1）用钢丝刷刷去表面的松散浮渣。

（2）用压缩空气除去表面粉尘。

（3）用丙酮或无水酒精擦拭表面，也可用清水冲洗，但必须待其充分干燥后再进行下道工序。

c　涂刷底胶

（1）按比例将底胶（FP-NS）的主剂和硬化剂放入容器内，用低速旋转的方法搅拌均匀；一次调和量应在可使用时间内用完，超过可使用时间的绝对不能用。

（2）用滚筒或刷子均匀涂抹，特别是冬季，胶的黏度较高，不能涂得太厚。

（3）底胶硬化后，若表面有凸起部分，用磨光机或砂纸打磨平整。

（4）待底胶指触干燥后，进入第二道工序。

d　粘贴面修补

对粘贴面上的凹入部位，用环氧腻子（FE-Z 或 FE-B）修补，以保证粘贴面平整，确保加固效果。待环氧腻子指触干燥后，进入下一道工序。

e　粘贴 CFRP

（1）CFRP 的下料长度，应在现场根据施工经验和作业空间确定。若需接长，接头的长度应根据具体情况而定，一般不得低于 15cm。

（2）CFRP 的下料数量以当天的用量为准。

（3）粘贴 CFRP 时须保证 CFRP 和混凝土面的粘贴密实，以免影响加固效果。

（4）CFRP 粘贴后，为保证树脂的充分渗浸，应至少放置 30min 以上。此期间若发生浮起、错位等现象，需进行处理。

（5）CFRP 粘贴后，再在 CFRP 的外表面涂刷一层 FR-E3P 树脂。

（6）粘贴 2 层以上 CFRP 时，重复以上工序。

f　养护

CFRP 粘贴后，宜用聚乙烯板等进行养护（但不要与施工面接触），养护时间应在 24h 以上。为保证达到设计强度，平均气温约 10℃时养护 2 周左右；平均气温约 20°C 时养护 1 周左右。

g　表面防护处理

为保证胶的耐久性、耐火性等性能，可在表面涂抹砂浆或采取其他措施。

h　其他注意事项

（1）气温低于 5℃时，宜停止施工。

（2）雨天和可能结露时，应停止施工。

（3）当各种胶附在皮肤上时，用肥皂水冲洗；若进入眼内，要立即用水冲洗或看医生。

（4）现场需做好防火等安全消防措施。

3.2.8　承载力加固的其他方法

3.2.8.1　梁的斜截面承载力加固

由于斜截面剪切破坏属脆性破坏，故当斜截面受剪承载力不足时，应及时进行加固处理。在实际工程中，构件较易发生斜截面受剪承载力不足，除了前述的薄腹梁之外，还有 T 形、I 形截面梁。如果梁的斜截面受剪承载力和正截面受弯承载力都不足，则在选择加固方法时应统筹考虑。上述各节所述方法中（如下撑式预应力加固法、增设支点加固法以及粘贴钢板法等），有些对正截面受弯承载力及斜截面受剪承载力的加固都是相当有效的。如果钢筋混凝土梁的正截面受弯承载力足够，但其斜截面受剪承载力不够，则可选用下述斜截面受剪承载力加固方法进行加固处理。

A　腹板加厚法

对薄腹梁、T 形梁及 I 形梁等腹板较薄的弯剪构件，可在斜截面受剪承载力不足的区段，采用两侧面加配钢筋并补浇混凝土的局部加厚法来提高斜截面的受剪承载力。图 3.24 为腹板加厚法的示意图。

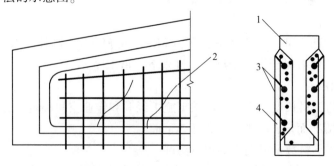

图 3.24　腹板加厚法加固斜截面

1—原梁；2—裂缝；3—补配钢筋；4—补浇的混凝土

B 加箍法

当原梁的斜截面受剪承载力不足，且箍筋配置量又不多时，宜采用加箍法来加强梁的斜截面受剪承载力。所谓加箍法，是指在梁的两侧面增配抗剪箍筋的加固方法。

3.2.8.2 阳台、雨篷、檐板等悬臂构件的加固

A 沟槽嵌筋法

沟槽嵌筋法是指在悬臂构件的上面纵向凿槽，并在槽内补配受拉钢筋的加固方法（如图3.25所示）。

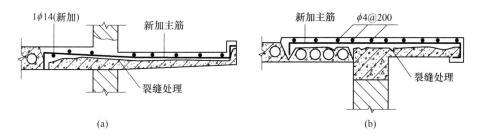

图 3.25 沟槽嵌筋加固法
（a）阳台、雨篷沟槽补筋；（b）檐板补筋

这种方法用于配筋不足或放置位置偏下的悬臂构件加固是较为奏效的。

嵌入沟槽中的补配钢筋能否有效地参与工作，主要取决于其锚固质量，以及新旧混凝土间的粘结强度。为了增强新旧混凝土间的粘结力，常在浇捣新混凝土之前，在原板面及后补钢筋上刷一层107胶聚合水泥浆或丙乳水泥浆或乳胶水泥浆。

此外，由于后补钢筋参与工作晚于板中原筋而出现应力滞后现象，因此，验算使用阶段的原筋应力是必要的，使其不超过允许应力 $[\sigma_s]$，并控制加固梁的裂缝和挠度。

为了减弱后补钢筋的应力滞后现象并保证施工安全，在加固施工时，应对原悬臂构件设置顶撑，并施加预顶力。

后补钢筋的锚固，可通过其端部的弯钩或焊上短钢筋的办法解决。

工程实例： 新乡市某机关六层砖混结构办公楼，设有净挑1.2m的现浇板式悬臂阳台，拆模后发现阳台板根部上表面有通长裂缝。经检查，其原因是钢筋移位、放置偏下所致。后来采用沟槽嵌筋法进行加固，效果良好。

B 板底加厚法

如果阳台的配筋足够，但其强度不足，这是由于原配筋的位置偏下或混凝土强度未达到设计要求所致。对这种情况，可采用加厚板底（提高截面有效高度 h_0）的办法，来达到补强加固的目的（图3.26）。

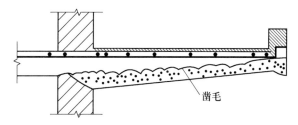

图 3.26 板底加厚法加固阳台示意图

C 板端加梁增撑法

当悬臂板中的主筋错配至板下部，而混凝土强度足够时，则可采用板端加梁增撑法进行加固。即在板的悬臂端增设小梁及支撑进行加固。小梁的支撑方法有下斜支撑、上斜拉

杆和增设立柱三种。

a   下斜支撑法

下斜支撑是指在阳台端部下面增设两道斜向撑杆，以支撑小梁的一种加固方法（图3.27a）。支撑可用角钢制作，其下端用混凝土固定在砖墙上，上端浇筑在新增设的小梁两端。加固后的悬臂板变为一端固定、另一端铰支的构件。它的受力和计算简图如图3.27（b）所示。

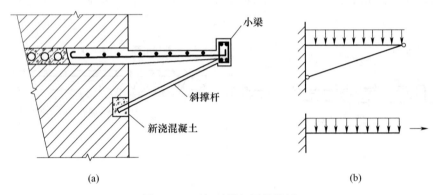

(a)   (b)

图 3.27   下加斜撑加固悬臂板

b   上斜拉杆法

在阳台悬臂端上部增设两道斜向拉杆以悬吊小梁的支撑方法，即为上斜拉杆法（图3.28）。斜向拉杆可采用钢筋或角钢制作。拉杆的下端应焊接短钢筋，以增加与小梁的锚固。

c   增设立柱法

增设立柱法是指用增设混凝土柱子的办法来支撑悬臂板端的小梁。这种方法的优点是受

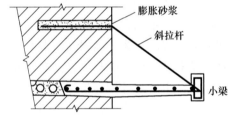

图 3.28   上增斜撑加固悬臂板

力可靠，因此对于地震区及跨度较大的悬臂板是适宜的；其缺点是混凝土用量较大，加固费用也高，且外观上也欠佳。

D   剥筋重浇法

当现浇钢筋混凝土阳台的混凝土强度偏低，钢筋错动又严重，已无法用上述三种方法加固补强时，可采用剥筋重浇法，对阳台进行二次浇筑加固。

习题与思考题

3-2-1   钢筋混凝土梁、板承载力不足常见的表现有哪些？试分析其原因。

3-2-2   钢筋混凝土梁、板常用的加固方法有几类，其设计特点有哪些？

3-2-3   试分析钢筋混凝土梁、板常用的加固方法的适用范围和优缺点。

3-2-4   增大截面加固法的施工工艺和构造要求是什么？

3-2-5   粘贴钢板加固法的施工工艺和构造要求是什么？

3.3 混凝土受压构件加固

3.3.1 混凝土柱的破坏及原因分析

一般说来，柱的破坏较梁具有突然性，破坏之前的征兆往往不很明显。因此，首先应很好地了解柱的破坏特征和破坏原因，以及进行必要的计算分析，随后对柱作出是否需要进行加固的判断。

在实际工程中，引起钢筋混凝土柱承载力不足的原因主要有：

（1）设计不周或错误（如荷载漏算、截面偏小、计算错误等）。例如，某内框架结构房屋，地下1层，地上7层，竣工三个月后发现地下室圆形柱的顶部出现裂缝，起初只有3条，经10天后，增加至15条，其宽度由0.3mm扩展到2~3mm。再经半个月后，发现裂缝处的箍筋被拉断，柱子倾斜1.68~4.75cm，裂缝不断扩展。分析后发现，这是由于设计中将偏心受压柱误按轴心受压柱计算所致。经复核，该柱设计极限承载力为1167kN，而实际承受的荷载已达1412kN。因此，该柱需加固。

（2）施工质量差。这类问题包括建筑材料不合规定要求，施工粗制滥造。如使用含杂质较多的砂、石和不合格的水泥，造成混凝土强度明显低于设计要求。例如，某五层办公楼为内框架结构，长16.1m，宽8.6m。在三层楼面施工时，发现底层6根柱子混凝土质地松散。经测定，其混凝土强度不足10N/mm^2。经事故原因分析，是采用了无出厂合格证明的水泥所致。另外，施工中混凝土捣固、养护不良。

（3）施工人员业务水平低下，工作责任心不强。这类因素造成的质量事故有钢筋下料长度不足，搭接和锚固长度不合要求，钢筋号码编错，配筋不足，等等。例如，某学院的教学楼为十层框剪结构，长59.4m，宽15.6m。施工时，误将第六层的柱子断面及配筋用于第四、五层，错编了配筋表，使第四、五层的内跨柱少配钢筋最大达4453mm^2（占设计配筋面积的66%），外跨柱少配钢筋1315mm^2（占应配钢筋面积的39%），造成严重的责任事故。

（4）施工现场管理不善。在施工现场，常发生将钢筋撞弯、偏移，或将模板撞斜，未予以扶正或调直就浇混凝土的事例。例如，某市一工厂的现浇钢筋混凝土五层框架，施工过程中，在吊运大构件时，不小心带动了框架模板，导致第二层框架严重倾斜（角柱倾斜值达80mm）。再如，某地一幢钢筋混凝土现浇框架，在施工时由于支模不牢，浇捣混凝土时柱子模板发生偏斜，导致柱子纵向钢筋就位不准。当框架梁浇捣完后，柱子纵向钢筋外露。为了保证柱子钢筋的保护层厚度，施工人员错误地将纵筋弯折成了八角形。这些施工事故，如不及时对构件进行补强加固，势必造成重大安全隐患。

（5）地基不均匀下沉。地基不均匀下沉使柱产生附加应力，造成柱子严重开裂或承载力不足。例如，南京某厂的厂房建于软土地基上，厂房为钢筋混凝土柱和屋架组成的单层铰接排架结构，基础为钢筋混凝土独立基础，厂房跨度21m，全长44m。建成数年后因产量增加，堆料越来越多，致产生216~422mm的不均匀沉降，使钢筋混凝土柱发生不同方向的倾斜。柱牛腿处因承受不了倾斜引起的柱顶水平力而普遍地严重开裂，导致吊车卡轨，最终因不能使用而停产。后来不得不对厂房进行修复，对柱进行加固。

引起柱子承载力不足的原因远不止上述几种。例如，因火灾烧酥了混凝土，并使钢筋强度下降；因遭车辆等突然荷载碰撞，使柱严重损伤；因加层改造上部结构，或改变使用功能使柱承受荷载增加等，都将可能导致柱的承载力不足。

在了解了混凝土柱的破坏特征、破坏原因，并作出需加固的判断之后，应根据柱的外观、验算结果以及现场条件等因素，选择合适的加固方法，及时进行加固。

混凝土柱的加固方法有多种，常用的有增大截面法、外包钢法、预加应力法。有时还采用卸除外载法和增加支撑法等。下面分别介绍常用的加固方法。

3.3.2　增大截面法加固混凝土柱

增大截面法又称外包混凝土加固法，是一种常用的加固柱的方法。由于加大了原柱的混凝土截面积及配筋量，这种方法不仅可提高原柱的承载力，还可降低柱的长细比，提高柱的刚度，取得进一步的加固效果。

具体加固方法有四周外包、单面加厚和两面加厚等方法。

（1）在原柱四周浇灌钢筋混凝土外壳的加固方法，称为四周外包混凝土加固法（图3.29）。图3.29（b）是将原柱的角部保护层打去，露出角部纵筋，然后在外部配筋，浇筑成八角形，以改善加固后的外观效果。四周外包加固法的效果较好，对于提高轴心受压柱及小偏心受压柱的受压能力尤为显著。

（2）当柱承受的弯矩较大时，往往采用仅在与弯矩作用平面垂直的侧面进行加固的办法。如果柱子的受压面较薄弱，则应对受压面进行加固（图3.29d）；反之，应对受拉面进行加固（图3.29e）；很多情况，则需两面都加固（图3.29f）。

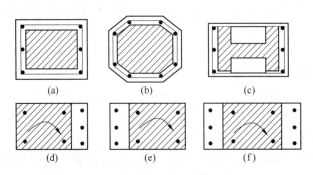

图3.29　增大截面法加固混凝土柱

外包后浇混凝土，常采用支模浇捣的方法，但我们推荐使用喷射混凝土法。喷射混凝土法工艺简单，施工方便，不需或只需少量模板，对复杂柱的表面尤为方便。喷射混凝土粘结强度高（＞$1.0N/mm^2$），可以满足一般结构修复加固的质量要求。当后浇层较厚时，可以采用多次喷射的办法（一次喷射厚度可达50mm）。图3.30为采用自密实混凝土加大柱截面的加固方法。

采用加大截面法加固钢筋混凝土柱时，其承载力计算应按《混凝土结构设计规范》的基本规定，并按新混凝土与原柱共同工作的原则进行。

3.3.3　外包钢加固混凝土柱

所谓外包钢加固，就是在方形混凝土柱的周围包以型钢的加固方法。加固的型钢在横向用箍板连成整体。对于圆柱、烟囱等圆形构件，多用扁钢加套箍的办法（图 3.31c）。

习惯上，把型钢直接外包于原柱（与原柱间没有粘结），或虽填塞有水泥砂浆但不能保证结合面剪力有效传递的外包钢加固方法，称为干式外包钢加固法（图 3.31b、c）。在型钢与原柱间留有一定间隔，并在其间填塞乳胶水泥浆或环氧砂浆或浇灌细石混凝土，将两者粘结成一体的加固方法，称为湿式外包钢加固法（图 3.31a）。

经外包钢加固后，混凝土柱不仅提高了承载力，又由于柱的核心混凝土受到型钢套箍和箍板的约束，柱子的延性也得到了提高，如图 3.32 和图 3.33 所示。

图 3.30 自密实混凝土加大柱截面

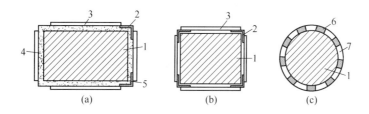

图 3.31 外包钢加固混凝土柱示意图
1—原柱；2—角铁；3—箍板；4—填充混凝土或砂浆；5—胶粘剂；6—扁铁；7—套箍

图 3.32 外包角钢加固

3.3.4 碳纤维复合材料加固柱

对于受压承载力不足的构件，可沿构件环向缠绕粘贴纤维布，使混凝土处于三向受压状态，提高其受压承载力。图3.34为碳纤维复合材料加固后的混凝土工程实例照片。

图3.33　外包钢加固

3.3.5 柱子的预应力加固法

3.3.5.1 概述

所谓预应力加固柱，是指柱子在加固过程中，对加固用的撑杆施加预顶升力，以期达到卸除原柱承受的部分外力和减小撑杆的应力滞后，充分发挥其加固作用。预应力加固法常用于应力较高或变形较大而外荷载又较难卸除的柱子，以及损坏较严重的柱子。

图3.34　碳纤维复合材料加固后的混凝土柱

对撑杆施加预顶升力的方法有纵向压缩法和横向收紧（校直）法（图3.35a、b）。本节的预应力加固法的施工工艺与3.2节中的预应力法基本相同，但两者在受力上有差异：本节是在柱的加固过程中对撑杆施加预顶力，加固后撑杆与原柱共同抵抗外力；而3.2节中的预应力撑杆是为了加固梁，加固后撑杆是独立工作的。因此，它们的承载力及顶升量的计算也是不同的。

通常，对于轴心受压柱，应采用对称双面预应力撑杆加固；对于偏心受压柱，一般仅需对受压边用预应力撑杆加固，而受拉边多采用非预应力法加固。

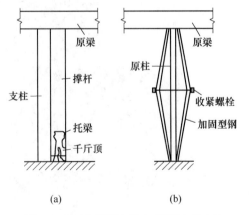

(a)　　　　　　(b)

图3.35　对加固撑杆施加预顶力的方法

一般情况下，采用预应力撑杆加固柱子时，应对加固后的柱子进行承载力计算和撑杆施工时的稳定性验算。

3.3.5.2 构造要求

用预应力法加固柱应符合以下构造要求：

（1）预应力撑杆的角钢截面不应小于 50mm×50mm×5mm，压杆肢的两根角钢用箍板连接成槽形截面，也可用单根槽钢作压杆肢。箍板的厚度不得小于 6mm，其宽度不得小于 80mm，相邻箍板间的距离应保证单个角钢的长细比不大于 40。

（2）撑杆末端的传力应可靠，图 3.36 示出了末端的构造做法。图中的传力角钢最后被焊接在预应力撑杆的末端，且其截面不得小于 100mm×75mm×12mm。在预应力撑杆的外侧，还应加焊一块厚度不小于 16mm 的传力顶板予以加强。

（3）当采用横向收紧法时，应在预应力撑杆的中部对称地向外弯折，并在弯折处用拉紧螺栓建立预应力（图 3.37）。单侧加固的撑杆只有一个压杆肢，仍在中点处弯折，并

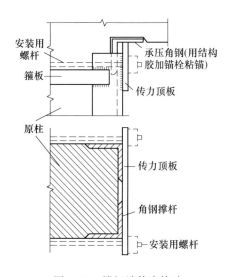

图 3.36 撑杆端传力构造

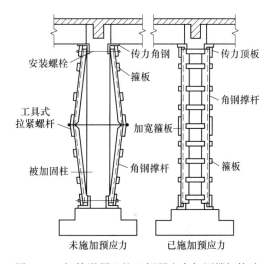

图 3.37 钢筋混凝土柱双侧预应力加固撑杆构造

采用螺栓进行横向张拉（图 3.38）。

（4）在弯折压杆肢前，需在角钢的侧立肢上切出三角形缺口，角钢截面因此受到削弱，应在角钢正平肢上补焊钢板予以加强。

（5）拉紧螺栓直径应不小于 16mm，其螺帽高度不应小于螺杆直径的 1.5 倍。

（6）在焊接图 3.37 及图 3.38 中的连接箍板时，应采用上下轮流点焊法，以防止因施焊受热而损失预压应力。

3.3.6 植筋技术

钢筋混凝土结构植筋技术是一种新的

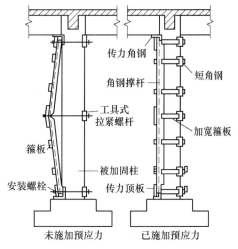

图 3.38 钢筋混凝土柱单侧预应力加固撑杆构造

应用技术，近年来，在建筑物改造扩建、加固、维修中多有应用。它解决了在原有结构需改造的梁、板、柱、基础等部位的钢筋生根问题，也称为化学植筋、锚栽钢筋、钢筋的生根技术。即在钢筋混凝土结构要生根的位置上，按设计计算的钢筋数量、规格、深度，经过钻孔、清孔、注入植筋胶植入钢筋的方法（植入的钢筋与混凝土共同工作），达到设计要求的承载力。

在混凝土结构加固改造工程中使用的植筋技术，可分为两类：（1）使用水泥和微膨胀剂等组成的粘结剂进行固定的一般植筋；（2）使用聚氨酯、甲基丙烯酸酯或改性环氧树脂等与水泥或石英砂等组成的粘结剂进行固定的高性能植筋。当被植筋的混凝土结构可提供足够的锚固深度且仅受静力作用时，上述两类植筋均可使用；若被植筋的混凝土结构受动荷载作用，或其构造上难以增大锚固深度而又要求所植钢筋不致发生脆性粘结破坏时，应选用高性能植筋。

3.3.6.1　植筋锚固体的破坏形式

植筋锚固体由被植钢筋、植筋胶、混凝土基材三部分组成。植筋锚固体在外力作用下的破坏有三种形式：

（1）植筋本身钢材，被拉断、剪坏或拉剪组合受力破坏。这主要是因为锚固深度过深，混凝土强度过高或植筋钢材强度过低引起的。此种破坏一般有明显的塑性变形，破坏荷载离散性较小。

（2）基材破坏。一般以植筋头为顶点成圆锥形受拉、受剪破坏，或以植筋为轴单边楔形破坏。此种破坏主要发生在混凝土强度偏低，植筋埋深较浅或植筋周边混凝土过薄引起的。此种破坏表现出一定脆性，破坏荷载离散性较大。

（3）拔出破坏。表现为植筋从构件孔中拔出。主要原因是植筋胶强度过低或失效，埋置深度不够，施工时钻孔过大，清孔不干净，安装方法不当等。拔出破坏荷载离散性较大，一般定为植筋不合格。

以上三种破坏形式，第一种以钢筋破坏为极限状态，同普通钢筋混凝土结构要求；第二种情况可以通过构造要求予以避免；第三种情况是植筋所要重点考虑的破坏形式。研究表明，基层混凝土强度对植筋的粘结应力影响不大。当然了，基层混凝土强度对植筋总承载力有影响，混凝土强度过低，可能发生基层混凝土劈裂或受剪破坏，应从构造上采取措施予以预防。

3.3.6.2　钻孔植筋工艺

（1）植筋的工艺流程为（图3.39）：

　　　　钻孔→孔洞处理→钢筋表面处理→配胶→灌胶→插筋→钢筋固定养护

（2）孔洞处理。孔洞处理包括三方面的内容：清孔、孔干燥和孔壁除尘。清孔就是清除孔内粉尘积水等杂物，设备一般采用空压机。由于环氧类胶粘剂不适应潮湿的基层，植筋施工时应对孔洞进行干燥处理。孔壁周边粘附一层微薄的粉尘，这部分粉尘难以被空压机清除，应采取高挥发性的有机溶剂清洗孔壁，方可除去。

（3）钢筋表面处理。钢筋表面锈蚀或不清洁，会降低钢筋与结构胶的胶结摩阻力。故植筋前应对钢筋进行除锈、除油和清洁处理。清洗时应采用丙酮等有机溶剂，杜绝用水清洗。

（4）配胶及灌胶。配胶应按使用的结构胶要求配制，配制时搅拌应均匀，配好的胶液控制在 40~60 min 内使用完毕。灌胶应二次完成，并以孔外溢出结构胶为最佳状态。在种植水平钢筋时，最后可用堵孔胶封堵孔口，以免造成孔内结构胶外溢。堵孔胶应有较高的稠度，可利用配好的结构胶中加入水泥作堵孔胶，其配合比为：结构胶∶水泥 = 2∶1。

（5）插筋。应以一个方向，缓慢地将钢筋插入灌了胶的孔内。

（6）养护。在结构胶完全固化前，应避免扰动种植的钢筋。

(a)　　　　　　　　　　　(b)　　　　　　　　　　　(c)

(d)　　　　　　　　　　　(e)　　　　　　　　　　　(f)

图 3.39　植筋施工照片

习题与思考题

3-3-1　钢筋混凝土柱承载力不足常见的表现有哪些？试分析其原因。

3-3-2　钢筋混凝土柱常用的加固方法有几类，其设计特点有哪些？

3-3-3　试分析钢筋混凝土柱常用的加固方法的适用范围和优缺点。

3-3-4　增大截面加固法的施工工艺和构造要求是什么？

3-3-5　预应力加固法的施工工艺和构造要求是什么？

3.4　混凝土屋架的加固

屋架作为屋盖承重结构，是工业与民用建筑中的主要结构构件。由于屋架的杆件多而细，节点构造复杂，因此屋架出现问题急需加固的比例较高。这些屋架中，有些承载力达不到设计要求，有些刚度不足、使用功能不良、裂缝过宽和钢筋锈蚀危及耐久性等。本章主要讲述钢筋混凝土屋架的常见问题、加固方法及工程实例。

3.4.1　混凝土屋架常见问题及原因分析

在20世纪50年代和60年代前期，房屋建筑大多采用非预应力混凝土屋架，这些屋架由于设计考虑欠妥或施工缺陷以及使用荷载的增加，在使用中出现了裂缝过宽和钢筋锈蚀等现象。另外，不同形状（如三角形、拱形、梯形等）的屋架都有其自身独特的问题，这些屋架尽管都是按照经过试验和实际考验而定型的设计标准图制造的，但是屋架发生的事故仍不少见。下面分别介绍屋架的各类问题及其发生的原因。

3.4.1.1　屋架常见问题及原因分析

A　混凝土屋架

混凝土屋架常见问题及发生原因可归纳为如下几类：

（1）对于跨度较大的屋架，由于受拉钢筋较长，当制作屋架时胎模平直度控制不严或钢筋折曲、下挠，则屋架在受荷后，受拉钢筋先被拉直，使下弦杆产生裂缝，屋架发生较大挠度，严重时引起沿主筋方向的纵向裂缝，从而使有害介质顺裂缝侵蚀主筋，继而保护层崩落。

（2）下弦杆焊接方法不当，致使焊点两侧钢筋的受力线不在一直线上，当屋架受荷后，轻者使其受力偏心，导致出现裂缝，重者会因过大的应力集中而拉断。例如，新疆巴楚县某厂六榀12m屋架，下弦采用绑条焊接，因绑条处应力集中而被拉断，造成屋架破坏，屋盖坍塌。

（3）施工质量低劣而导致混凝土过早开裂。如混凝土强度达不到设计要求，误用光圆钢筋代换螺纹钢筋等。

（4）由于屋架重量较大，侧向刚度又较小，因而在起吊扶直时，易使屋架受扭。另外，在吊装屋架的上弦杆和下弦杆时，与正常受荷时受力方向往往不同，从而在吊装时易发生裂缝，削弱了屋架的刚度，影响了荷载作用下的内力分布。

（5）节点配筋不合理，致使节点处发生裂缝。如图3.40所示的下弦节点，由于受拉腹杆伸入下弦杆的深度不足，致使屋架在未达到设计荷载时，就在节点处出现裂缝。

（6）钢筋混凝土屋架属细杆结构，一般由平卧浇捣而成。施工中往往因上表皮灰浆较厚（骨料下沉及表面加浆压光等原因），而极易产生初凝期的表面裂缝，或终凝后的干缩裂缝。此类裂缝虽不影响结构的承载能力，但是当构件处于含有二氧化硫、二

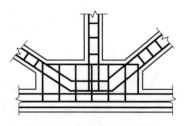

图3.40　受拉腹杆锚固不够

氧化碳及微量的硫化氢、氯气或其他工业腐蚀介质的空气中时，裂缝将会使钢筋腐蚀而造成破坏（称为"腐蚀破坏"）。当采用冷拉后的高强钢筋时，更应注意腐蚀破坏的可能性。这是由于钢筋经冷拉后，表面已呈现肉眼可见的粗糙面，对腐蚀介质很敏感。

（7）一些厂房的屋盖严重超载，使屋架开裂，甚至破坏。例如，水泥厂及其邻近的厂房屋面，如果不及时清除积灰，很容易造成超载。又如，某些厂房随便更换屋面层而造成超载。如 1958 年，邯郸某厂房屋盖原设计为 4cm 厚泡沫混凝土，后改为 10cm 炉渣白灰，在雨后使实际荷载达设计荷载的 193%，从而引起屋盖坍塌。

（8）违反施工要求，埋下事故隐患。如屋面板铺设时，应与屋架三点焊接，这一要求在施工中往往得不到保证，从而极大地削弱了上弦水平支撑。例如，某工厂采用组合屋架，由于在吊装时屋面板与屋架间漏焊较多，屋架与柱焊接不牢，屋架安装倾斜，导致建成三个月后，该屋架突然倒塌，造成重大事故。

（9）地基不均匀沉降导致屋架内力变化和杆件严重开裂。例如，某厂屋盖承重结构采用三跨连续钢筋混凝土空腹桁架，由于该厂建在二级非自湿陷黄土区，投产两年后地基不均匀下沉，导致桁架受拉弦杆和腹杆产生大量裂缝（最大达 17mm），不得不做加固处理。

B 预应力混凝土屋架

预应力混凝土屋架易出现下述问题：

（1）预应力筋的预留孔道位置不准确，产生先天性偏心（如图 3.41 所示），加之后张时两束预应力筋拉力不相等，易使下弦杆产生侧向翘曲及纵向裂缝。

（2）由于屋架下弦较长，预应力筋需采用闪光焊接，如果焊接质量得不到保证，可能出现断裂事故。例如，南昌某厂的 24m 跨预应力混凝土屋架，下弦采用 32mm 冷拉 II 级筋，并进行闪光对焊。该厂房投产四年后的某天，突然发生巨响，屋架下弦一侧的一根预应力筋断裂。经检验，断裂发生在下弦焊接处。焊口截面有 10 多个引弧坑，其面积占整个截面积的 15.8%。

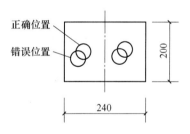

图 3.41 预留孔位置不准

（3）预应力锚具是预应力混凝土技术成败的关键之一，它的质量直接影响预应力筋的锚固效果。例如，西安某厂的 12m 预应力混凝土托架，下弦为 4φ132、2φ125，采用螺丝端杆锚具。该厂房在投产五年后的某天，一根 φ25 的预应力筋在螺帽与垫板的交接处发生脆断，因灌浆不密实，另一端被甩出托架外 1m 多长。经对脆断的螺杆端头进行化学成分分析和硬度检验，发现其硬度值为 HRC = 42~45，大大超过设计硬度值（HRC = 28~32）。另外，各预应力筋受力不均匀，使其发生脆断。又如，南京某厂 24m 预应力混凝土梯形屋架在张拉灌浆后的第二天早晨，突然发现多榀屋架螺丝端杆与预应力主筋焊接处断裂甩出的事故。经分析化验表明，其主要原因是螺丝端杆的化学成分与预应力主筋不同，两者的可焊性差。

（4）自锚头混凝土强度未达到 C30 就放张预应力筋，导致主筋锚固不佳甚至回缩滑动，使预应力损失较大。采用高铝（矾土）水泥浇灌自锚头时，由于未严格控制水泥质量，浇灌后早期强度达不到 C20，因此不能对主筋进行有效的锚固，使屋架端部开裂。

（5）屋架混凝土强度未达到设计要求，就过早地施加预应力或进行超张拉，引起下弦杆压缩较大，增加了其他杆件的次应力；甚至由于局部承压不足而使端部破坏，或下弦杆因预压应力过高而产生纵向裂缝，或使上弦杆开裂。

（6）当气温低于0℃，对预应力孔灌浆时，混凝土膨胀而对孔壁产生压力，并有可能使孔道壁发生纵向裂缝。例如，沈阳某36m预应力混凝土屋架，冬季施工，灌浆后气温骤降，所灌的水泥浆游离水受冻膨胀，导致预应力筋孔道壁最薄处（下弦四个面）发生长500~1000mm的裂缝。

3.4.1.2　各类屋架易出现的独特问题

A　梯形屋架

混凝土梯形屋架出现的独特问题有：

（1）分节间布筋带来的纵向裂缝。由于屋架上下弦各节间应力相差较大，往往为了节约钢材而采用"分节间布筋法"。此时，应注意切断的主筋须留有足够的锚固长度，否则将会引起切断点附近发生顺主筋方向的纵向裂缝。

（2）下弦杆端部主筋锚固不良。由于下弦杆承受的拉力较大（如6m柱距，18m跨屋架下弦拉力约为50~60t，20m跨时达66~80t），所以主筋两端均应设有专用锚板。如果在施工时锚板被忽略或未焊接牢固，下弦杆两端节间有裂缝出现的危险。例如，1981年遵义市某电影院的24m跨混凝土梯形屋架，因漏焊下弦杆主筋的端头锚板，致使屋架在安装后下弦杆两端节间出现裂缝。

（3）屋架两端第二根腹杆（如图3.42中所示的 *AB* 杆）常因次弯矩较大，使实际受力与计算内力相差较多，导致抗裂性不足、裂缝过多。

B　组合屋架

由于组合屋架的节点不易处理，稍有疏忽，轻者节点开裂，重者节点首先破坏，引起整个屋架破坏。例如，杭州某钢厂一炼铁车间的拱形组合屋架，因节点破坏而导致屋架倒塌。山西、辽宁、新疆、河南等地都曾发生过这类屋架的严重事故。

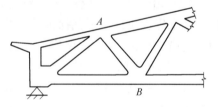

图3.42　*AB* 杆因抗裂性不足而开裂

3.4.1.3　屋架问题危险程度分析

屋架出现问题以后，首先应对其进行检测并确定其受力状态，以此来判定其危险的程度。一般来说，如果出现以下问题，有可能危及屋架的安全，应及时进行加固处理。

（1）实际荷载大于设计取用的荷载，或设计时对使用环境未加考虑者。

（2）屋架混凝土实测强度低于设计强度，经核算不能满足设计要求者。

（3）裂缝贯通全截面，或下弦出现顺主筋的纵向裂缝者。这种情况的出现不仅损害了钢筋与混凝土间的粘结力，而且会导致主筋锈蚀，甚至使混凝土保护层崩落。

（4）两端支点出现纵向裂缝者。这种情况的出现，说明钢筋锚固措施不可靠，或主筋与钢锚板的焊接不良。另外，受拉腹杆锚固不良时，会降低此杆的作用，增大其他杆件的内力。

（5）屋架刚度不足者。这类屋架安装后，往往并未达到满载而挠度已超过《工业建筑可靠性鉴定标准》规定（$>L/400$）。

（6）处于高温、高湿、有腐蚀介质环境中，且裂缝宽度大于规范允许值（0.2mm），又无防护措施者。

（7）由于混凝土碳化或其他因素使钢筋锈蚀，且混凝土保护层已胀裂者。

（8）屋盖支撑系统不完整，导致行车或其他设备开动时屋架有颤抖、晃动现象者。

（9）屋架安装的垂直度超过规范允许值，没有采取支撑措施者。

3.4.2 混凝土屋架的加固方法及工程实例

屋架各杆件内力相互影响较为敏感，合理地选择加固方法和加固构造非常重要。对屋架加固前后的内力进行分析，不仅可以指导选择加固方法，而且还可作为加固设计的依据。因此，本节首先阐述屋架的内力分析要点，随后介绍混凝土屋架的加固方法和工程实例。

3.4.2.1 混凝土屋架荷载计算及内力分析要点

屋架上的荷载取值应考虑其实际荷载情况，并按全跨活荷载加恒载作用和恒载加半跨活荷载作用两种情况进行荷载组合（如图 3.43 所示），以求出屋架各杆件的最不利内力。

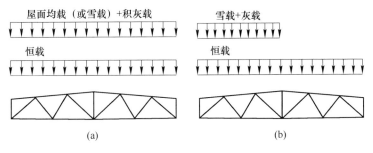

图 3.43 屋架荷载组合图

钢筋混凝土屋架由于是节点整浇，严格地说，属多次超静定刚接桁架，因此计算十分复杂。但一般情况下可简化成铰接桁架进行计算。但是，作用于上弦的荷载既有节点荷载又有节间荷载。作用在屋架上弦杆的节间荷载使上弦产生弯曲变形，因此，上弦承受有弯矩。腹杆与上弦杆整浇在一起，但由于其刚度远小于上弦杆的刚度，它对上弦杆的弯曲变形约束很小，因此工程中常把屋架当做上弦连续的铰接桁架进行计算，以使计算大为简化。

需要特别指出的是：屋架的实际受力与上述计算结果可能有些差异。引起差异的主要原因有：（1）节点在荷载作用下产生相对位移，以及各节点不是"理想铰"，从而在所有杆件中还存在着附加弯矩；（2）施工时钢筋的偏移，使钢筋合力线偏离外力线而造成的附加弯矩；（3）屋架两端支点都被焊接在柱顶，在屋架中引起附加轴力等。在进行内力分析时，应根据屋架的实际受力状况和构造情况，对上述的计算结果酌情修正。

3.4.2.2 混凝土屋架加固方法

混凝土屋架的加固方法，一般分补强和卸载两类。前者通常适用于屋架部分杆件的加固，后者往往用于保障整个屋架的承载安全。当屋盖结构损坏严重，完全失去加固意义时，应将其拆除，换新。具体加固方法分类归纳如下：

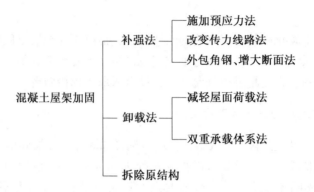

上述方法的选用，应根据混凝土屋架问题的大小及施工条件确定。下面分别叙述混凝土屋架各种加固方法的特点及适用范围。

A　施加预应力法

a　加固工艺

施加预应力加固，是屋架加固最常用的方法，具有施工简便、用材省和效果好等特点。因为屋架中的受拉杆易出问题，其中下弦杆出问题的比例较大，施加预应力能使原拉杆的内力降低或承载力提高，裂缝宽度缩小，甚至可使其闭合。另外，施加预应力可减小屋架的挠度，消除或减缓后加杆件的应力滞后现象，使后加杆件有效地参与工作。

预应力筋的布置形式有直线式、下沉式、鱼腹式和组合式等，如图3.44所示。

（1）直线式加固。图3.44（a）所示为南京某厂梯形屋架的加固形式。该屋架承载力安全度不足，下弦杆混凝土开裂，钢筋锈蚀。经反复论证后，采用补加预应力筋的加固方法。预应力筋锚固在带耳朵的锚板上。在锚固处，预应力筋距下弦侧面的距离为250mm，在距锚固点3m处用U形螺栓将加固筋收紧，以建立预应力。

（2）下沉式加固。图3.44（b）所示为某厂15m跨度组合屋架。该屋架因承载

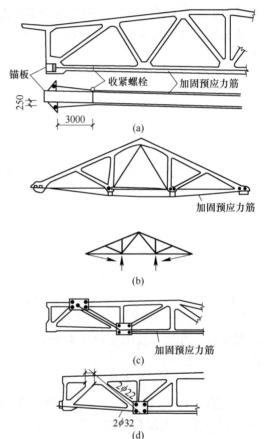

图3.44　预应力筋的布置形式

能力不足需要加固，经内力分析后，决定采用下沉式预应力加固。加固后，组合屋架变为超静定结构，不仅使下弦拉杆得到加强，而且加固筋中的预应力使屋架受到向上的力，从而对上弦产生卸载作用。该项加固工作中，预应力的施加采用电热法。即先通电使钢筋加热，再把钢筋两端焊接在屋架的两端。这种方法是以热胀冷缩效应使钢筋产生预应力的。

（3）鱼腹式加固。图3.44（c）所示为山西某钢厂的梯形屋架，因强度不够而采用的

鱼腹式预应力筋加固示意图。鱼腹式预应力筋所产生的向上力较下沉力大得多，故有较大的卸载作用。但是，它可能会改变屋架部分杆件的受力特征，甚至产生不利影响。所以，应对加固后的屋架内力进行验算，以确保各杆件的安全。

（4）组合式加固。图 3.44（d）为某铸钢车间屋架的加固示意图。它采用鱼腹式和直线式预应力筋加固。这种同时采用两种形式的加固方法称为组合式加固，组合式加固不仅可加固下弦杆，还可加固其他受拉腹杆。

b　内力计算

用预应力法加固屋架的内力计算分两步：第一步，计算原屋架各杆在荷载作用下的内力，图 3.45（a）示出了某一梯形屋架的几何尺寸和在外荷载作用下各杆的轴力；第二步，把预应力视为外力（往往起卸载作用），计算各杆在预应力作用下的内力。加固屋架的最终内力为以上两步内力之和。

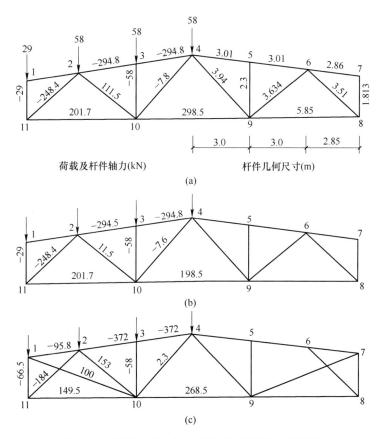

图 3.45　某屋架预应力加固后的杆件轴力变化情况

图 3.45（b）示出了沿屋架杆件 2—10、10—9、9—6 布置预应力筋，并在 10、9 点施行竖向张拉，使预应力筋产生 100kN 预拉力后，该混凝土屋架轴力的变化情况。由此可见，当忽略支点处摩擦力及各节点变位差影响时，被预应力筋加固的托件内力减小了100kN，其余杆件的内力没有变化。由此可推知，当预应力筋仅沿杆件 11—10、10—9、9—8 布置，并在 11、8 点施行张拉时，预应力仅起到减小上述各杆内力的作用。

当预应力筋没有完全沿杆件的轴向布置时，预应力的影响范围较大。图 3.45（c）示出了在 1、10、9、7 点支撑预应力筋，并使预应力筋产生 100kN 预应力时各杆件的轴力变化情况，可见杆件 11—2、11—10、10—4 和 10—9 杆的轴力有所减小。但另一方面，11—1、1—2、2—3、3—4 和 2—10 杆的轴力却增大了，特别是 2—10 杆增大较多（对此应引起特别注意）。

　　c　承载力验算

根据屋架的实际受力情况，对各杆的最终内力进行修正后，即可进行承载力验算，上弦杆按偏心受压构件验算，腹杆及下弦杆按轴心受压或轴心受拉构件验算。验算的方法按《混凝土结构设计规范》（GB 50010—2010）进行。

　　B　外包角钢加固法

　　a　加固工艺

无论是受拉杆件还是受压杆件，当其承载力不足时，皆可采用外包角钢法加固。对于受拉杆件，应特别注意外包角钢的锚固。对于受压杆件，除锚固好外包角钢外，还应注意箍条的间距，以避免角钢失稳。外包角钢可采用干式（图 3.46a）或湿式（图 3.46b）方法加固。

外包角钢加固法对提高屋架杆件承载力的效果十分显著，但对拉杆中的裂缝减小作用很小，尤其是采用干式外包角钢加固法。

　　b　加固设计步骤

外包角钢加固混凝土屋架的设计步骤如下：

（1）按本节前述的方法计算荷载作用下各杆的内力；

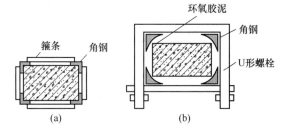

图 3.46　外包钢法加固截面

（2）利用《混凝土结构设计规范》（GB 50010—2010）验算各杆的承载力；

（3）对于承载力不足的杆件，采用外包角钢法加固。

　　C　改变传力线路加固法

　　a　加固工艺

当上弦杆偏心受压承载力不足时，除了采用外包角钢法加固外，还可采用改变传力线路的加固方法。这种方法又分为斜撑法和再分法。

（1）斜撑法。图 3.47（a）所示为采用斜撑杆来减小上弦杆的节间跨度和偏心弯矩的方法。斜撑杆的下端直接支撑在节点处，上端则支撑在新增设的角钢托梁上。为了防止角钢托梁滑动而导致斜杆丧失顶撑作用，在施工时应在托梁与上弦之间涂一层环氧砂浆或高强砂浆。托梁的上端应顶紧节点，并用 U 形螺栓将其紧固在上弦上。斜撑杆可以焊接在托梁上，也可以用高强螺栓固定。随后将钢楔块敲入斜杆下端和混凝土间的缝内，以建立一定的预顶力。

采用斜撑法加固屋架，增加了屋架的腹杆，从而减小了外弯矩，改善了斜杆附近的腹杆受力。但是，这种方法有时会改变斜撑附近腹杆的受力状态，从而产生不利影响。因此，采用斜撑法时，应对加固后的屋架结构重新分析、计算内力。

（2）再分法。图 3.47（b）为采用再分法加固上弦杆的示意图。采用这种方法仅仅

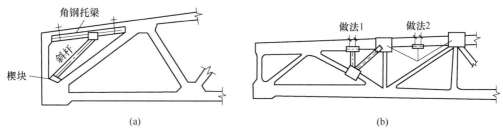

图 3.47 用改善传力路线法加固上弦杆

改善加固节间上弦杆的受力状态，因而对邻近杆件内力的影响很小。

通常，在支承点处设置角钢，下部拉杆用钢筋（图 3.47b 中做法 2），也可用型钢（图 3.46b 中做法 1）。

钢筋或型钢固定在附加于节点的钢板上。这里须注意，对于图 3.47（b）中的做法 1，应验算支承再分杆的斜拉腹杆的内力及工作状况。

b 内力计算

在计算用斜撑法加固的混凝土屋架的内力时，应将增设的斜撑杆视为加固屋架的受压腹杆，用本节前述的方法计算各杆件的内力。当增设的斜撑杆不多或仅在屋架的端节间增加斜撑杆时，也可仅对局部杆件进行内力计算。

对于用再分法加固的上弦杆，可采用增设弹性支点加固法计算。

D 减轻屋面荷载法

减轻屋面的荷载，即可减小屋架每根杆件的内力，有效地提高屋架的安全度，全面地解决屋架抗裂性及承载力问题。减轻屋面荷载的方法主要是拆换屋面结构和减轻屋面自重，例如，将大型屋面板改为瓦楞铁或石棉水泥瓦，将屋面防水层改用轻质薄层材料等。

E 双重承载体系

双重承载体系是指在原屋架旁另加设屋架，以协助原屋架承重。设置方法之一是在原两榀屋架间增设屋架，使其不仅协助原屋架承重，还减小屋架的间距和屋面板的跨度。但是，增设屋架的设置问题往往较难解决，且应注意在屋面板的中间支点处（即增设的屋架处）不能产生负弯矩。另一种做法是在原屋架的两边各绑贴一榀新屋架，新屋架一般采用钢屋架或轻钢屋架。

双重承载体系不宜轻易采用。因为新加设屋架不仅施工困难，耗钢量大，而且它不易与原屋架协同工作。因此，这种加固方法只有当其他加固方法施工十分困难或经济上太不合算，或屋架卸载不允许的情况下才使用。

F 拆除原屋面结构

当屋架及屋面结构破损较严重，基本失去加固补强意义时，应将原屋面结构拆除，更换新的屋架及屋面结构。

这种方法只有在不得已的情况下才采用。因为对屋架的加固大多为对拉杆的加固，而加固拉杆的办法较多。

3.4.2.3 提高混凝土屋架耐久性措施

混凝土屋架的耐久性不足，多半是由于受拉杆件混凝土碳化，或裂缝过宽，致使钢筋锈蚀严重和混凝土保护层崩落，进而危及屋架结构的安全。

屋架的耐久性加固，应包含防止或减缓钢筋进一步锈蚀和对锈蚀严重的受拉杆件进行补强加固两种措施。

由于屋架拉杆的断面较小，因此可采取先用防水密封材料将裂缝封闭，再在杆件表面涂刷防水涂料或涂膜防水材料，最后用"一布二胶"包裹杆件表面的办法。"一布二胶"是指在开裂杆件上边涂刷环氧树脂，裹上纱布，然后再在纱布上涂一层环氧树脂。如果裂缝仅一边有，钢筋也靠近裂缝边，则可仅在裂缝出现的一面采用"一布二胶"保护。

由于屋架中多半采用较高强度的钢筋，而较高强度的钢筋在出现坑锈之后，易发生突然断裂，另外由于下弦杆件对屋架的安全至关重要，所以，对于有锈蚀现象的下弦杆件一般应补加受拉钢筋。当锈蚀非常严重时，补加的钢筋应能安全替代原下弦杆的受拉承载作用。这样，即使原下弦杆内钢筋出现断裂现象，亦不会引起屋架倒塌。新补加的钢筋应采用预应力法施工。

3.4.3　工程实例

【例 3.2】　某铸钢车间长 108m，跨度 18m，伸缩缝将车间分为两部分，东半部为电炉冶炼区，西半部为造型浇注区。该车间采用原黑色冶金设计院设计的 TM18 普通钢筋混凝土梯形屋架。1959 年建成后，由于施工质量差，在投产前就因混凝土开裂。对屋架下弦采取两侧各设 30 钢筋，在屋架端头以螺母紧固的方法作了简易加固（类似图 3.44a 的直线式）。1967 年发现 16 榀屋架有 57 条裂缝，最大缝宽为 0.5mm，裂缝主要分布在下弦节点两侧及斜拉腹杆上。于是又进行第二次加固，方法是将下弦的加固筋改为 2φ32 下沉式预应力加固，同时在斜拉腹杆两侧增设 2φ22 钢筋并以螺丝旋紧张拉加固。具体做法如图 3.48 所示。

10 年后对加固的 16 榀屋架进行检查，发现 16 榀屋架的裂缝增至 300 多条，其中下弦节点两侧有 56 条；下弦杆 145 条，且大多数是先从弦杆顶面及侧面的上半部开裂；斜拉腹杆 105 条。裂缝宽度超过 0.3mm 的有 28 条，最大宽度达 0.6mm（裂缝分布如图 3.49 所示）。经有关技术部门鉴定为"危险结构"。1980 年又决定进行第三次加固，加固方案是在对原杆件开裂原因的分析、足尺试验以及对加固后屋架的内力计算的基础上确定的。

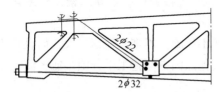

图 3.48　用组合式布筋加固屋架

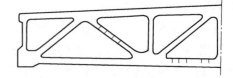

图 3.49　某屋架的裂缝分布

A　原杆件开裂原因分析

在第二次加固后，原屋架各杆件上的裂缝不仅没有得到控制，反而有所发展，特别是下弦杆，裂缝始自上面。出现这种不正常现象的原因如下：

（1）原下弦断面较小（仅 200mm×200mm），而且又是排筋形式配筋，造成先天不利。由于钢筋集中轴线处，上下部分全为无筋混凝土，一旦受到偏心受拉作用，断面边缘处既无纵向筋又无箍筋，拉力全靠混凝土承担，因此一旦开裂，裂缝就有一定的开展宽度。

（2）原下弦杆第一次采用直线式加固，第二次改用下沉式加固，加固后裂缝反而增多。这说明预应力筋的拉力作用线偏离下弦轴线，预应力筋在下沉点处弯折，产生向上的力，没有通过各杆的交点；下沉支点处采用槽钢，与预应力筋之间存在摩擦力，阻碍了预应力筋的滑动，造成预应力筋在下沉点两侧的拉应力不相等，产生了拉力差，使混凝土杆件承受了由预应力筋的拉力差所形成的弯矩，这使弦杆上面受拉下面受压，至少是上面的拉应力大于下面的，从而导致先从顶面开裂。足尺试验也证明了这一点。

以上分析表明，采用排筋形式配筋的杆件，对偏心力的影响较为敏感。由此可以得出结论：对于下弦杆为排筋形式配筋者，当采用预应力筋加固时，宜用直线式；若用下沉式，下沉支点应是光滑的，能使预应力筋滑动而不受阻碍。此外，还应注意使向上的反力作用线通过各杆的交点。

由于当时该屋架已被定为危险结构，下弦裂缝严重且异常，东半部又遭受过火灾袭击，所以有不少人主张采用双重承载体系加固方法，即在原屋架两侧成对地增设钢屋架，钢屋架支承在增设的钢柱上。采用这种方案比较稳当，然而很不经济，施工难度也较大。为了寻求安全、经济、合理的加固方案，对原屋架分别进行了理论验算和足尺试验。

理论验算结果表明，上弦杆在考虑轴力、主弯矩及次弯矩的共同影响时，除第一节间的承载力及抗裂性均明显不足外，其余节间基本符合要求。下弦杆若不考虑后加预应力筋的作用，则承载力设计值仅满足 80%；当考虑后加预应力筋的作用时，承载力及抗裂性均满足设计要求。原腹杆中，除第一根斜拉腹杆承载力显得不足外，其余均符合要求。当考虑后加预应力筋的作用时，此腹杆的承载力及裂缝验算也满足要求。

足尺试验由原屋架 3 次加荷进行，以上下弦杆、斜拉杆、后加预应力筋和拉筋上的电阻片测试其受力情况。测试结果表明：当屋面荷载变化时，下弦杆及后加预应力筋的内力均有变化，斜拉杆和后加拉筋的内力也有变化。这证明第二次加固是有效的，加固后的新旧杆件能协同工作。

B 加固方案

在验算分析和测试的基础上，对东半部车间考虑到电炉冶炼的高温影响，采用绑贴钢屋架双重体系加固。对西半部，则采用在原加固的基础上加以补充与完善的方案。西半部的具体加固措施分以下四点：

（1）对上弦第一节间承载力不足问题，采用增加斜撑杆、改善传力路线的加固措施解决。用增设角钢托梁及斜撑杆加固第一节间（图 3.47a）。用"型钢围套"法补强端立杆。

（2）原下弦杆虽开裂较严重，但考虑到承载力已足够，杆件未达失效的程度，后加的下沉式预应力筋虽在构造上有不妥之处，但它能与原下弦杆协同工作。因此，对下弦杆中间部位不作处理，仅在预应力筋的锚固槽钢内压塞 C30 级混凝土，以防锚固板变形而影响预应力筋的受力，并将预应力筋的锚固螺帽扭紧。

（3）经计算发现，由于上弦第一节间增加斜撑杆，使上弦第二节间的安全系数从 1.61 降为 1.46，出现了新的不足，故将上弦第二节间用型钢围套法进行加强。

（4）对其他受拉腹杆，仅将原预应力筋的螺帽扭紧即可。

经以上措施加固后，屋架使用 7 年来一切正常。

【**例 3.3**】　某车间跨度为 24m，采用 16A 24—2 非预应力混凝土屋架标准图制作。厂房建成后，在 85% 设计荷载下，屋架下弦等受拉构件就出现 23 条裂缝，其宽度达 0.3mm，屋架最大挠度为 21mm。

由于裂缝主要集中在下弦中间区段 B—C 之间和斜拉腹杆 A—B 与 C—D 上（如图 3.50 所示），故在屋架两面沿上述杆件外加 28 预应力筋进行加固。加固步骤如下：

（1）计算荷载引起的内力以及原屋架中 A—B、B—C 杆的承载力。

（2）根据内力与承载力之间的最大差值，确定预应力的大小及预应力筋的直径，并计算屋架的预应力内力（计算时假定预应力只影响 A—B 及 C—D 杆）。

（3）将荷载内力和预应力内力相叠加，并重新验算各杆的承载力。

（4）利用厂房吊车，搭设加固操作台。

（5）在节点 A 和 D 处安装预应力筋的锚固钢板（如图 3.51 所示），并将预应力筋锚固在此钢板上；在节点 B 和 C 处（即预应力筋的弯折处）安装支撑钢板，在支撑钢板上焊⊓形支座（如图 3.52 所示）。

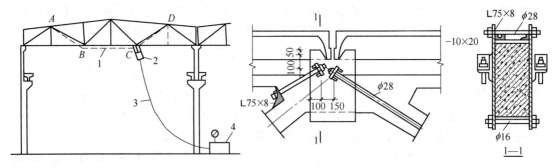

图 3.50　张拉设备布置

1—加固预应力钢筋；2—千斤顶；

3—高压油管；4—加压油泵

图 3.51　上弦结点构造

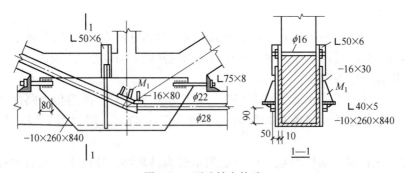

图 3.52　下弦结点构造

（6）安装千斤顶。首先在千斤顶上装张拉架，张拉架外伸 4 个钩子，用以牵拉两根预应力筋。千斤顶的顶端装有带斜楔的垫板。安装时只要用钩子钩住预应力筋即可。

（7）安装量测仪表。为了把两斜杆之间以及斜杆与水平杆之间的应力差控制在许可范围内，并验证内力计算的准确性，分别在斜杆和水平杆上粘贴电阻片或杠杆引伸仪。

此工程的应力差为 1.2%～17%。内力计算结果与实测结果误差范围为 0.37%～16.9%。

（8）张拉预应力钢筋。考虑到高空作业比较困难，以及对旧屋架加固的安全性，用油管从千斤顶上把油路连接到地面的油泵上。操作人员只要在地面上开动油泵即可张拉预应力筋。

（9）加垫板并放张。当预应力筋张拉到预定值后，维持 10～15min，待应力稳定后，在⊓形支座和预应力筋之间的缝隙间加填钢垫板。钢垫板的总厚度为 8～10mm。为了保证就位后的预应力筋位于下弦杆的轴线上，在焊接⊓形支座时，应预先使其离开加固的正确位置 10～15mm。待垫板加好后，进行回油放张，并使预应力筋回到正确位置。由于钢垫板自身的变形以及其与预应力筋之间、与⊓形支座间存在着间隙，故在放张后会产生一定的预应力损失。此工程的预应力损失为张拉控制应力的 10.3%～30.8%。

（10）在立形垫板上加焊挡板，以防止预应力筋滑脱。用上述方法共加固 24 榀 24m 跨度的屋架，加固后挠度回升了 70%～150%，裂缝亦有较大程度的闭合，在 100% 的设计荷载作用下，裂缝宽度没有显著开展，加固效果良好。

习题与思考题

3-4-1 试列举混凝土屋架的常见问题并分析其原因。

3-4-2 混凝土屋架易出现的独特问题有哪些？

3-4-3 混凝土屋架常用的加固方法有哪些？其设计的特点是什么？

3-4-4 如何提高混凝土屋架的耐久性？

4 砌体结构的检测鉴定与加固

学习要点

（1）了解砌体的损坏机理及砌体结构检测的一般原则和方法

（2）掌握工业和民用建筑砌体结构的可靠性鉴定的方法；评定等级的划分；各个等级的标准

（3）了解砌体结构裂缝的类型以及对裂缝的处理方法

（4）掌握砌体结构的加固方法

标准规范

（1）《砌体工程现场检测技术标准》（GB/T 50315—2011）

（2）《砌体工程施工质量验收规范》（GB 50203—2011）

（3）《砌体结构加固设计规范》（GB 50702—2011）

（4）《工业厂房可靠性鉴定标准》（GB 50144—2008）

（5）《民用建筑可靠性鉴定标准》（GB 50292—2015）

4.1　砌体的损坏机理

砌体由块体（砖）和砂浆组砌而成，通常块体的强度高于砂浆，因而砌体的损坏大多首先在砂浆中产生。砌体的抗压强度较高，但抗拉强度、抗剪强度较低。在拉应力或剪应力作用下，砌体沿砂浆出现裂缝。

砌体开裂的原因主要有荷载过大、基础不均匀、沉降和温度应力的作用。

4.1.1　荷载引起的裂缝

荷载引起的裂缝有四种：

（1）拉应力破坏。砖砌的水池、圆形筒仓等构筑物常会发生由于拉应力过大而引起砌体开裂的现象。

当砖的标号较高而砂浆与砖的粘结力不足时，就会造成粘结力破坏，裂缝沿齿缝开展（垂直开展或阶梯形开展）；当砖的标号较低，而砂浆强度较高时，砌体就会产生通过砖和灰缝而连成的直缝，这些裂缝多先发生在砌体受力最大或有洞口的部位。

（2）弯曲抗拉破坏。弯曲抗拉破坏多产生于挡土墙、地下室围墙和建筑物上部压力较小的挡风墙上。弯曲抗拉裂缝有沿齿缝和沿直缝两种形式（图 4.1）。

（3）轴压和偏压破坏。轴压破坏主要发生在独立砖柱上。当砖柱上出现贯穿几皮砖的纵向裂缝时，则该纵向裂缝已经成为不稳定裂缝，即在荷载不增加的情况下，裂缝仍将继续发展。此时，砖柱实际上已处于"破坏"状态。

受压破坏是砖砌体结构最常见和最具危害的破坏。

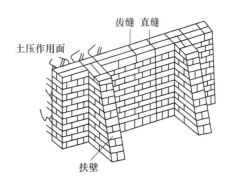

图 4.1　砌体的弯曲抗拉裂缝

当在砖砌体上支承梁时，梁的有效支承长度 $a_0 = 4\sqrt{h}$（h 为梁高），其合力作用点大体在 $0.4a_0$ 处。当梁的合力作用点偏离下部承压柱或墙的形心时，就会造成偏心力。在偏心力作用下，砌体的承载能力比轴心受压明显降低。

此外，当砖墙砖柱的高厚比较大时，砌体发生纵向弯曲，砌体也会处于偏心受压状态。

（4）局部受压破坏。这类破坏通常发生在受集中力较大处，如梁的端部。

4.1.2　地基不均匀沉降引起的裂缝

当地基发生的不均匀沉降超过一定限度后，会造成砌体结构的开裂。通常又分为以下两种情况：

（1）中间沉降较多的沉降（又称盆式沉降）。对软土地基，通常地基中部的沉降较大，这时房屋将从底层开始出现沿 45°角方向的斜裂缝，其特点是下层的裂缝宽度较大。

（2）一端沉降较多的沉降。当地基软硬不均，如一部分位于岩层，一部分位于土层时容易发生。这时房屋将沿顶部开始出现沿 45°角方向的斜裂缝，其特点是顶层的裂缝宽度较大。

当不均匀沉降稳定以后，这类裂缝将不再发展。

4.1.3　温度裂缝

由于结构周围温度变化（主要是大气温度变化）引起结构构件热胀冷缩的变形称为温度变形。砖墙的线膨胀系数约 $5 \times 10^{-6}/℃$，混凝土的线膨胀系数为 $1 \times 10^{-5}/℃$。也就是说，在相同温度下，钢筋混凝土构件的变形比砖墙的变形要大 1 倍以上。

在昼夜温差大的炎热地区，屋顶受阳光照射温度上升，屋面混凝土板体积膨胀，板下墙体限制了板的变形，在板的推力下，墙向外延伸，墙体中产生拉应力和剪应力。当应力较大时，将产生水平裂缝。在转角处，水平裂缝贯通形成包角裂缝（图 4.2）。

除顶层的水平裂缝和包角裂缝外，在房屋两端的窗洞口的内上角及外下角，还可能出现因温度应力引起的八字形裂缝（图 4.3）。

房屋愈长，屋面的保温、隔热效果愈差，屋面板与墙体的相对变形愈大，裂缝亦愈明显。

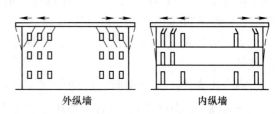

图 4.2 顶层水平裂缝和包角裂缝 　　图 4.3 内外纵横墙的八字形裂缝

4.2 砌体结构检测的一般原则

4.2.1 检测程序及工作内容

砌体结构检测工作的程序，应按框图 4.4 进行：

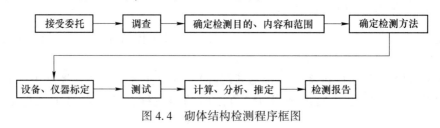

图 4.4 砌体结构检测程序框图

4.2.2 检测单元、测区和测点的布置

当检测对象为整栋建筑物或建筑物的一部分时，应将其划分为一个或若干个可以独立进行分析的结构单元，每一结构单元划分为若干个检测单元。

每一检测单元内，应随机选择 6 个构件（单片墙体、柱），作为 6 个测区。当一个检测单元不足 6 个构件时，应将每个构件作为一个测区。

每一测区应随机布置若干测点。各种检测方法的测点数应符合下列要求：

（1）原位轴压法、扁顶法、原位单剪法、筒压法：测点数不应少于 1 个。

（2）原位单砖双剪法、推出法、砂浆片剪切法、回弹法、点荷法、射钉法：测点数不应少于 5 个。

4.2.3 检测方法分类及其选用原则

4.2.3.1 砌体工程的现场检测方法

砌体工程的现场检测方法，按对墙体损伤程度可分为以下两类：

（1）非破损检测方法。在检测过程中，对砌体结构的既有性能没有影响。

（2）局部破损检测方法。在检测过程中，对砌体结构的既有性能有局部、暂时的影响，但可修复。

4.2.3.2　砌体工程的现场检测方法

砌体工程的现场检测方法，按测试内容可分为下列几类：

（1）检测砌体抗压强度：原位轴压法、扁顶法；

（2）检测砌体工作应力、弹性模量：扁顶法；

（3）检测砌体抗剪强度：原位单剪法、原位单砖双剪法；

（4）检测砌筑砂浆强度：推出法、筒压法、砂浆片剪切法、回弹法、点荷法、射钉法。

根据检测目的、设备及环境条件，可按照表4.1选择检测方法。

表 4.1　检测方法一览表

序号	检测方法	特　点	用　途	限　制　条　件
1	轴压法	1. 属原位检测，直接在墙体上测试，测试结果综合反映了材料质量和施工质量； 2. 直观性、可比性强； 3. 设备较重； 4. 检测部位局部破损	检测普通砖砌体的抗压强度	1. 槽间砌体每侧的墙体宽度应不小于1.5m； 2. 同一墙体上的测点数量不宜多于1个，测点数量不宜太多； 3. 限用于240mm砖墙
2	扁顶法	1. 属原位检测，直接在墙体上测试，测试结果综合反映了材料质量和施工质量； 2. 直观性、可比性较强； 3. 扁顶重复使用率较低； 4. 砌体强度较高或轴向变形较大时，难以测出抗压强度； 5. 设备较轻； 6. 检测部位局部破损	1. 检测普通砖砌体的抗压强度； 2. 测试古建筑和重要建筑的实际应力； 3. 测试具体工程的砌体弹性模量	1. 槽间砌体每侧的墙体宽度不应小于1.5m； 2. 同一墙体上的测点数量不宜多于1个，测点数量不宜太多
3	原位单剪法	1. 属原单位检测，直接在墙体上测试，测试结果综合反映了施工质量和砂浆质量； 2. 直观性强； 3. 检测部位局部破损	检测各种砌体的抗剪强度	1. 测点选在窗下墙部位，且承受反作用力的墙体应有足够长度； 2. 测点数量不宜太多
4	原位单砖双剪法	1. 属原位检测，直接在墙体上测试，测试结果综合反映了材料质量和施工质量； 2. 直观性较强； 3. 设备较轻便； 4. 检测部位局部破损	检测烧结普通砖砌体的抗剪强度，其他墙体应经试验确定有关换算系数	当砂浆强度低于5MPa时，误差较大

序号	检测方法	特　点	用　途	限　制　条　件
5	推出法	1. 属原位检测，直接在墙体上测试，测试结果综合反映了施工质量和砂浆质量； 2. 设备较轻便； 3. 检测部位局部破损	检测普通砖墙体的砂浆强度	当水平灰缝的砂浆饱满度低于65%时，不宜选用
6	筒压法	1. 属取样检测； 2. 仅需利用一般混凝土试验室的常用设备； 3. 取样部位局部损伤	检测烧结普通砖墙体中的砂浆强度	测点数量不宜太多
7	砂浆片剪切法	1. 属取样检测； 2. 专用的砂浆测强仪和其标定仪，较为轻便； 3. 试验工作较简便； 4. 取样部位局部损伤	检测烧结普通砖墙体中的砂浆强度	
8	回弹法	1. 属原位无损检测，测区选择不受限制； 2. 回弹仪有定型产品，性能较稳定，操作简便； 3. 检测部位的装修面层仅局部损伤	1. 检测烧结普通砖墙体中的砂浆强度； 2. 适宜于砂浆强度均质性普查	砂浆强度不应小于 2MPa
9	点荷法	1. 属取样检测； 2. 试验工作较简便； 3. 取样部位局部损伤	检测烧结普通砖墙体中的砂浆强度	砂浆强度不应小于 2MPa
10	射钉法	1. 属原位无损检测，测区选择不受限制； 2. 射钉枪、子弹、射钉有配套定型产品，设备较轻便； 3. 墙体装修面层仅局部损伤	烧结普通砖和多孔砖砌体中，砂浆强度均质性普查	1. 定量推定砂浆强度，宜与其他检测方法配合使用； 2. 砂浆强度不应小于 2MPa； 3. 检测前，需要用标准靶检校

注：砖柱和宽度小于 2.5m 的墙体，不宜选用有局部破损的检测方法。

4.3　砌体结构的鉴定

4.3.1　民用建筑砌体结构构件鉴定

根据民用建筑可靠性鉴定标准，民用建筑砌体结构构件的安全性鉴定，应按承载能力、构造、不适于承载的位移和裂缝或其他损伤等四个检查项目，分别评定每一受检构件等级，并取其中最低一级作为该构件的安全性等级。

（1）当砌体结构构件的安全性按承载能力评定时，应按表 4.2 的规定，分别评定每一验算项目的等级，然后取其中最低一级作为该构件承载能力的安全性等级。

表 4.2　砌体结构构件承载能力评级标准

构件类别	承载能力 $R/(\gamma_0 S)$			
	a_u 级	b_u 级	c_u 级	d_u 级
主要构件及连接	≥1.0	≥0.95	≥0.90	<0.90
一般构件	≥1.0	≥0.90	≥0.85	<0.85

注：1. 表中 R 和 S 分别为结构构件的抗力和作用效应，γ_0 为结构重要性系数。
　　2. 结构倾覆、滑移、漂浮的验算，应符合国家现行有关规范的规定。
　　3. 当材料的最低强度等级不符合原设计当时应执行的国家标准《砌体结构设计规范》GB 50003 的要求时，应直接定为 c_u 级。

（2）当砌体结构构件的安全性按连接及构造评定时，应按表 4.3 的规定，分别评定两个检查项目的等级，然后取其中较低一级作为该构件的安全性等级。

表 4.3　砌体结构构件构造等级的评定

检查项目	a_u 级或 b_u 级	c_u 级或 d_u 级
墙、柱的高厚比	符合或略不符合国家现行规范要求	不符合国家现行设计规范的要求，且已超过限值的 10%
连接及构造	连接及砌筑方式正确，构造符合国家现行设计规范要求，无缺陷或仅有局部的表面缺陷，工作无异常	连接及砌筑方式不当，构造有严重缺陷，已导致构件或连接部位开裂、变形、位移或松动，或已造成其他损坏

注：1. 评定结果取 a_u 级或 b_u 级，应根据其实际完好程度确定；评定结果取 c_u 级或 d_u 级，应根据其实际严重程度确定。
　　2. 构件支承长度的检查与评定应包含在"连接及构造"的项目中。
　　3. 构造缺陷还包括施工遗留的缺陷。

（3）当砌体结构构件安全性按不适于承载的位移或变形评定时，应遵守下列规定：

1）对墙、柱的水平位移或倾斜，当其实测值大于标准限值时，应按下列规定评级：

①若该位移与整个结构有关，取与上部承重结构相同的级别作为该墙、柱的水平位移等级；

②若该位移只是孤立事件，则应在其承载能力验算中考虑此附加位移的影响。若验算结果不低于 b_u 级，仍可定为 b_u 级；若验算结果低于 b_u 级，应根据其实际严重程度定为 c_u 级或 d_u 级。

③若该位移尚在发展，应直接定为 d_u 级。

2）对偏差或其他使用原因造成的柱（不包括带壁柱墙）的弯曲，当其矢高实测值大于柱的自由长度的 1/300 时，应在其承载能力验算中计入附加弯矩的影响。

3）对拱或壳体结构构件出现的下列位移或变形，可根据其实际严重程度定为 c_u 级或 d_u 级：

①拱脚或壳的边梁出现水平位移；

②拱轴线或筒拱、扁壳的曲面发生变形。

（4）当砌体结构的承重构件出现下列受力裂缝时，应视为不适于承载的裂缝，并应根据其严重程度评为 c_u 级或 d_u 级：

1）桁架、主梁支座下的墙、柱的端部或中部，出现沿块材断裂（贯通）的竖向裂缝或斜裂缝。

2）空旷房屋承重外墙的变截面处，出现水平裂缝或沿块材断裂的斜向裂缝。

3）砖砌过梁的跨中或支座出现裂缝；或虽未出现肉眼可见的裂缝，但发现其跨度范围内有集中荷载。

4）筒拱、双曲筒拱、扁壳等的拱面、壳面，出现沿拱顶母线或对角线的裂缝。

5）拱、壳支座附近或支承的墙体上出现沿块材断裂的斜裂缝。

6）其他明显的受压、受弯或受剪裂缝。

（5）当砌体结构、构件出现下列非受力裂缝时，也应视为不适于承载的裂缝，并根据其实际严重程度评为 c_u 级或 d_u 级：

1）纵横墙连接处出现通长的竖向裂缝。

2）承重墙体墙身裂缝严重，且最大裂缝宽度已大于 5mm。

3）独立柱已出现宽度大于 1.5mm 的裂缝，或有断裂、错位迹象。

4）其他显著影响结构整体性的裂缝。

（6）当砌体结构、构件存在可能影响结构安全的损伤时，应根据其严重程度直接定为 c_u 级或 d_u 级。

4.3.2　工业建筑砌体结构构件鉴定

工业建筑砌体结构的安全性等级应按承载能力、构造和连接两个项目评定，并取其中较低的等级作为构件的安全性等级。

（1）砌体构件的承载能力项目，应根据承载能力的校核结果按表 4.4 的规定评定。

表 4.4　砌体结构构件承载能力评级等级

构件类别	$R/(\gamma_0 S)$			
	a 级	b 级	c 级	d 级
重要构件	≥1.0	<1.0 ≥0.90	<0.9 ≥0.85	<0.85
次要构件	≥1.0	<1.0 ≥0.87	<0.87 ≥0.82	<0.82

注：1. 表中 R 和 S 分别为结构构件的抗力和作用效应，γ_0 为结构重要性系数。

　　2. 当砌体构件出现受压、受弯、受剪、受拉等受力裂缝时，应考虑其对承载能力的影响，且承载能力评定项目等级不应高于 b 级。

　　3. 当构件受到较大面积腐蚀并使截面严重削弱时，应评定为 c 级或 d 级。

（2）砌体构件构造与连接项目的等级应根据墙、柱的高厚比，墙、柱、梁的连接构造，砌筑方式等涉及构件安全性的因素，按下列规定的原则评定：

a 级：墙、柱高厚比不大于国家现行设计规范允许值，连接和构造符合国家现行规范的要求；

b 级：墙、柱高厚比大于国家现行设计规范允许值，但不超过 10%；或连接和构造局部不符合国家现行规范的要求，但不影响构件的安全使用；

c 级：墙、柱高厚比大于国家现行设计规范允许值，但不超过 20%；或连接和构造不符合国家现行规范的要求；已影响构件的安全使用；

d 级：墙、柱高厚比大于国家现行设计规范允许值，且超过 20%；或连接和构造严重不符合国家现行规范的要求；已危及构件的安全。

（3）砌体构件的裂缝项目应根据裂缝的性质，按表 4.5 的规定评定。裂缝项目的等级应取种类裂缝评定结果中的较低等级。

表 4.5 砌体构件裂缝评定等级

类 型		等 级		
		a	b	c
变形裂缝、湿度裂缝	独立柱	无裂缝	—	有裂缝
	墙	无裂缝	小范围开裂，最大裂缝宽度不大于 1.5mm，且无发展趋势	较大范围开裂，或最大裂缝宽度大于 1.5mm，或裂缝有继续发展的趋势
受力裂缝		无裂缝	—	有裂缝

注：1. 本表仅适用于砖砌体构件，其他砌体构件的裂缝项目可参考本表评定。

2. 墙包括带壁柱墙。

3. 对砌体构件的裂缝有严格要求的建筑，表中的裂缝宽度限值可乘以 0.4。

（4）砌体构件的缺陷和损伤项目应按表 4.6 规定评定。缺陷和损伤项目的等级应取各种缺陷、损伤评定结果中的较低等级。

表 4.6 砌体构件缺陷和损伤评定等级

类 型	等 级		
	a	b	c
缺陷	无缺陷	有较小缺陷，尚不明显影响正常使用	缺陷对正常使用有明显影响
损伤	无损伤	有轻微损伤，尚不明显影响正常使用	损伤对正常使用有明显影响

注：1. 缺陷指现行国家标准《砌体工程施工质量验收规范》GB 50203 控制的质量缺陷。

2. 损伤指开裂、腐蚀之外的撞伤、烧伤等。

（5）砌体构件的腐蚀项目应根据砌体构件的材料类型，按表 4.7 规定评定。腐蚀项目的等级应取各材料评定结果中的较低等级。

表 4.7 砌体构件腐蚀评定等级

类 型	等 级		
	a	b	c
块材	无腐蚀现象	小范围出现腐蚀现象，最大腐蚀深度不大于 5mm，且无发展趋势，不明显影响使用功能	较大范围出现腐蚀现象，或最大腐蚀深度大于 5mm，或腐蚀有发展趋势，或明显影响使用功能

类　型	等　级		
	a	b	c
砂浆	无腐蚀现象	小范围出现腐蚀现象,且最大腐蚀深度不大于 10mm,且无发展趋势,不明显影响使用功能	非小范围出现腐蚀现象,或最大腐蚀深度大于 10mm,或腐蚀有发展趋势,或明显影响使用功能
钢筋	无锈蚀现象	出现锈蚀现象,但锈蚀钢筋的截面损失率不大于 5%,尚不明显影响使用功能	锈蚀钢筋的截面损失率大于 5%,或锈蚀有发展趋势,或明显影响使用功能

注：1. 本表仅适用于砖砌体,其他砌体构件的腐蚀项目可参考本表评定。

　　2. 对砌体构件的块材风化和砂浆粉化现象可参考表中对腐蚀现象的评定,但风化和粉化的最大深度宜比表中相应的最大腐蚀深度从严控制。

4.4　砌体结构的加固

砌体结构经可靠性鉴定确认需要加固时,应根据鉴定结论和委托方提出的要求,由有资质的专业技术人员按进行加固设计。加固设计的范围,可按整幢建筑物或其中某独立区段确定,也可按指定的结构、构件或连接确定,但均应考虑该结构的整体牢固性,并应综合考虑节约能源与环境保护的要求。

砌体的加固方法：外加面层加固法、外包型钢加固法、外加预应力撑杆加固法、扶壁柱加固法 、砌体裂缝修补法 。

4.4.1　增设砌体扶壁柱加固法

扶壁柱加固法就是沿砌体墙长度方向每隔一定距离将局部墙体加厚形成墙带垛加劲墙体的加固法。扶壁柱法是最常用的墙砌体加固方法,这种方法既能提高墙体的承载力,又可减小墙体的高厚比,从而提高墙体的稳定性。

这种加固方法适用于抗震设防烈度为 6 度及以下地区的砌体墙加固设计。增设砌体扶壁柱加固墙体时,其承载力和高厚比的验算应按现行国家标准《砌体结构设计规范》GB 50003 的规定进行。当扶壁柱的构造及其与原墙的连接符合《砌体结构加固设计规范》GB 50702 时,可按整体截面计算。当增设砌体扶壁柱用以提高墙体的稳定性时,其高厚比可按下式计算：

$$\beta = \frac{H_0}{h_T} \tag{4.1}$$

式中, H_0 为墙体的计算高度; h_T 为带壁柱墙截面的折算厚度,按加固后的截面计算。

当增设砌体扶壁柱加固受压构件时,其承载力应满足下式的要求：

$$N \leqslant \varphi(f_{m0}A_{m0} + \alpha_m f_m A_m) \tag{4.2}$$

式中, N 为构件加固后由荷载设计值产生的轴向力; φ 为高厚比 β 和轴向力的偏心距对受压构件承载力的影响系数，采用加固后的截面，按现行国家标准《砌体结构设计规范》（GB 50003）的规定确定；f_{m0}，f_m 分别为原砌体和新增砌体的抗压强度设计值；A_{m0} 为原构件的截面面积；A_m 为构件新增砌体的截面面积；α_m 为扶壁柱砌体的强度利用系数，取 $\alpha_m = 0.8$。

新增设扶壁柱的截面宽度不应小于240mm，其厚度不应小于120mm（图4.5）。当用角钢–螺栓拉结时，应沿墙的全高和内外的周边，增设水泥砂浆或细石混凝土防护层，沿墙高应设置以 $2\phi12mm$ 带螺纹、螺帽的钢筋与双角钢组成的套箍，将扶壁柱与原墙拉结；套箍的间距不应大于500mm（图4.6）。当增设扶壁柱以提高受压构件的承载力时，应沿墙体两侧增设扶壁柱。加固用的块材强度等级应比原结构的设计块材强度等级提高一级，不得低于 MU15；并应选用整砖（砌块）砌筑。加固用的砂浆强度等级，不应低于原结构设计的砂浆强度等级，且不应低于 M5。

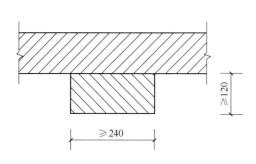

图4.5 增设扶壁柱的截面尺寸　　图4.6 砌体墙与扶壁柱间的套箍拉结

在原墙体需增设扶壁柱的部位，应沿墙高，每隔300mm凿去一皮砖块，形成水平槽口（图4.7）。砌筑扶壁柱时，槽口处的原墙体与新增扶壁柱之间，应上下错缝，内外搭砌。砖砌体接槎时，必须将接槎处的表面清理干净，浇水湿润，用干捻砂浆将灰缝填实。扶壁柱应设基础，其埋深应与原墙基础相同。

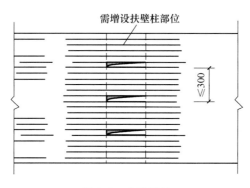

图4.7 水平槽口

4.4.2 钢筋混凝土面层加固法

钢筋混凝土面层加固法是通过外加钢筋混凝土面层或钢筋网砂浆面层，以提高原构件承载力和刚度的一种加固法。该方法适用于以外加钢筋混凝土面层加固砌体墙、柱的设计。采用钢筋混凝土面层加固砖砌体构件时，对柱宜采用围套加固的形式（图4.8a）；对墙和带壁柱墙，宜采用有拉结的双侧加固形式（图4.8b、c）。

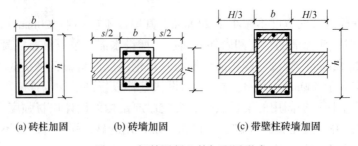

(a) 砖柱加固   (b) 砖墙加固   (c) 带壁柱砖墙加固

图4.8　钢筋混凝土外加面层形式

加固后的砌体柱，其计算截面可按宽度为 b 的矩形截面采用。加固后的砌体墙，其计算截面的宽度取为 $b+s$（b 为新增混凝土的宽度，s 为新增混凝土的间距）加固后的带壁柱砌体墙，其计算截面的宽度取窗间墙宽度；但当窗间墙宽度大于 $b+2/3H$（H 为墙高）时，仍取 $b+2/3H$ 作为计算截面的宽度。当原砌体与后浇混凝土面层之间的界面处理及其粘结质量符合《砌体结构加固技术规范》（GB 50702）的要求时，可按整体截面计算。（加固构件的界面不允许有尘土、污垢、油渍等的污染，也不允许采取降低承载力的做法来考虑其污染的影响。）采用钢筋混凝土面层加固砌体构件时，其加固后承载力的计算，应遵守现行国家标准《砌体结构设计规范》（GB 50003）、《混凝土结构设计规范》（GB 50010）和《砌体结构加固技术规范》（GB 50702）的有关规定。

4.4.2.1　砌体受压加固

采用钢筋混凝土面层加固轴心受压的砌体构件时，其正截面受压承载力应按下式验算：

$$N \leqslant \varphi_{\mathrm{con}}(f_{\mathrm{m0}}A_{\mathrm{m0}} + \alpha_{\mathrm{c}}f_{\mathrm{c}}A_{\mathrm{c}} + \alpha_{\mathrm{s}}f'_{\mathrm{y}}A'_{\mathrm{y}}) \tag{4.3}$$

式中　φ_{con}——轴心受压构件的稳定系数，可按加固后截面的高厚比和配筋率，按表4.8取用；

　　　f_{m0}——原砌体的抗压强度设计值；

　　　A_{m0}——原构件的截面面积；

　　　α_{c}——混凝土强度利用系数，对砖砌体，取 $\alpha_{\mathrm{c}}=0.8$；对混凝土小型空心砌块砌体，取 $\alpha_{\mathrm{c}}=0.7$；

　　　α_{s}——钢筋强度利用系数，对砖砌体，取 $\alpha_{\mathrm{s}}=0.85$；对混凝土小型空心砌块砌体，取 $\alpha_{\mathrm{s}}=0.75$；

　　　f_{c}——混凝土的轴心抗压强度设计值；

　　　A_{c}——新增混凝土面层的截面面积；

　　　A'_{y}——新增受压区竖向钢筋的截面面积；

　　　f'_{y}——新增竖向钢筋抗压强度设计值。

表 4.8 轴心受压构件的稳定系数 φ_{con}

高厚比 β	配筋率 ρ/%					
	0	0.2	0.4	0.6	0.8	≥1.0
8	0.91	0.93	0.95	0.97	0.99	1.00
10	0.87	0.90	0.92	0.94	0.96	0.98
12	0.82	0.85	0.88	0.91	0.93	0.95
14	0.77	0.80	0.83	0.86	0.89	0.92
16	0.72	0.75	0.78	0.81	0.84	0.87
18	0.67	0.70	0.73	0.76	0.79	0.81
20	0.62	0.65	0.68	0.71	0.73	0.75
22	0.58	0.61	0.64	0.66	0.68	0.70
24	0.54	0.57	0.59	0.61	0.63	0.65
26	0.50	0.52	0.54	0.56	0.58	0.60
28	0.46	0.48	0.50	0.52	0.54	0.56

注：轴心受压构件截面的配筋率 $\rho = A'_s/(bh)$。

当采用钢筋混凝土面层加固偏心受压的砌体构件（图4.9）时，其正截面承载力应按下列公式计算：

$$N \leqslant f_{m0}A'_m + \alpha_c f_c A'_c + a_s f_y A'_s - \sigma_s A_s \tag{4.4}$$

或

$$Ne_N \leqslant f_{m0}S_{ms} + \alpha_c f_c S_{cs} + \alpha_s f_y A'_s(h_0 - a') \tag{4.5}$$

此时受压区高度 x 可按下式确定：

$$f_{m0}S_{mN} + \alpha_c f_c S_{cN} + \alpha_s f_y A'_s e'_N - \sigma_s A_s e_N \tag{4.6}$$

式中 A'_m——砌体受压区的截面面积；

A'_c——混凝土面层受压区的截面面积；

α_c——偏心受压构件混凝土强度利用系数，对砖砌体，取 $\alpha_c = 0.9$；对混凝土小型空心砌块砌体，取 $\alpha_c = 0.8$；

α_s——偏心受压构件钢筋强度利用系数，对砖砌体，取 $\alpha_s = 1.0$；对混凝土小型空心砌块砌体，取 $\alpha_s = 0.95$；

S_{ms}——砌体受压区的截面面积对受拉钢筋 A_s 重心的面积矩；

S_{cs}——混凝土面层受压区的截面面积对钢筋 A_s 重心的面积矩；

S_{mN}——砌体受压区的截面面积对轴向力 N 作用点的面积矩；

S_{cN}——混凝土外加面层受压区的截面面积对轴向力 N 作用点的面积矩；

e'_N，e_N——钢筋 A'_s 和 A_s 重心至轴向力 N 作用点的距离（如图4.9所示）：

$$e'_N = e + \left(e_i - \frac{h}{2}\right) - a' \tag{4.7}$$

$$e_N = e + \left(e_i + \frac{h}{2}\right) - a \tag{4.8}$$

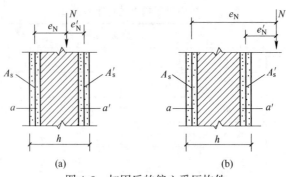

图 4.9　加固后的偏心受压构件

e——轴向力对加固后截面的初始偏心距，按荷载设计值计算，当 $e<0.05h$ 时，取 $e=0.05h$；

h——加固后的截面高度；

e_i——加固后的构件在轴向力作用下的附加偏心距；

$$e_i = \frac{\beta^2 h}{2200}(1 - 0.22\beta) \tag{4.9}$$

h_0——加固后的截面有效高度，即 $h_0=h-a$；

σ_s——受拉钢筋 A_s 的应力，应根据截面受压区相对高度 ξ 确定，当大偏心受压时（$\xi \leqslant \xi_b$），$\sigma_s=f_y$，$\xi=x/h_0$；当小偏心受压时（$\xi>\xi_b$），$f_y' \leqslant \sigma_s \leqslant f_y$，

$$\sigma_s = 650 - 800\xi \tag{4.10}$$

a'，a——分别为钢筋 A_s' 和 A_s 的合力点至截面较近边的距离；

β——加固后的构件高厚比；

ξ_b——加固后截面受压区高度的界限值，对于 HPB300 级钢筋配筋，取 0.575；对 HRB335 和 HRBF335 钢筋配筋，取 0.550；

A_s——距轴向力 N 较远一侧钢筋的截面面积；

A_s'——距轴向力 N 较近一侧钢筋的截面面积。

钢筋混凝土面层对砌体加固的受剪承载力计算；钢筋混凝土面层加固后提高的受剪承载力 V_{cs} 的计算，见《砌体结构加固技术规范》（GB 50702）中的第 5.3 条砌体抗剪加固。钢筋混凝土面层对砌体结构进行抗震加固，宜采用双面加固形式增强砌体结构的整体性。钢筋混凝土面层加固砌体墙的抗震受剪承载力的计算见《砌体结构加固技术规范》（GB 50702）中的第 5.4 条砌体抗震加固，不再赘述。

4.4.2.2　构造规定

钢筋混凝土面层的截面厚度不应小于 60mm；当用喷射混凝土施工时，不应小于 50mm。加固用的混凝土，其强度等级应比原构件混凝土高一级，且不应低于 C20 级；当采用 HRB335 级（或 HRBF335 级）钢筋或受振动作用时，混凝土强度等级尚不应低于 C25 级。在配制墙、柱加固用的混凝土时，不应采用膨胀剂；必要时，可掺入适量减缩剂。加固用的竖向受力钢筋，宜采用 HRB335 级或 HRBF335 级钢筋。竖向受力钢筋直径不应小于 12mm，其净间距不应小于 30mm。纵向钢筋的上下端均应有可靠的锚固；上端应锚入有配筋的混凝土梁垫、梁、板或牛腿内；下端应锚入基础内。纵向钢筋的接头应为

焊接。当采用围套式的钢筋混凝土面层加固砌体柱时，应采用封闭式箍筋；箍筋直径不应小于 6mm。箍筋的间距不应大于 150mm。柱的两端各 500mm 范围内，箍筋应加密，其间距应取为 100mm。若加固后的构件截面高度 $h \geqslant$ 500mm，尚应在截面两侧加设竖向构造钢筋（图 4.10），并相应设置拉结钢筋作为箍筋。

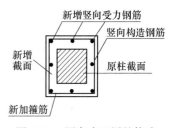

图 4.10　围套式面层的构造

当采用两对面增设钢筋混凝土面层加固带壁柱墙（图 4.11）或窗间墙（图 4.12）时，应沿砌体高度每隔 250mm 交替设置不等肢 U 形箍和等肢 U 形箍。不等肢 U 形箍在穿过墙上预钻孔后，应弯折成封闭式箍筋，并在封口处焊牢。U 形筋直径为 6mm；预钻孔的直径可取 U 形筋直径的 2 倍；穿筋时应采用植筋专用的结构胶将孔洞填实。对带壁柱墙，尚应在其拐角部位增设竖向构造钢筋与 U 形箍筋焊牢。当砌体构件截面任一边的竖向钢筋多于 3 根时，应通过预钻孔增设复合箍筋或拉结钢筋，并采用植筋专用结构胶将孔洞填实。钢筋混凝土面层的构造，除应符合以上规定外，尚应符合现行国家标准《混凝土结构设计规范》（GB 50010）的有关规定（包括抗震设计要求）。

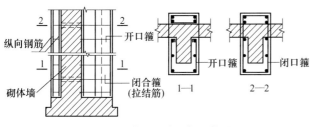

图 4.11　带壁柱墙的加固构造

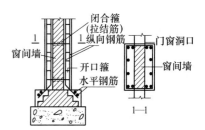

图 4.12　窗间墙的加固构造

4.4.3　钢筋网水泥砂浆面层加固墙砌体

4.4.3.1　构造规定

钢筋网水泥砂浆面层加固法应适用于各类砌体墙、柱的加固。当采用钢筋网水泥砂浆面层加固法加固砌体构件时，其原砌体的砌筑砂浆强度等级应符合下列规定：受压构件：原砌筑砂浆的强度等级不应低于 M2.5；受剪构件：对砖砌体，其原砌筑砂浆强度等级不宜低于 M1；但若为低层建筑，允许不低于 M0.4。对砌块砌体，其原砌筑砂浆强度等级不应低于 M2.5。块材严重风化（酥碱）的砌体，不应采用钢筋网水泥砂浆面层进行加固。

当采用钢筋网水泥砂浆面层加固砌体承重构件时，其面层厚度，对室内正常湿度环境，应为 35~45mm；对于露天或潮湿环境，应为 45~50mm。钢筋网水泥砂浆面层加固砌体承重构件的构造应符合下列规定：加固受压构件用的水泥砂浆，其强度等级不应低于 M15；加固受剪构件用的水泥砂浆，其强度等级不应低于 M10。受力钢筋的砂浆保护层厚度，对室内正常湿度环境，墙应为 15mm，柱应为 25mm；对于露天或潮湿环境，墙应为 25mm、柱应为 35mm。受力钢筋距砌体表面的距离不应小于 5mm。

结构加固用的钢筋，宜采用 HRB335 级钢筋或 HRBF335 级钢筋，也可采用 HPB300

级钢筋。当加固柱和墙的壁柱时，其构造应符合下列规定：

（1）竖向受力钢筋直径不应小于 10mm，其净间距不应小于 30mm；受压钢筋一侧的配筋率不应小于 0.2%；受拉钢筋的配筋率不应小于 0.15%。

（2）柱的箍筋应采用封闭式，其直径不宜小于 6mm，间距不应大于 150mm。柱的两端各 500mm 范围内，箍筋应加密，其间距应取为 100mm。

（3）在墙的壁柱中，应设两种箍筋：一种为不穿墙的 U 形筋，但应焊在墙柱角隅处的竖向构造筋上，其间距与柱的箍筋相同；另一种为穿墙箍筋，加工时宜先做成不等肢 U 形箍，待穿墙后再弯成封闭式箍，其直径宜为 8~10mm，每隔 600mm 替换一支不穿墙的 U 形箍筋。

（4）箍筋与竖向钢筋的连接应为焊接。

加固墙体时，宜采用点焊方格钢筋网，网中竖向受力钢筋直径不应小于 8mm；水平分布钢筋的直径宜为 6mm；网格尺寸不应大于 300mm。当采用双面钢筋网水泥砂浆时，钢筋网应采用穿通墙体的 S 形或 Z 形钢筋拉结，拉结钢筋宜成梅花状布置，其竖向间距和水平间距均不应大于 500mm（图 4.13）。

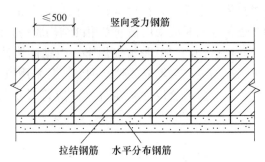

图 4.13　钢筋网水泥法加固的砖墙

钢筋网四周应与楼板、大梁、柱或墙体可靠连接。墙、柱加固增设的竖向受力钢筋，其上端应锚固在楼层构件、圈梁或配筋的混凝土垫块中；其伸入地下一端应锚固在基础内。锚固可采用植筋方式。当原构件为多孔砖砌体或混凝土小砌块砌体时，应采用专门的机具和结构胶埋设穿墙的拉结筋。混凝土小砌块砌体不得采用单侧外加面层。受力钢筋的搭接长度和锚固长度应按现行国家标准《混凝土结构设计规范》（GB 50010）的有关规定确定。钢筋网的横向钢筋遇有门窗洞时，对单面加固情形，宜将钢筋弯入洞口侧面并沿周边锚固；对双面加固情形，宜将两侧的横向钢筋在洞口处闭合，且尚应在钢筋网折角处设置竖向构造钢筋；此外，在门窗转角处，尚应设置附加的斜向钢筋。

4.4.3.2　钢筋网水泥砂浆面层加固的墙体承载能力计算

采用钢筋网水泥砂浆面层加固轴心受压砌体构件时，其加固后正截面承载力的计算；钢筋网水泥砂浆面层加固偏心受压砌体构件时，其加固后正截面承载力的计算，见《砌体结构加固技术规范》（GB 50702）中的第 6.2 条砌体受压加固。钢筋网水泥砂浆面层对砌体加固的受剪承载力的计算，见《砌体结构加固技术规范》（GB 50702）中的第 6.3 条砌体抗剪加固。钢筋网水泥砂浆面层对砌体结构进行抗震加固，宜采用双面加固形式增强砌体结构的整体性。钢筋网水泥砂浆面层加固砌体墙的抗震受剪承载力计算，见《砌体结构加固技术规范》（GB 50702）中的第 6.4 条砌体抗震加固。

4.4.4　外包型钢加固法

外包型钢加固法是对砌体柱包以型钢肢与缀板焊成的构架，并按各自刚度比例分配所承受外力的加固。该方法适用于以外包型钢加固砌体柱的设计。当采用外包型钢加固矩形截面砌体柱时，宜设计成以角钢为组合构件四肢，以钢缀板围束砌体的钢构架加固方式（图4.14），并考虑二次受力的影响。

砖柱的加固宜优选外包角钢加固法，这种方法砖柱的截面尺寸增加不多，不影响建筑物的空间使用，能显著地提高砖柱的承载力，大幅度地增加砖柱的抗侧力。

据中国建筑研究学院的试验结果，抗侧力甚至可提高10倍以上，柱的破坏由脆性破坏转化为延性破坏。

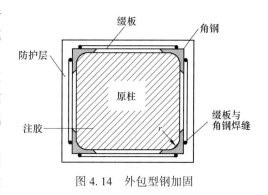

图4.14　外包型钢加固

4.4.4.1　计算方法

当采用外包型钢加固轴心受压砌体构件时，其加固后原柱和外增钢构架的承载力应按下列规定验算：

（1）原柱的承载力，应根据其所承受的轴向压力值 N_m，按现行国家标准《砌体结构设计规范》（GB 50003）的有关规定验算。验算时，其砌体抗压强度设计值，应根据可靠性鉴定结果确定。若验算结果不符合使用要求，应加大钢构架截面，并重新进行外力分配和截面验算。N_m 依据《砌体结构加固技术规范》（GB 50702）中的第7.2.1条公式进行计算。

（2）钢构架的承载力，应根据其所承受的轴向压力设计值 N_a，按现行国家标准《钢结构设计规范》（GB 50017）的有关规定进行设计计算。计算钢构架承载力时，型钢的抗压强度设计值，对仅承受静力荷载或间接承受动力作用的结构，应分别乘以强度折减系数0.95和0.90。对直接承受动力荷载或振动作用的结构，应乘以强度折减系数0.85。N_a 依据《砌体结构加固技术规范》（GB 50702）中的第7.2.1条公式进行计算。

（3）外包型钢砌体加固后的承载力为钢构架承载力和原柱承载力之和。不论角钢肢与砌体柱接触面处涂布或灌注任何粘结材料，均不考虑其粘结作用对计算承载力的提高。

当采用外包型钢加固偏心受压砌体构件时，可依据《砌体结构加固技术规范》（GB 50702）中第7.2.1条及第7.2.2条的规定，分别按现行国家标准《砌体结构设计规范》（GB 50003）和《钢结构设计规范》（GB 50017）进行原柱和钢构架的承载力验算。

4.4.4.2　构造规定

当采用外包型钢加固砌体承重柱时，钢构架应采用Q235钢（3号钢）制作；钢构架中的受力角钢和钢缀板的最小截面尺寸应分别为∟60mm×60mm×6mm 和60mm×6mm。钢构架的四肢角钢，应采用封闭式缀板作为横向连接件，以焊接固定。缀板的间距不应大于500mm。为使角钢及其缀板紧贴砌体柱表面，应采用水泥砂浆填塞角钢及缀板，也可采用灌浆料进行压注。钢构架两端应有可靠的连接和锚固（图4.15）；其下端应锚固于基础内；上端应抵紧在该加固柱上部（上层）构件的底面，并与锚固于梁、板、柱帽或梁垫的短角钢相焊接。在钢构架（从地面标高向上量起）的 $2h$ 和上端的 $1.5h$（h 为原柱截面高度）节点区内，缀板的间距不应大于250mm。与此同时，还应在柱顶部位设置角钢箍予以加强。在多层砌体结构中，若不止一层承重柱需增设钢构架加固，其角钢应通过开洞连续穿过各层现浇楼板；若为预制楼板，宜局部改为现浇，使角钢保持通长。采用外包型钢加固砌体柱时，型钢表面宜包裹钢丝网并抹厚度不小于 25mm 的 1 : 3 水泥砂浆作防护层。否则，应对型钢进行防锈处理。

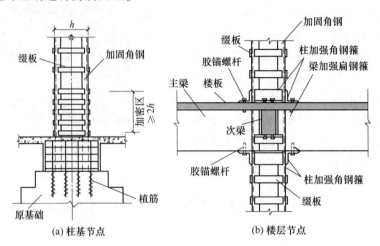

图 4.15　钢构架构造

4.4.5　外加预应力撑杆加固法

外加预应力撑杆加固法仅适用于烧结普通砖柱外加预应力撑杆加固的设计。当采用外加预应力撑杆加固法时，应符合下列规定：仅适用于 6 度及 6 度以下抗震设防区的烧结普通砖柱的加固；被加固砖柱应无裂缝、腐蚀和老化；被加固柱的上部结构应为钢筋混凝土现浇梁板；且能与撑杆上端的传力角钢可靠锚固；应有可靠的施加预应力的施工经验；仅适用于温度不大于 60℃ 的正常环境中。

当采用外加预应力撑杆加固砖柱时，宜选用两对角钢组成的双侧预应力撑杆的加固方式（图 4.16）；不得采用单侧预应力撑杆的加固方式。当按《砌体结构加固技术规范》（GB 50702）的要求施加预应力时，可不考虑原柱应力水平对加固效果的影响。

4.4.5.1　计算方法

（1）当采用预应力撑杆加固轴心受压砖柱时，应按下列步骤进行设计计算：

1）内力计算应按下列步骤进行：①确定砖柱加固后需承受的轴向压力设计值 N；②根据原柱可靠性鉴定结果确定其轴心受压承载力 N_m；③计算需由撑杆承受的轴向压力设计值 N_1，具体计算见《砌体结构加固技术规范》（GB 50702）中的第 8.2.1 条公式。

2）缀板可按现行国家标准《钢结构设计规范》（GB 50017）的有关规定进行计算；其尺寸和间距尚应保证在施工期间受压肢（单根角钢）不致失稳。

3）当采用工具式拉紧螺杆以横向张拉法安装撑杆（图 4.17）时，其横向张拉控制量 ΔH，可按《砌体结构加固技术规范》（GB 50702）中的第 8.2.1 中的计算公式确定。

（2）当采用预应力撑杆加固偏心受压组合砌体柱时，应按下列步骤进行设计计算：

1）偏心受压荷载计算：确定该柱加固后需承受的最大偏心荷载-轴向压力 N 和弯矩 M 的设计值；依据《砌体结构加固技术规范》（GB 50702）中的第 8.2.2 条公式计算。

2）偏心受压柱加固后承载力，应按现行国家标准《砌体结构设计规范》（GB 50003）的规定验算原组合砌体柱在 N_{01} 和 M_{01} 作用下的承载力。当原砌体柱的承载力不满足上述验算要求时，可加大角钢截面面积，并重新进行验算。

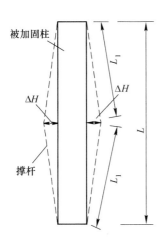

图 4.16 预应力撑杆加固方式

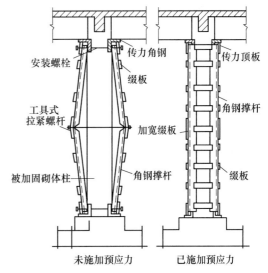

图 4.17 预应力撑杆肢横向张拉量

3）缀板计算应符合现行国家标准《钢结构设计规范》（GB 50017）的要求，并应保证撑杆肢的角钢在施工中不致失稳。

4）施工时预加压应力值 σ'_p，宜取为 $50 \sim 80 \text{N/mm}^2$。

5）按受压荷载较大一侧计算出需要的角钢截面后，柱的另一侧也用同规格角钢组成压杆肢，使撑杆的两侧的截面对称。

角钢撑杆的预顶力应控制在柱各阶段所受竖向恒荷载标准值的 90% 以内。

4.4.5.2 构造规定

（1）预应力撑杆用的角钢，其截面尺寸不应小于∟ 60mm×60mm×6mm。压杆肢的两根角钢应用钢缀板连接，形成槽形截面，缀板截面尺寸不应小于 80mm×6mm。缀板间距应保证单肢角钢的长细比不大于 40。

（2）撑杆肢上端的传力构造及预应力撑杆横向张拉的构造，可参照现行国家标准《混凝土结构加固设计规范》（GB 50367）进行设计，且传力角钢应与上部钢筋混凝土梁（或其他承重构件）可靠锚固。

4.4.6 粘贴纤维复合材加固法

4.4.6.1 一般规定

粘贴纤维复合材加固法仅适用于烧结普通砖墙（以下简称砖墙）平面内受剪加固和抗震加固。被加固的砖墙，其现场实测的砖强度等级不得低于 MU7.5；砂浆强度等级不得低于 M2.5；现已开裂、腐蚀、老化的砖墙不得采用本方法进行加固。采用本方法加固的纤维材料及其配套的结构胶粘剂，其安全性能应符合《砌体结构加固技术规范》（GB 50702）中第 4 章的要求。外贴纤维复合材加固砖墙时，应将纤维受力方式设计成仅承受拉应力作用。粘贴在砖砌构件表面上的纤维复合材，其表面应进行防护处理。表面防护材料应对纤维及胶粘剂无害。采用本方法加固的砖墙结构，其长期使用的环境温度不应高于60℃；处于特殊环境的砖砌结构采用本方法加固时，除应按国家现行有关标准的规定采取相应的防护措施外，尚应采用耐环境因素作用的胶粘剂，并按专门的工艺要求施工。碳纤维和玻璃纤维复合材的设计指标必须分别按《砌体结构加固技术规范》（GB 50702）中表9.1.7-1及表9.1.7-2的规定值采用。当被加固构件的表面有防火要求时，应按现行国家标准《建筑设计防火规范》（GB 50016）规定的耐火等级及耐火极限要求，对胶层和纤维复合材进行防护。

4.4.6.2　砌体抗剪加固

粘贴纤维复合材提高砌体墙平面内受剪承载力的加固方式，可根据工程实际情况选用：水平粘贴方式、交叉粘贴方式、平叉粘贴方式或双叉粘贴方式等（图4.18及图4.19）。每一种方式的端部均应加贴竖向或横向压条。

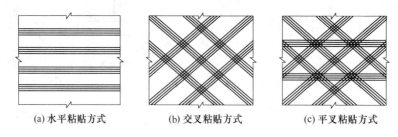

(a) 水平粘贴方式　　　(b) 交叉粘贴方式　　　(c) 平叉粘贴方式

图4.18　纤维复合材（布）粘贴方式示例

粘贴纤维复合材对砌体墙平面内受剪加固的受剪承载力应符合《砌体结构加固技术规范》（GB 50702）中第9.2.2条中的条件：粘贴纤维复合材后提高的受剪承载力 V_F 应按《砌体结构加固技术规范》（GB 50702）中第9.2.3条计算。

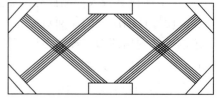

4.4.6.3　砌体抗震加固

粘贴纤维布对砖墙进行抗震加固时，应采用连续粘贴形式，以增强墙体的整体性能。粘贴纤

图4.19　纤维复合材（条形板）粘贴方式示例

维布加固砌体墙的抗震受剪承载力应按《砌体结构加固技术规范》（GB 50702）中第9.3.2条公式计算。

4.4.6.4　构造规定

纤维布条带在全墙面上宜等间距均匀布置，条带宽度不宜小于100mm，条带的最大净间距不宜大于三皮砖块的高度，也不宜大于200mm。沿纤维布条带方向应有可靠的锚固措施（图4.20）。纤维布条带端部的锚固构造措施，可根据墙体端部情况，采用对穿螺栓垫板压牢（图4.21）。当纤维布条带需绕过阳角时，阳角转角处曲率半径不应小于20mm。当有可靠的工程经验或试验资料时，也可采用其他机械锚固方式。当采用搭接的方式接长纤维布条带时，搭接长度不应小于200mm，且应在搭接长度中部设置一道锚栓锚固。当砖墙采用纤维复合材加固时，其墙、柱表面应先做水泥砂浆抹平层；层厚不应小于15mm且应平整；水泥砂浆强度等级应不低于M10；粘贴纤维复合材应待抹平层硬化、干燥后方可进行。

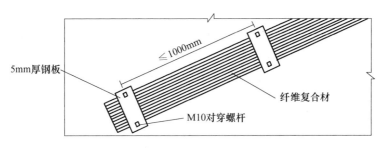

图 4.20 沿纤维布条带方向设置拉结构造

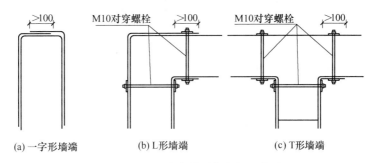

(a) 一字形墙端   (b) L形墙端   (c) T形墙端

图 4.21 纤维布条带端部的锚固构造

4.5 砌体结构构造性加固法

4.5.1 增设圈梁加固

当无圈梁或圈梁设置不符合现行设计规范要求，或纵横墙交接处咬槎有明显缺陷，或房屋的整体性较差时，应增设圈梁进行加固。外加圈梁，宜采用现浇钢筋混凝土圈梁或钢筋网水泥复合砂浆砌体组合圈梁，在特殊情况下，亦可采用型钢圈梁。对内墙圈梁还可用钢拉杆代替。钢拉杆设置间距应适当加密，且应贯通房屋横墙（或纵墙）的全部宽度，并应设在有横墙（或纵墙）处，同时应锚固在纵墙（或横墙）上。外加圈梁应靠近楼（屋）盖设置。钢拉杆应靠近楼（屋）盖和墙面。外加圈梁应在同一水平标高交圈闭合。变形缝处两侧的圈梁应分别闭合，如遇开口墙，应采取加固措施使圈梁闭合。

（1）采用外加钢筋混凝土圈梁时，应符合下列规定：

1）外加钢筋混凝土圈梁的截面高度不应小于 180mm、宽度不应小于 120mm。纵向钢筋的直径不应小于 10mm；其数量不应少于 4 根。箍筋宜采用直径为 6mm 的钢筋，箍筋间距宜为 200mm；当圈梁与外加柱相连接时，在柱边两侧各 500mm 长度区段内，箍筋间距应加密至 100mm。

2）外加钢筋混凝土圈梁的混凝土强度等级不应低于 C20，圈梁在转角处应设 2 根直径为 12mm 的斜筋。钢筋混凝土外加圈梁的顶面应做泛水，底面应做滴水沟。

3）外加钢筋混凝土圈梁的钢筋外保护层厚度不应小于 20mm，受力钢筋接头位置应相互错开，其搭接长度为 40d（d 为纵向钢筋直径）。任一搭接区段内，有搭接接头的钢筋截面面积不应大于总面积的 25%；有焊接接头的纵向钢筋截面面积不应大于同一截面钢筋总面积的 50%。

（2）采用钢筋网水泥复合砂浆砌体组合圈梁时，应符合下列规定：

1）梁顶平楼（屋）面板底，梁高不应小于 300mm。

2）穿墙拉结钢筋宜呈梅花状布置，穿墙筋位置应在丁砖上（对单面组合圈梁）或丁砖缝（对双面组合圈梁）。

3）面层材料和构造应符合下列规定：面层砂浆强度等级：水泥砂浆不应低于 M10，水泥复合砂浆不应低于 M20；钢筋网水泥复合砂浆面层厚度宜为 30～45mm；钢筋网的钢筋直径宜为 6mm 或 8mm，网格尺寸宜为 120mm×120mm；单面组合圈梁的钢筋网，应采用直径为 6mm 的 L 形锚筋；双面组合圈梁的钢筋网，应采用直径为 6mm 的 Z 形或 S 形穿墙筋连接；L 形锚筋间距宜为 240mm×240mm；Z 形或 S 形锚筋间距宜为 360mm×360mm；钢筋网的水平钢筋遇有门窗洞时，单面圈梁宜将水平钢筋弯入洞口侧面锚固，双面圈梁宜将两侧水平钢筋在洞口闭合；对承重墙，不宜采用单面组合圈梁。

（3）采用钢拉杆代替内墙圈梁时，应符合下列规定：

1）横墙承重房屋的内墙，可用两根钢拉杆代替圈梁；纵墙承重和纵横墙承重的房屋，钢拉杆宜在横墙两侧各设一根。钢拉杆直径应根据房屋进深尺寸和加固要求等条件确定，但不应小于 14mm，其方形垫板尺寸宜为 200mm×200mm×15mm。

2）无横墙的开间可不设钢拉杆，但外加圈梁应与进深方向梁或现浇钢筋混凝土楼盖可靠连接。

3）每道内纵墙均应用单根拉杆与外山墙拉结，钢拉杆直径可视墙厚、房屋进深和加固要求等条件确定，但不应小于 16mm，钢拉杆长度不应小于两个开间。

（4）外加钢筋混凝土圈梁与砖墙的连接，应符合下列规定：

1）宜选用结构胶锚筋，亦可选用化学锚栓或钢筋混凝土销键。

2）当采用化学植筋或化学锚栓时，砌体的块材强度等级不应低于 MU7.5，原砌体砖的强度等级不应低于 MU7.5，其他要求按压浆锚筋确定。

3）压浆锚筋仅适用于实心砖砌体与外加钢筋混凝土圈梁之间的连接，原砌体砖的强度等级不应低于 MU7.5，原砂浆的强度等级不应低于 M2.5。

4）压浆锚筋与钢拉杆的间距宜为 300mm；锚筋之间的距离宜为 500～1000mm。

（5）钢拉杆与外加钢筋混凝土圈梁可采用下列方法之一进行连接：钢拉杆埋入圈梁，埋入长度为 30d（d 为钢拉杆直径），端头应做弯钩。钢拉杆通过钢管穿过圈梁，应用螺栓拧紧。钢拉杆端头焊接垫板埋入圈梁，垫板与墙面之间的间隙不应小于 80mm。

角钢圈梁的规格不应小于∟80mm×6mm 或∟75mm×6mm，并应每隔 1～1.5m，与墙体用普通螺栓拉结，螺杆直径不应小于 12mm。

4.5.2　其他加固方法

4.5.2.1　增设构造柱加固

当无构造柱或构造柱设置不符合现行设计规范要求时，应增设现浇钢筋混凝土构造柱或钢筋网水泥复合砂浆组合砌体构造柱。构造柱的材料、构造、设置部位应符合现行设计规范要求。

增设的构造柱应与墙体圈梁、拉杆连接成整体，若所在位置与圈梁连接不便，也应采取措施与现浇混凝土楼（屋）盖可靠连接。

采用钢筋网水泥复合砂浆砌体组合构造柱时，应符合下列要求：组合构造柱截面宽度不应小于 500mm。穿墙拉结钢筋宜呈梅花状布置，其位置应在丁砖缝上。

面层材料和构造应符合下列规定：面层砂浆强度等级：水泥砂浆不应低于 M10，水泥复合砂浆不应低于 M20；钢筋网水泥复合砂浆面层厚度宜为 30~45mm；钢筋网的钢筋直径宜为 6mm 或 8mm，网格尺寸宜为 120mm×120mm；构造柱的钢筋网应采用直径为 6mm 的 Z 形或 S 形锚筋，Z 形或 S 形锚筋间距宜为 360mm×360mm。

4.5.2.2　增设梁垫加固

当大梁下砌体被局部压碎或在大梁下墙体出现局部竖向或斜向裂缝时，应增设梁垫进行加固。新增设的梁垫，其混凝土强度等级，现浇时不应低于 C20；预制时不应低于 C25。梁垫尺寸应按现行设计规范的要求，经计算确定，但梁垫厚度不应小于 180mm；梁垫的配筋应按抗弯条件计算配置。当按构造配筋时，其用量不应少于梁垫体积的 0.5%。增设梁垫应采用"托梁换柱"的方法进行施工。

4.5.2.3　砌体局部拆砌

当墙体局部破裂但在查清其破裂原因后尚未影响承重及安全时，可将破裂墙体局部拆除，并按提高一级砂浆强度等级用整砖填砌。分段拆砌墙体时，应先砌部分留槎，并埋设水平钢筋与后砌部分拉结。局部拆砌墙体时，新旧墙交接处不得凿水平槎或直槎，应做成踏步槎接缝，缝间设置拉结钢筋以增强新旧的整体性。

4.5.3　砌体裂缝修补法

4.5.3.1　一般规定

砌体裂缝修补法适用于修补影响砌体结构、构件正常使用性的裂缝，砌体结构裂缝的修补应根据其种类、性质及出现的部位进行设计，选择适宜的修补材料、修补方法和修补时间。

常用的裂缝修补方法应有填缝法、压浆法、外加网片法和置换法等。根据工程的需要，这些方法尚可组合使用。砌体裂缝修补后，其墙面抹灰的做法应符合现行国家标准《建筑装饰装修工程质量验收规范》（GB 50210）的有关规定。在抹灰层砂浆或细石混凝土中加入短纤维可进一步减少和限制裂缝的出现。

4.5.3.2　填缝法

填缝法适用于处理砌体中宽度大于 0.5mm 的裂缝。修补裂缝前，首先应剔凿干净裂缝表面的抹灰层，然后沿裂缝开凿 U 形槽。对凿槽的深度和宽度，并应符合下列规定：当为静止裂缝时，槽深不宜小于 15mm，槽宽不宜小于 20mm。当为活动裂缝时，槽深宜适当加大，且应凿成光滑的平底，以利于铺设隔离层；槽宽宜按裂缝预计张开量 t 加以放大，通常可取为 $(15+5t)$ mm。另外，槽内两侧壁应凿毛。当为钢筋锈蚀引起的裂缝时，应凿至钢筋锈蚀部分完全露出为止，钢筋底部混凝土凿除的深度，以能使除锈工作彻底进行。对静止裂缝，可采用改性环氧砂浆、改性氨基甲酸乙酯胶泥或改性环氧胶泥等进行充填（图 4.22a）。对活动裂缝，可采用丙烯酸树脂、氨基甲酸乙酯、氯化橡胶或可挠性环氧树脂等为填充材料，并可采用聚乙烯片、蜡纸或油毡片等为隔离层（图 4.22b）。对锈蚀裂缝，应在已除锈的钢筋表面上，先涂刷防锈液或防锈涂料，待干燥后再充填封闭裂缝材料。对活动裂缝，其隔离层应干铺，不得与槽底有任何粘结。其弹性密封材料的充填，应先在槽内两侧表面上涂刷一层胶粘剂，以使充填材料能起到既密封又能适应变形的作用。

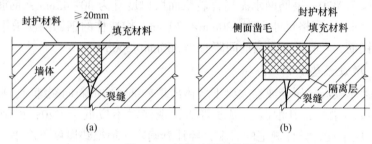

图 4.22   填缝法裂缝补图

修补裂缝应符合下列规定：充填封闭裂缝材料前，应先将槽内两侧凿毛的表面浮尘清除干净。采用水泥基修补材料填补裂缝，应先将裂缝及周边砌体表面润湿。采用有机材料不得湿润砌体表面，应先将槽内两侧面上涂刷一层树脂基液。充填封闭材料应采用搓压的方法填入裂缝中，并应修复平整。

填缝修补的方法分为水泥砂浆填缝和配筋水泥砂浆填缝两种。

（1）水泥砂浆填缝的修补工序为：先将裂缝清理干净，用勾缝刀、抹子、刮刀等工具，将 1∶3 的水泥砂浆或比砌筑砂浆强度高一级的水泥砂浆或掺有 107 胶的聚合水泥砂浆填入砖缝内。

（2）配筋水泥砂浆填缝的修补方法是：先按上述工序用水泥砂浆填缝，再将钢丝网嵌在裂缝两侧，然后在钢丝网上再抹水泥砂浆面层。

4.5.3.3　压浆法

压浆法即压力灌浆法，适用于处理裂缝宽度大于 0.5mm 且深度较深的裂缝。压浆的材料可采用无收缩水泥基灌浆料、环氧基灌浆料等。由于水泥浆液的强度远大于砌筑砖墙的砂浆强度，所以用灌浆修补的砌体承载力可以恢复，甚至有所提高。

水泥灌浆修补方法具有价格低、结合体的强度高和工艺简单等优点，在实际工程中得到较广泛的应用。

如唐山市某石油化工厂的碳化车间为砖结构厂房，每层设有圈梁。1976 年 7 月唐山地震后，砖墙开裂，西墙裂缝宽 1mm，北墙裂缝宽 2mm，其他部分有微裂缝。后采用灌水泥浆液的办法修补裂缝。修补后，经受了当年 11 月 6.9 级地震作用，震后检查，已补强的部分完好未裂，而未灌浆的墙面微裂缝却明显扩展。

再如，某宿舍楼为四层两单元建筑，砖墙厚 240mm，底层用 MU10 砖，M5 砂浆；二层以上用 MU10 砖，M2.5 砂浆。每层板下有钢筋混凝土圈梁。1976 年竣工后交付使用前发生了唐山地震。震后发现，底层承重墙几乎全部震坏，产生对角线斜裂缝，缝宽 3~4mm，楼梯间震害最严重。后采用水泥浆液灌缝修补。浆液结硬后，对砌体切孔检查，发现砌体内浆液饱满。修补后，又经受了 7 级地震，震后检查发现，灌浆补强处均未开裂。

A　浆液的制作

纯水泥浆液由水泥放入清水中搅拌而成，水灰比宜取为 0.7~1.0。纯水泥浆液容易沉淀，易造成施工机具堵塞，故常在纯水泥浆液中掺入适量的悬浮剂，以阻止水泥沉淀。悬浮剂一般采用聚乙烯醇或水玻璃或 107 胶。

当采用聚乙烯醇作悬浮剂时，应先将聚乙烯醇溶解于水中形成水溶液，聚乙烯醇与水的配比（按质量计）为：聚乙烯醇：水＝2：98。配制时，先将聚乙烯醇放入 98℃ 的热水中，然后在水浴上加热到 100℃，直至聚乙烯醇在水中溶解。最后按水泥：水溶液（质量比）＝1：0.7 的比例在聚乙烯醇水溶液中边掺入水泥边搅拌溶液，就可配制成混合浆液。

当采用水玻璃作悬浮剂时，只要将 2%（按水质量计）的水玻璃溶液倒入刚搅拌好的纯水泥浆中搅拌均匀即可。

B　灌浆设备

灌浆设备有：空气压缩机、压浆罐、输浆管道及灌浆嘴。压浆罐可以自制，罐顶应有带阀门的进浆口、进气口和压力表等装置；罐底应有带阀门的出浆口。空气压缩机的容量应大于 0.15m³。灌浆嘴可由金属或塑料制作。

灌浆装置示于图 4.23。它的工作原理是利用空气压缩机产生的压缩空气，迫使压浆罐内的浆液流入墙体的缝隙内。

C　灌浆工艺

灌浆法修补裂缝可按下述工艺进行：

（1）清理裂缝。清理裂缝时，应在砌体裂缝两侧不少于 100mm 范围内，将抹灰层剔除。若有油污也应清除干净；然后用钢丝刷、毛刷等工具，清除裂缝表面的灰土、浮渣及松软层等污物；用压缩空气清除缝隙中的颗粒和灰尘。

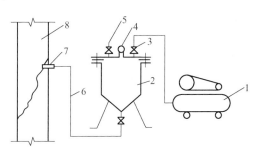

图 4.23　灌浆装置示意图
1—空压机；2—压浆罐；3—进气阀；4—压力表；
5—进浆口；6—输送管；7—灌浆嘴；8—砌体

（2）安装灌浆嘴。灌浆嘴安装应符合下列规定：当裂缝宽度在 2mm 以内时，灌浆嘴间距可取 200~250mm；当裂缝宽度在 2~5mm 时，可取 350mm；当裂缝宽度大于 5mm 时，可取 450mm，且应设在裂缝端部和裂缝较大处。应按标示位置钻深度 30~40mm 的孔眼，孔径宜略大于灌浆嘴的外径。钻好后应清除孔中的粉屑。灌浆嘴应在孔眼用水冲洗干净后进行固定。固定前先涂刷一道水泥浆，然后用环氧胶泥或环氧树脂砂浆将灌浆嘴固定，裂缝较细或墙厚超过 240mm 时，应在墙的两侧均安放灌浆嘴。

（3）封闭裂缝。封闭裂缝时，应在已清理干净的裂缝两侧，先用水浇湿砌体表面，再用纯水泥浆涂刷一道，然后用 M10 水泥砂浆封闭，封闭宽度约为 200mm。

（4）压力试漏。试漏应在水泥砂浆达到一定强度后进行，并采用涂抹皂液等方法压气试漏。对封闭不严的漏气处应进行修补。

（5）配浆。根据灌浆料产品说明书的规定及浆液的凝固时间，确定每次配浆数量。浆液稠度过大，或者出现初凝情况，应停止使用。

（6）压浆及封口处理。压浆应符合下列要求：压浆前应先灌水。空气压缩机的压力宜控制在 0.2~0.3MPa。将配好的浆液倒入储浆罐，打开喷枪阀门灌浆，直至邻近灌浆嘴（或排气嘴）溢浆为止。压浆顺序应自下而上，边灌边用塞子堵住已灌浆的嘴，灌浆完毕且已初凝后，即可拆除灌浆嘴，并用砂浆抹平孔眼。

压浆时应严格控制压力，防止损坏边角部位和小截面的砌体，必要时，应作临时性支护。

4.5.3.4 外加网片法

外加网片法适用于增强砌体抗裂性能，限制裂缝开展，修复风化、剥蚀砌体。外加网片所用的材料应包括钢筋网、钢丝网、复合纤维织物网等。当采用钢筋网时，其钢筋直径不宜大于4mm。当采用无纺布替代纤维复合材料修补裂缝时，仅允许用于非承重构件的静止细裂缝的封闭性修补上。网片覆盖面积除应按裂缝或风化、剥蚀部分的面积确定外，尚应考虑网片的锚固长度。网片短边尺寸不宜小于500mm。网片的层数：对钢筋和钢丝网片，宜为单层；对复合纤维材料，宜为1层~2层；设计时可根据实际情况确定。

4.5.3.5 置换法

置换法适用于砌体受力不大，砌体块材和砂浆强度不高的开裂部位，以及局部风化、剥蚀部位的加固（图4.24）。置换用的砌体块材可以是原砌体材料，也可以是其他材料，如配筋混凝土实心砌块等。置换砌体时应符合下列规定要求：把需要置换部分及周边砌体表面抹灰层剔除，然后沿着灰缝将被置换砌体凿掉。在凿打过程中，应避免扰动不置换部分的砌体。仔细把粘在砌体上的砂浆剔除干净，清除浮尘后充分润湿墙体。修复过程中应保证填补砌体材料与原有砌体可靠嵌固。砌体修补完成后，再做抹灰层。

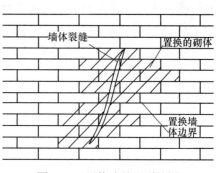

图4.24 置换法处理裂缝图

4.6 工 程 实 例

A 工程概况

北京长辛店一中教学楼建于20世纪60年代初期，至今已使用近逾50年。建筑由教学主楼和锅炉房组成，教学主楼与锅炉房间的伸缩缝宽度为30mm；东侧与1997年设计的实验楼相邻，伸缩缝宽度为110mm。经过资料调查，仅查到教学楼少量原设计建筑图。

教学主楼为四层纵横墙混合承重砖砌体结构，锅炉房为单层纵横墙混合承重砖砌体结构。教学主楼外墙厚度和内纵墙厚度为370mm（一层部分外纵墙厚度为490mm），内墙厚度为240mm；锅炉房外墙厚度为370mm。教学主楼的楼、屋盖及锅炉房的屋盖均采用预制圆孔板，基础为砖砌条形基础。建筑物外观见图4.25。

B 鉴定依据

（1）《建筑抗震鉴定标准》（GB 50023—2009）；

（2）《砌体工程现场检测技术标准》（GB/T 50315—2011）；

（3）《建筑结构检测技术标准》（GB/T 50344—2015）；

（4）《砌体结构设计规范》（GB 50003—2011）；

（5）《混凝土结构设计规范》（GB 50010—2015）；

图 4.25 建筑物外观

（6）《建筑结构荷载规范》（GB 50009—2012）；

（7）《建筑地基基础设计规范》（GB 50007—2011）；

（8）现场检测数据；

（9）相关的规程、规范、技术资料等。

C　现场检查、检测主要结果

a　结构体系及结构布置检测结果

由于仅查到少量原建筑设计图，经过现场测量和检测，教学楼原设计未设圈梁和构造柱。教学主楼有出屋面附墙烟囱，烟囱出屋面高度为4.5m；屋顶有出屋面水箱间，高度为2.8m；A-C轴间横墙被通气道削弱。

该建筑物的平面不规则，建筑物总长为68.04m，总宽为22.68m；教学主楼 A-F/1-12 区域一至四层层高均为4.1m，12-16/A-J 区域一层层高为3.7m，二、三层层高均为3.3m，四层层高为4.1m，教学主楼总高度为16.7m；锅炉房层高为5m。

教学主楼以大开间教室为主，抗震横墙间距大于4.2m的房间面积占该层总面积的比例大于80%，属于横墙很少的房屋；锅炉房横墙间距超过三个开间，同时按多层砌体房屋和单层空旷房屋的相关规定进行鉴定。

b　地基基础检查结果

长辛店一中教学楼经过逾50年的使用，现场检查未发现上部结构有不均匀沉降裂缝和倾斜。现场对 1/D-F 处基础进行开挖检查，未发现腐蚀、酥碱、松散和剥落现象，可判定地基基础无严重静载缺陷。

c　结构外观检测结果

通过整体外观检查，该建筑物未发现主体结构构件有明显变形、倾斜或歪扭现象，目前使用状况良好。现场对建筑物外观损伤和缺陷进行检查，发现存在以下问题：

（1）部分墙体存在风化、腐蚀现象；

（2）部分顶板漏水；

（3）锅炉房屋盖漏水、钢筋锈蚀。

d　结构材料强度抽测结果

砖砌体强度主要取决于砖和砂浆强度以及砌筑质量，是进行建筑物鉴定的主要技术指标之一。

(1) 砂浆强度检测结果。依据《砌体工程现场检测技术标准》GB/T 50315—2011 的有关规定，现场主要采用回弹法对砂浆强度进行抽测，并采用点荷法对砂浆强度进行校核。检测结果表明：各层砂浆均采用混合砂浆，经评定，一、二层砂浆强度等级为 M2.5，三层砂浆强度等级为 M1.5，四层砂浆强度等级为 M0.6，锅炉房砂浆强度等级为 M1.5。

(2) 砖强度检测结果。砖的强度采用回弹法进行抽测，经评定，各层砖强度等级不低于 MU7.5。

D 结构抗震鉴定结果

依据《建筑抗震鉴定标准》（GB 50023—2009），按抗震设防烈度为 8 度、抗震设防分类为乙类、后续使用年限为 30 年的 A 类建筑进行抗震鉴定。

依据《建筑抗震鉴定标准》（GB 50023—2009）的要求，多层砌体房屋，应按房屋高度和层数、结构体系的合理性、墙体材料的实际强度、房屋整体性连接构造的可靠性、局部易损易倒部位构件自身及其与主体结构连接构造的可靠性以及墙体抗震承载力的综合分析，对整幢房屋的抗震能力进行鉴定；锅炉房横墙间距超过三个开间，同时按多层砌体房屋和单层空旷房屋的相关规定进行鉴定。

A 类砌体房屋应进行综合抗震能力的两级鉴定：第一级鉴定应以宏观控制和构造鉴定为主，进行综合评价；第二级鉴定应以抗震承载力验算为主，结合构造影响进行综合评价。

a 第一级鉴定（抗震措施鉴定）

第一级鉴定主要为抗震措施鉴定，以宏观控制和构造鉴定为主，从结构整体及构造措施上对房屋的抗震性能进行综合评价。教学主楼的第一级鉴定结果见表 4.9，锅炉房的第一级鉴定结果见表 4.10。

表 4.9 教学主楼第一级鉴定结果

鉴定项目内容		鉴定标准值	实际值	鉴定结果
高度和层数	高度	横墙很少：≤13m	16.7m	不满足
	层数	横墙很少：不超过三层	四层	不满足
结构体系	最大抗震横墙间距	装配式楼（屋）盖：≤7m	12.1m	不满足
	高宽比	不宜大于 2.2	2.35	不满足
	房屋平立面和墙体布置的规则性	质量和刚度沿高度分布比较规则均匀，立面高度变化不超过一层，同一楼层标高相差不大于 500mm	墙体布置较均匀，各层墙体上下连续，立面高度无变化，同一楼层有错层，同一楼层标高最大相差 2.0m	不满足
		楼层的质心和计算刚心基本重合或接近	楼层的质心和计算刚心基本接近	满足
		跨度不小于 6m 的大梁不应由独立砖柱支承	无承重的独立砖柱	满足
	楼、屋盖	宜为现浇或装配整体式楼、屋盖	装配式楼、屋盖	不满足

鉴定项目内容		鉴定标准值	实际值	鉴定结果
承重墙体砖和砂浆强度	砖强度等级	不宜低于 MU7.5	不低于 MU7.5	满足
	砂浆强度等级	不宜低于 M1	一、二层砂浆强度等级为 M2.5，三层砂浆强度等级为 M1.5，四层砂浆强度等级为 M0.6	四层不满足
房屋的整体性连接构造	墙体布置和纵、横墙连接	墙体布置在平面内应闭合，纵横墙连接处应有可靠连接，不应被烟道、通风道等竖向孔道削弱	墙体布置在平面内闭合，纵横墙交接处咬槎砌筑，部分墙体被烟道、通风道等竖向孔道削弱	不满足
	构造柱设置	外墙四角，错层部位横墙与外纵墙交接处，较大洞口两侧，大房间内外墙交接处，隔开间横墙（轴线）与外墙交接处，山墙与内纵墙交接处，楼梯间、电梯间四角	无构造柱	不满足
	圈梁布置和配筋	楼、屋盖内、外墙均应有圈梁，且楼、屋盖内墙圈梁间距均不应大于 8m；屋盖处的圈梁应现浇；楼盖处圈梁可为钢筋砖圈梁，其高度不小于 4 皮砖，砂浆强度不低于 M2.5	无圈梁	不满足
	圈梁截面高度	不宜小于 120mm	—	—
易引起局部倒塌的部件及连接	装饰物	出入口或人流通道处的女儿墙、门脸等装饰物应有锚固	出入口处的女儿墙无锚固	不满足
	烟囱	出屋面小烟囱在出入口或人流通道处应有防倒塌措施	出屋面烟囱未在出入口或人流通道处，但无防倒塌措施	不满足
	承重的门窗间墙最小宽度	不宜小于 1.5m	0.96m	不满足
	承重外墙尽端至门窗洞边的最小距离	不宜小于 1.5m	0.84m	不满足
	支承跨度大于 5m 的大梁的内墙阳角至门窗洞边的距离	不宜小于 1.5m	墙阳角处支承大梁的跨度小于 5m	满足
	非承重外墙尽端至门窗洞边的最小距离	不宜小于 1.0m	0.94m	不满足

续表4.9

鉴定项目内容		鉴定标准值	实际值	鉴定结果
易引起局部倒塌的部件及连接	楼梯间及门厅跨度不小于6m的大梁,在砖墙转角处支承长度	不宜小于490mm	楼梯间及门厅无跨度不小于6m的大梁	满足
	出屋面的楼梯间、电梯间、水箱间	墙体砂浆强度不宜低于M2.5;门窗洞口不便过大;预制楼盖、屋盖与墙体应有连接	出屋面的水箱间砂浆强度为0.5MPa,出屋面烟囱砂浆强度为1.2MPa	不满足
	无拉结的女儿墙或门脸等装饰物出屋面的高度	非刚性结构不应大于0.5m;刚性结构不应大于0.9m(当砂浆强度不低于M2.5且厚度为240mm时)	女儿墙高度为0.6m,砂浆强度小于2.5MPa	不满足
	隔墙	与两侧墙体或柱应有拉结筋,长度大于5.1m或高度大于3m时,墙顶应与梁板有连接	隔墙与两侧墙体、墙顶与板没有拉结,且高厚比不满足规范要求	不满足
横墙间距和房屋宽度		根据实际砂浆强度、房屋层数、墙体厚度和结构体系,横墙间距和房屋宽度不满足鉴定标准的限值要求		

表4.10　锅炉房第一级鉴定

鉴定项目		鉴定标准值	实际值	鉴定结果
高度和层数	高度	≤13m	5.0m	满足
	层数	不超过四层	一层	满足
结构体系	最大抗震横墙间距	≤7m	9.9m	不满足
	高宽比	不宜大于2.2	0.47	满足
	房屋平立面和墙体布置的规则性	质量和刚度沿高度分布比较规则均匀,立面高度变化不超过一层,同一楼层标高相差不大于500mm	墙体布置较均匀,立面高度无变化,同一楼层无错层	满足
		楼层的质心和计算刚心基本重合或接近	楼层的质心和计算刚心基本接近	满足
		跨度不小于6m的大梁不应由独立砖柱支承	无独立砖柱承重	满足
	楼、屋盖	宜为现浇或装配整体式楼、屋盖	装配式楼、屋盖	不满足
	支撑屋盖的承重结构	宜为钢筋混凝土结构	砖墙	不满足

续表 4.10

鉴 定 项 目		鉴定标准值	实 际 值	鉴定结果
承重墙体砖和砂浆强度	砖强度等级	不宜低于 MU7.5	不低于 MU7.5	满足
	砂浆强度等级	不宜低于 M1	1.5MPa	满足
房屋的整体性连接构造	墙体布置和纵、横墙连接	墙体布置在平面内应闭合，纵横墙连接处应有可靠连接，不应被烟道、通风道等竖向孔道削弱	后砌墙体与原有墙体未连接可靠	不满足
	构造柱设置	外墙四角，错层部位横墙与外纵墙交接处，较大洞口两侧，大房间内外墙交接处	无构造柱	不满足
房屋的整体性连接构造	圈梁布置和配筋	屋盖内、外墙均应有圈梁，内墙圈梁间距均不应大于 8m；配筋量不小于 4ϕ12	无圈梁	不满足
	圈梁截面高度	不宜小于 120mm	—	—
易引起局部倒塌的部件及连接	承重的门窗间墙最小宽度	不宜小于 1.5m	1.25m	不满足
	承重外墙尽端至门窗洞边的最小距离	不宜小于 1.5m	1.59m	满足
	非承重外墙尽端至门窗洞边的最小距离	不宜小于 1.0m	无非承重外墙	满足
	出屋面的建（构）筑物墙体砂浆强度	不宜低于 M2.5	无出屋面的楼梯间、电梯间、水箱间	满足
	出屋面女儿墙的高度	不应大于 0.5m（当砂浆强度不低于 M2.5 且厚度为 240mm 时）	无出屋面女儿墙	满足
横墙间距和房屋宽度		根据实际砂浆强度、房屋层数、墙体厚度和结构体系，横墙间距和房屋宽度不满足鉴定标准的限值要求		

由上述分析可以看出，教学主楼的房屋层数和高度、结构体系、材料强度、房屋的整体性连接构造、易引起局部倒塌的部件及连接均不满足鉴定标准的要求，需要进行全面抗震加固处理。由于其房屋层数和高度超过限值要求，可采用减少房屋层数，或改变用途按丙类设防使用，或改变结构体系等抗震对策；锅炉房的结构体系、房屋的整体性连接构造、易引起局部倒塌的部件及连接不满足鉴定标准的要求，需要进行抗震加固或更新。由于教学主楼和锅炉房为非刚性房屋，且抗震横墙间距离和房屋宽度不满足鉴定标准的限值要求，因而需进行第二级鉴定。

b 第二级鉴定（抗震承载力验算）

第二级鉴定为房屋结构的综合抗震能力鉴定，以抗震承载力验算为主，结合构造影响进行综合评价。

（1）主要计算参数。该建筑物场地类别按Ⅱ类考虑，抗震设防烈度为 8 度，设计基本地震加速度值为 0.2g，设计地震分组为第一组。抗震设防分类为乙类建筑。

（2）楼（屋）面荷载取值。楼（屋）面活荷载取 2.0kN/m²，走廊、楼梯间活荷载取 2.5kN/m²。

（3）材料强度取值。根据现场检测结果，砖的强度等级按照 MU7.5 取值，教学主楼一、二层砂浆强度取 2.5MPa，三层砂浆强度取 1.5MPa，四层砂浆强度取 0.6MPa，锅炉房砂浆强度取 1.5MPa。

（4）主要计算结果。依据《建筑抗震鉴定标准》（GB 50023—2009），对长辛店一中教学楼进行抗震承载力验算，教学主楼和锅炉房的楼层综合抗震能力指数见表4.11。

表 4.11 楼层综合抗震能力指数计算结果

建筑物	楼层	楼层综合抗震能力指数	
		纵向	横向
教学主楼	一层	0.85	0.56
	二层	0.74	0.49
	三层	0.70	0.45
	四层	0.72	0.47

计算结果表明：教学主楼一至四层的楼层综合抗震能力指数均小于 1.0，每层均有综合抗震能力指数小于 1.0 的墙段，综合抗震能力不满足我国现行抗震鉴定标准要求，需要进行全面抗震加固处理。锅炉房横墙间距超过三个开间，需同时按多层砌体房屋和单层空旷房屋进行抗震验算。经验算，锅炉房纵、横向墙段综合抗震能力指数均小于 1.0，综合抗震能力不满足我国现行抗震鉴定标准要求，需要进行全面抗震加固处理或更新。

E 鉴定结论及处理意见

a 鉴定结论

依据《建筑抗震鉴定标准》（GB 50023—2009），按抗震设防烈度为 8 度、抗震设防分类为乙类、后续使用年限为 30 年 A 类建筑，对长辛店一中教学楼进行现场检查、检测和抗震鉴定分析，得出抗震鉴定结论如下：

（1）通过整体外观检查，未发现该建筑物主体结构构件有明显变形、倾斜或歪扭现象，无严重静载缺陷。

（2）教学主楼的房屋层数和高度、结构体系、材料强度、房屋的整体性连接构造、易引起局部倒塌的部件及连接等抗震措施不满足《建筑抗震鉴定标准》（GB 50023—2009）要求；锅炉房的结构体系、房屋的整体性连接构造、易引起局部倒塌的部件及连接等抗震措施不满足《建筑抗震鉴定标准》（GB 50023—2009）要求。

（3）长辛店一中教学楼（包括教学主楼和锅炉房）结构的综合抗震能力不满足《建筑抗震鉴定标准》（GB 50023—2009）要求，应采取相应抗震加固措施，提高其综合抗震能力。

（4）长辛店一中教学楼（包括教学主楼和锅炉房）的房屋整体抗震性能不满足鉴定标准要求，应采取相应措施进行全面抗震加固处理，提高房屋的整体抗震性能。

b　处理意见

由于长辛店一中教学楼的房屋整体抗震性能不能满足《建筑抗震鉴定标准》（GB 50023—2009）要求，因此应对该建筑物进行抗震加固处理。抗震加固应着重提高结构的整体抗震性能，同时兼顾局部易损易倒的薄弱部位。综合以上考虑，提出该建筑物加固处理意见如下：

（1）对教学主楼的房屋高度和层数超过限值规定的情况，采用减少房屋层数，或改变用途按丙类设防使用，或改变结构体系等抗震对策，并进行全面抗震加固处理；

（2）对锅炉房进行全面抗震加固或拆除更新；

（3）采取措施对该楼纵、横墙进行加固处理，提高墙体的抗震承载力（见图4.26）。

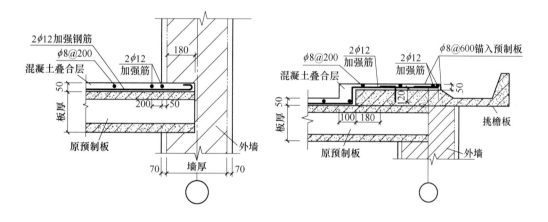

图4.26　墙体加固图

（4）采取增加叠合层、圈梁、构造柱等措施提高建筑物的整体抗震性能；

（5）将突出屋面的附墙烟囱和水箱间拆除；

（6）将隔墙改为轻质隔墙或拆除；

（7）对出屋面女儿墙拆除重砌或进行加固；

（8）采取措施对房屋的耐久性损伤部位进行处理，保证楼房的正常使用和耐久性。

习题与思考题

4-1 试论述砌体结构的损坏机理及裂缝形成的原因。

4-2 砌体结构检测的程序有哪些?

4-3 砌体结构的检测有哪些方法,如何选用?

4-4 如何用原位轴压法检测已有砌体的抗压强度?

4-5 如何用扁顶法检测已有砌体的抗压强度?

4-6 如何用原位单剪法检测已有砌体的抗压强度?

4-7 如何用原位单砖双剪法检测已有砌体的抗压强度?

4-8 如何用推出法推定 240mm 厚砖墙的砂浆强度?

4-9 如何用筒压法推定砌体中的砌筑砂浆的强度?

4-10 根据引起砌体结构开裂的原因,砌体结构的裂缝可分为哪三种类型,各类型的裂缝有何特点?

4-11 砌体结构的裂缝应如何处理?

4-12 砖砌体的裂缝如何修复?

5 钢结构检测鉴定与加固

学习要点

（1）了解钢结构加固的原因、方法及其选择的原则

（2）掌握增加截面加固方法的构造要求

（3）掌握增加截面加固方法的计算

（4）熟悉连接的加固

标准规范

（1）《钢结构检测评定加固技术规程》（YB 9257—1996）

（2）《建筑钢结构焊接技术规程》（GB 50661—2011）

（3）《钢结构工程施工质量验收规范》（GB 50205）

（4）《钢结构加固技术规范》（CECS77：96）

（5）《工业建筑可靠性鉴定标准》（GB 50144—2008）

（6）《民用建筑可靠性鉴定标准》（GB 50292—2015）

5.1 概　　述

在 20 世纪 70 年代以前，我国钢结构从设计、制造、安装和使用管理等方面的技术水平都是比较落后的。主要是钢材规格不全，常用的沸腾钢偏析严重，大部分钢结构都是采用手工或部分自动焊接建造起来的；加上管理经验不足，质量检验与质量控制手段不高，因而存在的质量问题还是比较突出的。

几何尺寸的偏差、构件的非直线变形、外形失真、构件横截面形状失控、结构焊接或铆接质量低劣、底漆和涂料质量不好等，是制造阶段的主要缺陷。结构定位的偏差，运输和安装时由于机械作用引起构件扭曲和局部弯曲、连接节点处装配不精确，安装质量不良，以及漏装、漏焊、螺栓漏连、铆钉漏铆等，是安装阶段的主要缺陷。

使用过程中，实际产生的"作用"与原设计条件和环境不符，使用中严重超载或产生附加作用，结构材料的腐蚀以及因腐蚀而造成构件截面面积减小和引发强度破坏、失稳破坏和连接破坏等，属于使用中的主要缺陷。

在周期荷载作用下，金属内部结构材质的变化和疲劳现象，连接处焊缝开裂、螺栓或铆钉松动等，既属于材质缺陷，也属于设计缺陷。总之，不同缺陷的存在和不同缺陷的相互影响，将使结构的整体或局部受到损坏。

5.2　钢结构损伤检测

钢结构引起损伤的原因，可以归纳为以下三个方面：

（1）力作用引起的损伤或破坏，如断裂、裂缝、失稳弯曲和局部挠曲、连接破坏、磨损等。

（2）温度作用引起的损伤和破坏，如高温作用引起的构件翘曲、变形，负温作用引起的脆性破坏等。

（3）化学作用引起的损伤和破坏，如金属腐蚀以及防护层的损伤和破坏等。

5.2.1　力作用引起的损伤和破坏

力作用引起的损伤和破坏的原因是多种多样的，经统计调查分析，主要有如下 6 个方面：

（1）结构实际工作条件与设计依据条件不符，主要是荷载确定不准或严重超载，导致内力分析、截面选择、构造处理和节点设计错误。

（2）整体结构、结构构件或节点，实际作用的计算图形，不可避免地做了简化和理想化，而对结构实际作用的条件和特征又研究得不够，从而造成实际工作应力状态与理论分析应力状态的差异，致使设计计算控制出现较大差异。

（3）母材和焊接连接中，熔融金属中有导致应力集中并加速疲劳缺陷或疲劳破坏的因素，从而降低了结构材料强度的特征值，设计中忽略了这一特征。

（4）制造、安装时，构件截面、焊接尺寸、螺栓和铆钉数目及排列等产生偏差，超过设计规定，严重不符合设计要求。

（5）安装和使用过程中，造成结构构件的相对位置变化，如檩条移位，使用中构件截面意外变形，或者在杆件上随意加焊和切割，吊车轨道接头的偏心和落差等等，导致结构损伤，而设计中又没有考虑这种附加荷载作用和动力作用的影响。

（6）使用中，结构使用荷载超载；或者违反使用规定。如管线安装时，任意在结构上焊接、悬挂。对构件冲孔、切槽，或者去掉某些构件等，从而造成结构的损伤和破坏。

钢结构因力作用产生的损伤和破坏，与结构方案、节点连接和构造设计及处理有直接关系。如单层工业厂房排架结构，计算简图中，屋架与柱的连接为铰接，安装施工中将屋架与柱的连接刚度加大，将导致柱支座处产生附加弯矩，由拉力变为压力。因设计时没有考虑这一作用，将使屋架端节间下弦压曲失稳，有时还可能使柱子上端弯曲。又如工字形主梁在腹板处用双垫板支承两侧的两个简支梁的腹板支座，用以支承次梁，产生部分嵌固作用，但由此产生附加力的作用可导致螺栓破坏或梁的腹板出现裂缝。这种力的重分配产生的附加应力，在设计中是没有考虑的。

应力集中作用，焊接应力的影响，连接焊接区金属组织的变化及其他各种因素使结构实际工作状态复杂化，故这些结构的工作应力强度计算控制，特别是结构的疲劳强度的现有计算方法总是不能控制和防止疲劳裂缝的出现。一般讲，疲劳破坏是以母材、焊缝、焊缝附近金属区域产生裂缝，或螺栓及铆钉连接处破坏的形式出现的。这些都与结构设计、结构连接和构造方案有关。再有就是违反建筑物和构筑物技术维护和使用规定所造成的损伤和破坏等。

5.2.2 温度作用引起的损伤和破坏

安装在热源附近的结构构件，会因温度作用受到损伤，严重时将会引起破坏。钢结构构件受到150℃以上的温度作用，或受骤冷冲击时，为保证使用要求的可靠性，应采用取样试验模拟环境条件来确定结构材料的物理性能指标。因为这时结构材料的强度会降低，物理性能会发生变化。

在常规设计中规定，当物件表面温度超过150℃时，在结构防护工艺处理中就要采用隔热措施。当构件表面温度不低于200℃时，就要按实际材料确定的物理性能进行设计，同时还要采取相应的隔热措施。从表5.1中可以看出钢结构构件受高温影响钢材力学性能的变化情况。

表 5.1 Q235 钢在高温状态下容许应力降低值

温度/℃	20	150	200	250	300	350	400	450	500
容许能力/%	100	100	85.8	81	76.2	62	52.4	33.0	0

一般钢结构构件表面温度达到200~250℃时，油漆涂层破坏；达到300~400℃时，构件会因温度作用，发生扭曲变形；超过400℃时，钢材的强度特征和结构的承载能力急剧下降。

在构件温度变化大时，会出现相当大的温度膨胀变形而形成的温度位移，将使结构实际位置与设计位置出现偏差。当有阻碍自由变形的约束作用，如支撑、嵌固等作用时，由此在结构构件内产生有周期特征的附加应力。在一定条件下，这些应力的作用会导致构件的扭曲或出现裂缝。

在负温作用下，特别是有严重应力集中现象的钢结构构件中，可产生冷脆裂缝。而且实际工程事故证明，这种冷脆裂缝可以在工作应力不变的条件下发生和发展，导致破坏。值得注意的是，钢结构的脆性断裂常发生在应力集中处；而钢材在冶炼和轧制过程中存在的缺陷，特别是构件上存在的缺口和裂纹，常是引发脆性断裂的主要发源地。

5.2.3 化学作用引起的损伤和破坏

钢结构及其他金属结构在使用过程中经受环境的作用，而能保持其使用性能的能力，称为耐久性。所以，讨论耐久性时，应以腐蚀机理及其防护方法为重点。钢结构及其金属构件的腐蚀，将使建筑物或构筑物的使用期限缩短，并也因此导致其功能失效而引起工程事故。

金属的腐蚀主要是由于电化学作用的结果，在某些条件下，化学以及机械、微生物等因素也能促进腐蚀的发生和发展。

5.2.3.1 电化学腐蚀

在电化学反应中，电介质液中的阴极处于较低电位，发生氧化反应。金属离子进入电介质液中，产生腐蚀。电子则由导线或导体流向阴极，阳极处于较高电位，发生还原反应。以铁为例，其阳极反应为：

$$Fe \longrightarrow Fe^{2+} + 2e \qquad (5.1)$$

阴极反应为：

$$\frac{1}{2}O_2 + H_2O + 2e \longrightarrow 2(OH)^- \tag{5.2}$$

综合反应为:

$$Fe + \frac{1}{2}O_2 + H_2O \longrightarrow Fe(OH)_2 \downarrow \tag{5.3}$$

$Fe(OH)_2$ 继续与 O_2 反应,将生成 $4Fe(OH)_3$。脱水后便生成 Fe_2O_3,这一反应的产物即为铁锈。金属的电位是决定金属的本性和所处介质的状况的。因此,不同的金属在相同的介质中具有不同的电位,而同一金属,由于各部分的化学成分、所处的工作应力大小和状态等的差异,也会具有不同电位。就是同一金属,由于各部分所接触的介质的组成和浓度的差异,也会使各部分的金属具有不同电位。所以,钢结构及其金属的腐蚀,在宏观和微观范围内,普遍存在电化学的腐蚀反应。

5.2.3.2 建筑用金属腐蚀的主要形态

建筑用金属腐蚀的主要形态有如下 5 种:

(1)均匀腐蚀:金属表面的腐蚀使断面均匀变薄。常用年平均的厚度减损值作为腐蚀性能的指标。钢材在大气中,一般呈均匀腐蚀。

(2)孔蚀:金属腐蚀呈点状并形成深坑。孔蚀的产生与金属的本性及其所处介质的状况有关。金属在含有氯盐的介质中容易发生孔蚀。孔蚀常用最大孔深作为评价指标。在管道工程中的金属管道,应充分考虑孔蚀的产生和防护问题。

(3)电偶腐蚀:不同金属的接触处,因所具有的不同电位而产生的腐蚀。

(4)缝隙腐蚀:金属表面在缝隙或其他隐蔽区域,常发生由于不同部位间介质的组成和浓度的差异所引起的局部腐蚀。

(5)应力腐蚀:在腐蚀介质和较高拉应力共同作用或交变应力作用下,金属表面产生腐蚀并向内扩展成微裂缝。

5.2.3.3 建筑用金属在不同环境中的腐蚀

建筑工程中,金属结构的应用已愈来愈广泛,如钢结构厂房,海洋结构工程中的石油钻井平台,电视塔、输变电塔及各种管道等。由于所处环境不同、工作条件不同而有着不同的腐蚀和防护特点。

钢和铸铁制作的结构或构件,大多数是在大气环境中使用,水汽和雨水会在金属表面形成液膜,同时溶解 O_2 和 CO_2 而成为电解质液,导致电化学腐蚀。工业大气中含有各种气体,特别是 SO_2 的浓度含量较高,还有微粒等,都会加剧电化学腐蚀的作用。在近海地区,海盐微粒可在金属表面形成氯盐液膜,这种液膜也有很强的腐蚀作用。

混凝土结构的高碱度环境有助于强化钢筋的抗腐蚀能力,此时混凝土的 pH 值不小于11.5。如果混凝土存在高渗透性、裂缝、保护层过薄等缺陷,则 CO_2 的侵入可使钢筋周围介质的碱度降低,当 pH 值降至 10 以下时,则混凝土的保护作用将失效。

当混凝土中渗有氯盐时,如近海地区用海砂、海水拌制混凝土,或冬期施工中为防止冰冻作用,降低冻点温度,掺加氯盐等,会使氯离子增多,即使在高碱度的介质中,也能导致钢筋的腐蚀。

铝合金是优良的建筑用材。铝在初期受到腐蚀时,会形成致密而牢固附着的膜层,从而能有效地阻止腐蚀的发展。

钢结构的缺陷和损坏对于不同的结构构件又有不同的具体特征，并且引起的原因也不完全相同。下面对钢结构常用的几个重要构件进行分析。

A 屋架结构

屋架结构按屋盖自重及活荷载计算，其计算简图较精确，理论值和实测内力值较接近。但由于采用了薄壁柔性杠杆，断面外形复杂，致使节点有较高的应力集中，从而使屋架结构对荷载变化或局部超载，温度和腐蚀作用很敏感。因此，屋盖结构是工业厂房中最易受损伤和破坏的构件之一，主要表现在压杆失稳和节点板裂缝或破坏。

制造和安装的缺陷往往使屋架的可靠性和耐久性降低。屋架杆件除弯曲、焊接缺陷（如焊缝不足、咬边、焊口不良等）、节点偏心、檩条错位等均会产生附加内力，使节点板工作条件恶化，形成过大的应力集中，造成板件脆裂。

莫斯科建工学院调查了20个冶金厂房的66个车间，923榀屋架，发现770榀有损坏，其损坏的百分率如下：

构件弯曲：81.8%；局部扭曲：7.7%；屋架垂直偏差：4.2%；螺栓连接破坏：5.8%；节点板弯曲：0.3%；节点板开裂：0.2%。

B 柱子

工业厂房柱子比其他构件处于较有利的工作条件。根据《建筑结构荷载规范》（GB 50009—2012）规定，柱子一般是按多种荷载最不利组合作用进行设计计算，特别是有吊车时，柱子的计算内力较大，其选择的截面也较大，故正常使用条件下柱子的内力小于计算值，因为多种荷载同时作用的概率是很小的。这样，柱子在工作应力不大、截面有较大的安全储备以及较好的力学性能和较高的防腐性能条件下，在静力和动力荷载作用下，造成静力或疲劳破坏的概率一般极小。

通过调查，柱子典型损坏表现在如下5个方面：

（1）重级工作制吊车的厂房，在柱子与吊车梁和制动梁的连接处，由于采用刚性连接，故在循环应力作用下，极易形成疲劳裂缝，造成疲劳破坏。

（2）由于生产工艺上违反操作规程，常引起运输货物时磁盘及吊斗的撞击，致使柱肢受扭曲和局部损伤，特别是柔性腹杆更易损坏。此外，还有工艺管线安装中对柱子所造成的损害等。

（3）柱子在刚架平面内或平面外，由于设计和施工安装等原因所造成的偏差，虽不会因降低结构承载力造成危险，但可导致维护构件的损坏和相邻连接节点的破坏。吊车轨道偏离则可导致厂房难以正常使用等。

（4）由于地基原因，沿厂房长度或宽度有不均匀沉降而带来结构附加内力，也会造成厂房难以正常使用。

（5）由于长期性潮湿或腐蚀介质作用等，常使柱基和连接遭受腐蚀损坏。

C 吊车梁

吊车梁结构包括吊车梁、制动梁或制动桁架以及它们与柱子间的连接节点。

吊车梁结构工作条件复杂，根据使用经验和现场调查指出：吊车梁结构工作3~4年后即出现第一批损坏。主要表现为吊车梁和制动梁与柱子连接节点受到损坏；吊车梁上翼缘焊缝以及附近腹板出现疲劳裂纹；铆接吊车梁上翼缘铆钉产生松动和角钢呈现裂纹。

吊车梁结构损坏程度又根据其工作制的轻重级而不同。重级和特重级工作制吊车梁结构破坏最突出，尤其是带有硬钩的吊车；中级和轻级工作制吊车梁结构损坏一般较轻微。

吊车梁结构损坏的主要原因有：

（1）由于吊车轮压是移动集中荷载，具有动力特征，因此动荷载作用十分复杂；

（2）由于钢结构在复杂的动荷作用下，长期处于不稳定的重复和变化状态下工作，易于引起钢材疲劳；

（3）吊车梁与柱子连接节点实际工作与采用的计算图式不适应；

（4）荷载偏心、吊车轮压不均匀、轨道与翼缘表面接触不良、焊接缺陷以及制造和安装不完善等，均会加速吊车梁结构工作状态的恶化，并且梁端是最易受损部位。

D　其他结构构件

除了主要承重结构外，还有与用途和工艺过程有关的其他结构，如工作平台悬挂式运输轨道、维护结构及其他辅助构件等。

冶金厂的电炉、转炉等炼钢车间的工作平台，其钢结构的损坏积累很快。由于工作平台直接承受移动荷载动力作用和高温作用，因此其损坏主要是疲劳损坏，突出表现为梁上翼缘与腹板的焊缝产生纵向开裂；梁的支座截面由于部分约束，加上连接上的缺陷，腹板也会产生裂缝；支座连接螺栓松动等。但应指出，由于使用密铺工作平台板水平刚度大，故工作平台主梁疲劳破坏远比吊车梁缓慢。

此外，其他结构的损坏主要是违反技术使用规定，造成超载、撞击、污染等。厂房辅助结构构件（如平台、楼梯、围护板、门等）的主要破坏形式是机械破坏、机械磨损和腐蚀损坏等。

5.3　钢结构构件的鉴定评级

5.3.1　工业建筑构件鉴定评级

单个构件的鉴定评级，应对其安全性等级和使用性等级进行评定。需要评定其可靠性等级时，应根据安全性等级和使用性等级评定结果，按下列原则确定：当构件的使用性等级为 c 级，安全性等级不低于 b 级时，宜定为 c 级；其他情况，应按安全性等级确定。位于生产流程关键性部位的构件，可按安全性等级和使用性等级中的较低等级确定或调整。当构件不具备分析验算条件，且结构载荷试验对结构性能的影响能控制在可接受的范围时，构件的安全性等级和使用性等级可通过载荷试验，根据试验目的和检验结果、构件的实际状况和使用条件，按国家现行有关检测技术标准的规定评定。

5.3.1.1　钢构件的安全性等级

钢构件的安全性等级应按承载能力（包括构造和连接）项目评定，并取其中最低等级作为构件的安全性等级。钢构件的安全性等级通过承载能力项目（构件的抵抗力 R 与作用效应 $\gamma_0 S$ 的比值 $R/\gamma_0 S$）按表 5.2 评定等级。承重构件的钢材应符合建造当时钢结构设计规范和相应产品标准的要求，如果构件的使用条件发生根本的改变，还应该符合国家现行标准规范的要求，否则，应在确定承载能力和评级时考虑其不利影响。在确定构件抗力时，应考虑实际的材料性能和结构构造，以及缺陷损伤、腐蚀、过大变形和偏差的影响。

表 5.2 构件承载能力评定等级

构件种类	$R/\gamma_0 S$			
	a	b	c	d
重要构件、连接	≥1.00	<1.00，≥0.95	<0.95，≥0.90	<0.90
次要构件	≥1.00	<1.00，≥0.92	<0.92，≥0.87	<0.87

注：1. 当结构构造和施工质量满足国家现行规范要求，或虽不满足要求但在确定抗力和荷载效作用应已考虑了这种不利因素时，可按表中规定评级；否则，不应按表中数值评级，可根据经验按照对承载力的影响程度，评为 b 级、c 级或 d 级。

2. 构件有裂缝、断裂、存在不适于继续承载的变形时，应评为 c 级或 d 级。

3. 吊车梁受拉区或吊车桁架受拉杆及其节点板有裂缝时，应评为 d 级。

4. 构件存在严重、较大面积的均匀腐蚀并使截面有明显削弱或对材料力学性能有不利影响时，可按《工业建筑可靠性鉴定标准》（GB 50144—2008）附录 D 的方法进行检测验算，并按表中规定评定其承载能力项目的等级。

5. 吊车梁的疲劳性能应根据疲劳强度验算结果、已使用年限和吊车梁系统的损伤程度进行评级，不受表中数值的限制。

钢桁架中有整体弯曲缺陷但无明显局部缺陷的双角钢受压腹杆，其整体弯曲不超过表 5.3 中的限值时，其承载能力可评为 a 级或 b 级；若整体弯曲严重已超过表中限值时，可根据实际情况和对其承载力影响的严重程度，评为 c 级或 d 级。

表 5.3 双角钢受压腹杆的双向弯曲缺陷的容许限值

所受轴压力设计值与无缺陷时的抗压承载力之比	双向弯曲的限值						
	方向	弯曲矢高与杆件长度之比					
1.0	平面外	1/400	1/500	1/700	1/800	—	—	—
	平面内	0	1/1000	1/900	1/800	—	—	—
0.9	平面外	1/250	1/300	1/400	1/500	1/600	1/700	1/800
	平面内	0	1/1000	1/750	1/650	1/600	1/550	1/500
0.8	平面外	1/150	1/200	1/250	1/300	1/400	1/500	1/800
	平面内	0	1/1000	1/600	1/550	1/450	1/400	1/350
0.7	平面外	1/100	1/150	1/200	1/250	1/300	1/400	1/800
	平面内	0	1/750	1/450	1/350	1/300	1/250	1/250
0.6	平面外	1/100	1/150	1/200	1/300	1/500	1/700	1/800
	平面内	0	1/300	1/250	1/200	1/180	1/170	1/170

当构件的状态和条件符合下列规定时，可直接评定其安全性等级：已确定构件处于危险状态时，构件的安全性等级应评定为 d 级；经详细未发现有明显的变形、缺陷、损伤、腐蚀，无疲劳或其他累积损伤。构件受力明确、构造合理，在传力方面不存在影响其承载性能的缺陷，无脆性破坏倾向。经过长期的使用，构件对曾出现的最不利作用和环境影响仍具有良好的性能。在目标使用年限内，构件上的作用和环境条件与过去相比不会发生变化。构件在目标使用年限内仍具有足够的耐久性能时，构件的安全性等级可根据实际情况

评定为 a 级或 b 级。

5.3.1.2　构件的使用性等级评定

构件的使用性等级应通过裂缝、变形、缺陷和损伤、腐蚀等项目对构件正常使用的影响分析评定。钢构件的使用性等级应按变形、偏差、一般构造和腐蚀等项目进行评定，并取其中最低等级作为构件的使用性等级。

（1）钢构件的变形，是指荷载作用下梁板等受弯构件的挠度，应按下列规定评定构件变形项目的等级：

a 级：满足国家现行相关设计规范和设计要求；

b 级：超过 a 级要求，尚不明显影响正常使用；

c 级：超过 a 级要求，对正常使用有明显影响。

（2）钢构件的偏差，包括施工过程中存在的偏差和使用过程中出现的永久性变形，应按下列规定评定构件偏差项目的等级：

a 级：满足国家现行相关施工验收规范和产品标准的要求；

b 级：超过 a 级要求，尚不明显影响正常使用；

c 级：超过 a 级要求，对正常使用有明显影响。

（3）钢构件的腐蚀和防腐项目，应按下列规定评定等级：

a 级：没有腐蚀且防腐措施完备；

b 级：已出现腐蚀但截面还没有明显削弱，或防腐措施不完备；

c 级：已出现较大面积腐蚀并且截面有明显削弱，或防腐措施已破坏失效。

（4）与构件正常使用性有关的一般构造要求，满足设计规范要求时应评为 a 级，否则应评为 b 或 c 级。

当构件的状态和条件符合下列规定时，可直接评定其使用性等级：经详细检查未发现构件有明显的变形、缺陷、损伤、腐蚀，也没有累积损伤；经过长时间使用，构件状态仍然良好或基本良好，能够满足目标使用年限内的正常使用要求；在目标使用年限内，构件上的作用和环境条件与过去相比不会发生变化；构件在目标使用年限内可保证有足够的耐久性能时，构件的使用性等级可根据实际使用状况评定为 a 级或 b 级。

当构件的变形过大、裂缝过宽、腐蚀以及缺陷和损伤严重时，除应对使用性等级评为 c 级外，尚应结合工程实际经验、严重程度以及承载能力验算结果等综合分析对其安全性评级的影响。

5.3.2　民用建筑构件鉴定评级

钢结构构件的安全性鉴定，应按承载能力、构造以及不适于承载的位移（或变形）等三个检查项目，分别评定每一受检构件等级；钢结构节点、连接域的安全性鉴定，应按承载能力和构造两个检查项目，分别评定每一节点、连接域等级；对冷弯薄壁型钢结构、轻钢结构、钢桩以及地处有腐蚀性介质的工业区，或高湿、临海地区的钢结构，尚应以不适于承载的锈蚀作为检查项目评定其等级，然后取其中最低一级作为该构件的安全性等级。

当钢结构构件的安全性按承载能力评定时，应按表 5.4 的规定，分别评定每一验算项目的等级，然后取其中最低一级作为该构件承载能力的安全性等级。当钢结构构件的安全性按构造评定时，应按表 5.5 的规定评级。当钢结构构件的安全性按不适于承载的位移或变形评定时，对桁架（屋架、托架）的挠度，当其实测值大于桁架计算跨度的 1/400 时，应验算其承载能力。验算时，应考虑由于位移产生的附加应力的影响。若验算结果不低于 b_u 级，仍定为 b_u 级，但宜附加观察使用一段时间的限制；若验算结果低于 b_u 级，应根据其实际严重程度定为 c_u 级或 d_u 级。对桁架顶点的侧向位移，当其实测值大于桁架高度的 1/200 且有可能发展时，应定为 c_u 级或 d_u 级。对其他受弯构件的挠度，或偏差造成的侧向弯曲，应按表 5.6 的规定评级。

表 5.4　钢结构构件承载能力等级的评定

构件类别	$R/(\gamma_0 S)$			
	a_u 级	b_u 级	c_u 级	d_u 级
主要构件及节点、连接域	≥1.0	≥0.95	≥0.90	<0.90
一般构件	≥1.0	≥0.90	≥0.85	<0.85

表 5.5　钢结构构件构造等级的评定

检查项目	a_u 级或 b_u 级	c_u 级或 d_u 级
构件构造	构件组成形式、长细比（或高跨比）、宽厚比（或高厚比）等符合或基本符合国家现行设计规范要求；无缺陷，或仅有局部表面缺陷；工作无异常	构件组成形式、长细比或高跨比、宽厚比或高厚比等不符合国家现行设计规范要求；存在明显缺陷，已影响或显著影响正常工作
节点、连接构造	节点、连接方式正确，符合或基本符合国家现行设计规范要求；无缺陷或仅有局部的表面缺陷，如焊缝表面质量稍差、焊缝尺寸稍有不足、连接板位置稍有偏差等；但工作无异常	节点、连接方式不当，构造有明显缺陷；如焊接部位有裂纹；部分螺栓或铆钉有松动、变形、断裂、脱落；或节点板、连接板、铸件有裂纹或显著变形；已影响或显著影响正常工作

表 5.6　钢结构受弯构件不适于承载的变形的评定

检查项目	构 件 类 别			c_u 级或 d_u 级
挠度	主要构件	网架	屋盖（短向）	$>l_s/250$，且可能发展
			楼盖（短向）	$>l_s/200$，且可能发展
		主梁、托梁		$>l_0/200$
	一般构件	其他梁		$>l_0/150$
		檩条梁		$>l_0/100$
侧向弯曲的矢高	深梁			$>l_0/400$
	一般实腹梁			$>l_0/350$

对柱顶的水平位移（或倾斜），当其实测值大于一般构件安全性等级的评定限值时，若该位移与整个结构有关，应按一般构件安全性等级的评定值评定结果，取与上部承重结构相同的级别作为该柱的水平位移等级；若该位移只是孤立事件，则应在其承载能力验算

中考虑此附加位移的影响，并根据验算结果评级；若该位移尚在发展，应直接定为 d_u 级。

对偏差超限或其他使用原因引起的柱（包括桁架受压弦杆）的弯曲，当弯曲矢高实测值大于柱的自由长度的 1/660 时，应在承载能力的验算中考虑其所引起的附加弯矩的影响评级。

对钢桁架中有整体弯曲变形，但无明显局部缺陷的双角钢受压腹杆，其整体弯曲变形不大于表 5.7 规定的限值时，其安全性可根据实际完好程度评为 a_u 级或 b_u 级；若整体弯曲变形已大于该表规定的限值时，应根据实际严重程度评为 c_u 级或 d_u 级。

表 5.7　钢桁架双角钢受压腹杆双向弯曲变形限值

$\sigma = N/(\varphi A)$	对 a_u 级和 b_u 级压杆的双向弯曲限值			
	方向	弯曲矢高与杆件长度之比		
f	平面外	1/550	1/750	≤1/850	—
	平面内	1/1000	1/900	1/800	—
$0.9f$	平面外	1/350	1/450	1/550	≤1/850
	平面内	1/1000	1/750	1/650	1/500
$0.8f$	平面外	1/250	1/350	1/550	≤1/850
	平面内	1/1000	1/500	1/400	1/350
$0.7f$	平面外	1/200	1/250	≤1/300	—
	平面内	1/750	1/450	1/350	—
$\leqslant 0.6f$	平面外	1/150	≤1/200	—	—
	平面内	1/400	1/350	—	—

当钢结构构件的安全性按不适于承载的锈蚀评定时，除应按剩余的完好截面验算其承载能力外，尚应按表 5.8 的规定评级。按剩余完好截面验算构件承载能力时，应考虑锈蚀产生的受力偏心效应。

表 5.8　钢结构构件不适于承载的锈蚀的评定

等级	评定标准
c_u	在结构的主要受力部位，构件截面平均锈蚀深度 Δt 大于 $0.1t$，但不大于 $0.15t$
d_u	在结构的主要受力部位，构件截面平均锈蚀深度 Δt 大于 $0.15t$

注：t 为锈蚀部位构件原截面的壁厚，或钢板的板厚。

对钢索构件的安全性评定，除按上述规定的项目评级外，尚应按下列补充项目评级：索中有断丝，若断丝数不超过索中钢丝总数的 5% 时，可定为 c_u 级；若断丝数超过 5%，应定为 d_u 级；索构件发生松弛，应根据其实际严重程度定为 c_u 级或 d_u 级。

对下列情况，应直接定为 d_u 级：索节点锚具出现裂纹；索节点出现滑移；索节点锚塞出现渗水裂缝。

对钢网架结构的焊接空心球节点和螺栓球节点的安全性鉴定，除应按上述规定的项目评级外，尚应按下列项目评级：空心球壳出现可见的变形时，应定为 c_u 级；空心球壳出现裂纹时，应定为 d_u 级；螺栓球节点的套筒松动时，应定为 c_u 级；螺栓未能按设计要求的长度拧入螺栓球时，应定为 d_u 级；螺栓球出现裂纹，应定为 d_u 级；螺栓球节点的螺栓出现脱丝，应定为 d_u 级。对摩擦型高强度螺栓连接，若其摩擦面有翘曲，未能形成闭合面时，应直接定为 c_u 级。对大跨度钢结构支座节点，若铰支座不能实现设计所要求的转动或滑移时，应定为 c_u 级；若支座的焊缝出现裂纹、锚栓出现变形或断裂时，应定为 d_u 级。对橡胶支座，若橡胶板与螺栓（或锚栓）发生挤压变形时，应定为 c_u 级；若橡胶支座板相对支承柱（或梁）顶面发生滑移时，应定为 c_u 级；若橡胶支座板严重老化，应定为 d_u 级。

5.4 钢结构的加固

钢结构一般可通过焊接或采用高强螺栓连接来实施加固，因而是一种便于加固的结构。钢结构的加固涉及两个方面：一是对钢结构建筑物或构筑物进行的加固；二是采用钢构件或钢材料对混凝土结构、砌体结构等建筑物或构筑物进行的加固。本章仅介绍前者。

按加固的对象，钢结构的加固可分为钢柱的加固、钢梁的加固、钢屋架或托架的加固、钢网架结构的加固、钢框架（排架、刚架）结构的加固以及吊车系统的加固、连接和节点的加固、裂纹的修复和加固等。

按加固的范围，钢结构的加固又可分为两大类：一是局部加固，只对某些承载能力不足的杆件或连接节点进行加固；二是全面加固，对整体结构进行加固。

5.4.1 钢结构加固方法及其选择的原则

钢结构的加固方法主要有：增加截面法；改变结构计算简图法；减轻荷载法；增加构件、支撑和加劲肋法；增强连接等。钢结构加固方法的确定，主要根据施工方法、现场条件、施工期限和加固效果来加以选择。加固件与原结构要能够工作协调，并且不过多地损伤原结构和产生过大的附加变形。

按受力方式，钢结构的加固方法主要可分为两大类：

（1）不改变结构计算简图的加固：在不改变结构计算简图的前提下，对原结构的构件截面和连接进行补强的方法，称为增加截面法。

（2）改变结构计算简图的加固：采用改变荷载分布状况、传力途径、节点性质和边界条件、增设附加杆件和支撑、施加预应力、考虑空间协同作用等措施对结构进行加固的方法，称为改变结构计算简图法。

按施工流程，钢结构的加固方法大致也可分为两类：

（1）在负荷状态下加固：这是加固工作量最小也最简单的方法。但为保证结构的安全，应要求原结构的承载力应有不少于20%的富余。在负荷状态下加大较小焊缝厚度时，原有焊缝在扣除焊接热影响区长度后的承载能力，应不小于外荷载产生的内力，并且构件应没有严重的损伤。此外，有时也可通过改用轻质材料或其他减小荷载的方法来提高钢结构的可靠性，从而达到加固的目的。

（2）卸载加固：结构损伤较严重或构件及接头的应力很高，或者补强施工不得不临时削弱承受很大内力的构件及连接时，需要暂时减轻其负荷时，采用此方法。对某些主要承受移动荷载的结构（如吊车梁），可限制移动荷载，这就相当于部分卸载了。若结构损坏严重或原结构的构件（杆件）的承载能力过小，不宜就地补强，则还需考虑将构件拆下补强或更换。此时，应采用措施使结构构件完全卸载。

此外，减轻荷载、加强连接、阻止裂纹扩展也可以算作是对结构或构件的加固。

结构或构件的加固是一项复杂的工作，需要考虑的因素很多，有时采用单一的方法即可，有时则需分别或者同时采用几种方法才行。选择加固方法应从施工方便、生产受干扰少、经济合理、效果明显等方面来综合考虑。选择的原则如下：

（1）加固的范围和内容可以是结构整体，亦可以是指定的区段、特定的构件或部位，应根据鉴定结论和加固后的使用要求，由设计单位与业主协商确定。

（2）加固后的钢结构的安全等级，应根据结构破坏后果的严重程度、结构的重要性和下一个使用期的具体要求，由委托方和设计者按实际情况商定。

（3）结构加固时，尽可能做到不停产或少停产，因为停产的损失有时可能是加固费用的几倍或者几十倍。能否在负载下不停产加固，取决于结构应力应变状态，一般构件内应力小于钢材设计强度80%，且构件损坏、变形等不太严重时，可采用负载不停产加固方法。

在负荷状态下进行焊接是非常危险的。《钢结构加固技术规范》（CECS77：96）明确规定，焊接钢结构加固时，原有构件或连接的实际名义应力值应小于 $0.55f_y$，且不得考虑加固构件的塑性变形发展；非焊接钢结构加固时，其实际名义应力值应小于 $0.7f_y$。对直接承受动力荷载的一般结构，最大名义应力值不得超过 $0.4f_y$；对特繁重动力荷载作用下的焊接结构，最大名义应力值则不得超过 $0.2f_y$。

（4）钢结构加固设计应与实际施工方法紧密结合，并应采取有效措施，保证新增截面、构件和部件与原结构连接可靠，使其形成整体共同工作。在加固施工时，应避免对未加固的部分或者构件造成不利影响，并充分考虑现场条件对施工方法、加固效果和施工工期的影响，应该采取减小构件在加固过程中产生附加变形的加固措施和施工方法。

（5）应减少对原有建筑的损伤，尽量利用原有结构的承载能力。在确定加固方案时，应尽量减少对原有结构或构件的拆除和损伤。对已有结构或构件，在经结构检测和可靠性鉴定分析后，对其结构组成和承载能力等有全面了解的基础上，应尽量保留并利用其作用。大量拆除原有结构构件，对保留的原有结构部分可能会带来较严重的损伤，新旧构件的连接难度较大，这样既不经济，又有可能给加固后的结构留下隐患。

（6）对于高温、腐蚀、冷脆、振动、地基不均匀沉降等原因造成的结构损坏，应提出其相应的处理对策后，再进行加固。

（7）对于加固中可能出现倾斜、失稳或者倒塌等不安全因素的钢结构，在加固施工前，应采取相应的临时安全措施，以防止事故的发生。加固实施过程中，工程技术人员应加强对实际结构的检查工作，发现与鉴定结论不符或检测鉴定时未发现的结构缺陷和损伤，应及时采取措施消除隐患，最大限度地保证加固的效果和结构的可靠性。

5.4.2　加固计算的基本规定

钢结构加固，可按照下列原则进行承载能力及正常使用极限状态验算：

（1）结构的计算简图应该根据实际的支承条件、连接情况和受力状态确定，有条件时，可考虑结构的空间计算。

（2）加固设计的计算，应该分加固过程中和加固后两阶段进行。两阶段结构构件的计算分别采用相应的实际有效截面。加固过程中的计算，应该考虑加固过程中拆除原有零部件、增设螺栓孔和施焊过程等造成原有结构承载能力的降低，并且只考虑加固过程中出现的荷载。加固后的计算，应该考虑加固后在预期寿命内的全部荷载。另外还应考虑结构在加固时的实际受力状况，即原结构的应力超前和加固部分的应变滞后特点，以及加固部分与原结构共同工作的程度。

（3）对相关构件、连接及建筑物地基基础，应该考虑结构加固后引起自重及内力变化等不利因素的影响，重新进行必要的验算。

5.4.3 增加截面法的截面加固形式

所谓增加截面的加固方法，就是在原有结构的杆件上增设新的加固构件，使杆件截面积加大，从而提高承载能力和刚度的方法。增加截面的加固方法涉及面窄，施工较为简便，尤其是在满足一定前提条件下，还可在负荷状态下加固，因此是钢结构加固中最常用的方法。

采用增加截面的加固方法，应考虑构件的受力情况及存在的缺陷，在方便施工、连接可靠的前提下，选取最有效的加固形式（图 5.1~图 5.3）。

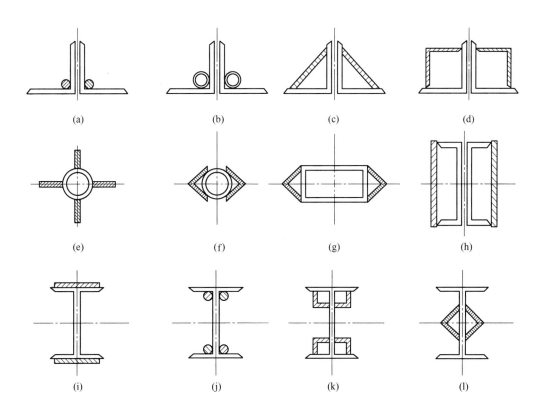

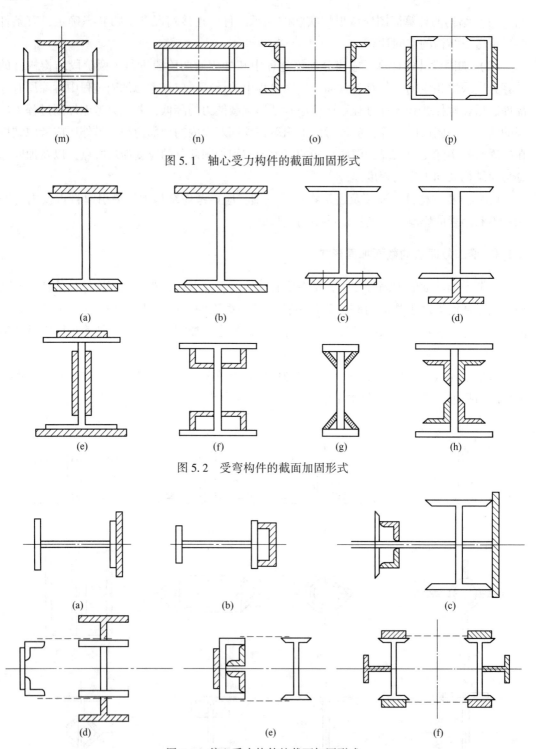

(m)   (n)   (o)   (p)

图 5.1 轴心受力构件的截面加固形式

(a)   (b)   (c)   (d)

(e)   (f)   (g)   (h)

图 5.2 受弯构件的截面加固形式

(a)   (b)   (c)

(d)   (e)   (f)

图 5.3 偏心受力构件的截面加固形式

5.4.3.1 增加截面加固方法的构造要求

（1）应保证加固构件有合理的传力途径，保证加固件与原有构件能够共同工作。无论是轴心受力构件还是偏心受力构件的加固，加固件均宜伸入到原有构件的支座或节点板范围内并且有可靠的连接。对受弯构件的加固，加固件的截断位置也要伸出理论断点一定的距离，以保证在理论断点之前，加固件能充分发挥作用。

（2）加固件的布置应适应原有构件的几何形状或已发生的变形情况，以利施工。但也应尽可能地采用不引起截面形心轴偏移的形式；不可避免时，应在加固计算中考虑形心轴偏移的影响。

（3）尽量减少加固施工的工作量。不论原有结构是栓接结构还是焊接结构，只要钢材具有良好的可焊性，应尽可能采用焊接方式补强。若因环境限制不能施焊，也可考虑采用粘贴钢板或碳纤维布的方式补强。

（4）当采用焊接补强时，应尽可能减少焊接工作量并注意合理的焊接顺序，以降低焊接变形和焊接应力，并尽量避免仰焊。在负荷状态下焊接时，应采用较小的焊脚尺寸，并应首先加固对原有构件影响较小、构件较薄弱和能立即起到加固作用的部位。

（5）增加截面的加固不应造成施工期间对原有构件承载能力的过多削弱。不论原有结构是拴接结构还是焊接结构，只要钢材具有良好的可焊性，应尽可能采用焊缝连接方式。当采用高强度螺栓连接时，在保证加固件和原有构件共同工作的前提下，应选用较小直径的高强度螺栓。采用焊缝连接时，不宜采用与原有构件应力方向垂直的焊缝。

（6）轻钢结构中的小角钢和圆钢杆件不宜在负荷状态下焊接，必要时应采取适当措施。圆钢拉杆严禁在负荷状态下用焊接方法加固。因为焊接时，焊缝热影响区内的强度急剧下降，直接影响到加固施工的安全。

5.4.3.2 增加截面加固法的计算

（1）采用增加截面加固钢结构时，如果加固施工时能完全卸载，例如将构件全部拆卸下来放在地面上进行加固，加固件与原有构件的应力水平是相当的，加固后的构件的承载能力和刚度与相同截面的新构件没有什么差别，可按《钢结构设计规范》（GB 50017—2003）进行计算。

（2）采用增加截面加固钢结构时，如果在负荷状态下进行加固施工时，加固件与原有构件应力水平的差别会使加固后的构件的承载力和刚度降低，加固后构件的承载力的计算应根据荷载形态分别进行计算。

1）对承受静力荷载或间接动力荷载的构件，一般情况下可考虑原有构件和加固件之间的应力重分布，按加固后整个截面进行承载力计算。但为了考虑多种随机因素的影响，引入加固折减系数 k：对轴心受力的实腹构件，取 0.8；对偏心受力构件、受弯构件和格构式构件，取 0.9。

2）对承受动力荷载的构件，采用"原有构件截面边缘屈服"的准则。即加固时的荷载由原有构件单独承受，加固后新旧截面共同工作，但不考虑塑性变形后新旧截面的应力重分布。加固前原有构件的应力与加固后增加应力之和，不应大于钢材的强度设计值。

（3）在负荷状态下，采用焊接方法加大构件截面，应首先根据原有构件的受力、变形和偏心状态，校核其在加固施工阶段的强度和稳定性，原有构件的 β 值（β 为原有构件中截面应力 σ 与钢材设计值 f 的比值，即 $\beta = \sigma/f$）满足下列要求时，方可在负荷状态下加固：

承受静力荷载或间接动力荷载的构件，$\beta \leqslant 0.8$；

承受动力荷载的构件，$\beta \leqslant 0.4$。

（4）钢构件加固后，应注意截面形心轴的偏移。计算时应将偏心的影响包括在加固后增加的荷载效应内，当形心轴的偏移值小于5%截面高度时，在一般情况下可忽略其不利影响。各种构件的加固计算参考规范，此处不再赘述。

5.4.4　改变结构计算简图的加固技术

改变结构计算简图的加固技术，是指采用改变荷载分布状况、传力途径、节点性质和边界条件，增设附加杆件和支撑、施加预应力、考虑空间协同工作等措施，对结构进行加固的技术。主要有以下4项基本措施。

5.4.4.1　增加支撑或辅助构件

（1）增加支撑或辅助构件，以增加结构的空间刚度，从而使结构可以按照空间结构进行验算，挖掘结构的潜力。

（2）增加支撑或辅助构件，以调整结构的自振频率，改善结构的动力性能。

（3）增加支撑或辅助构件，使结构的长细比减小，以提高其稳定性。

（4）在塔架等结构中，设置拉杆或适度张紧的拉索，以增大结构的刚度。

5.4.4.2　改变构件的弯矩图形

（1）改变荷载的分布，例如将一个集中荷载转化为多个集中荷载。

（2）改变端部支撑情况，例如变铰接为刚接。

（3）增加中间支座或将简支结构端部连接为连续结构。

（4）调整连续结构的支座位置，改变连续结构的跨度。

（5）将构件改变成撑杆式结构。

（6）施加预应力。

5.4.4.3　改变桁架杆件的内力

（1）增加撑杆，变桁架为撑杆式构架。

（2）加设预应力拉杆。

5.4.4.4　改善受力状况

使加固构件与其他构件共同工作或形成组合结构，以改善受力状况。例如加强节点和增加支撑，使钢屋架与天窗架共同工作；又如在钢平台梁上增设剪力键，使其与混凝土铺板形成组合结构。

此外，在排架或平面框架等结构中，为减少加固工作量和加固施工对生产的影响，可以集中加强某一列柱的刚度，使之能承受大部分的水平力，从而减轻其他列柱的负荷，以致其他列柱可不加固或减少加固。

当框架有主副跨时，可通过改变主、副跨之间的连接来加强其中某一跨，由刚接改为铰接，可使主跨得到加强；由铰接改为刚接，可使副跨得到加强。

采用改变结构计算图形的加固方法，设计与施工方应该紧密配合，未经设计方允许，不得擅自修改设计规定的施工方法和程序。

采用调整内力的方法加固结构时，应该在加固设计中规定调整内力（应力）或规定位移（应变）的数值和允许偏差，及其检测位置和检测方法。

在加固过程（包括施工过程）中，除应对被加固结构承载能力和正常使用极限状态进行计算外，尚应注意对相关结构构件承载能力和使用功能的影响，考虑在结构、构件、节点以及支座中的内力重分布，对结构（包括基础）进行必要的补充验算，并采取切实可行的合理构造措施。

5.4.5　连接的加固

连接的加固问题主要有三种情况：原有连接承载能力不足而需要对其进行加固，如对已有焊缝加长加高，增加螺栓或铆钉的个数或直径等；原有构件承载能力不足，需要用加固件对其进行加固，加固件与原有构件要进行可靠的连接；节点加固，如加强节点板、增加连接件和独立的焊缝等。连接的加固方法根据加固的原因、目的、受力状态、构造和施工条件，并考虑原有结构的连接方法而确定，可采用焊接、高强度螺栓连接和焊接与高强度螺栓混合连接的方法。

新增加的连接单独受力时，与设计新结构的连接没有什么不同，可按现行《钢结构设计规范》设计计算。与原结构连接共同受力时，要考虑新旧连接应力水平和工作性能上的差异，分别进行计算。加固用的连接材料和连接件宜与结构钢材和原连接材料相匹配，如果原有材料已不再生产，必须使用不相匹配的材料时，应进行专门的研究，并找到可靠的依据。

5.4.5.1　焊缝连接的加固

一般说来，焊缝连接比螺栓或铆钉连接要方便，不需要现场打孔，易于施工。在原结构使用焊缝连接的情况下，自然要采用焊缝连接。即使原结构不是采用焊缝连接，但如果加固处允许焊接，也可考虑采用焊缝连接。如图 5.4 所示的节点，腹杆只用侧面角焊缝连于节点板，就可以加设正面角焊缝进行加固。

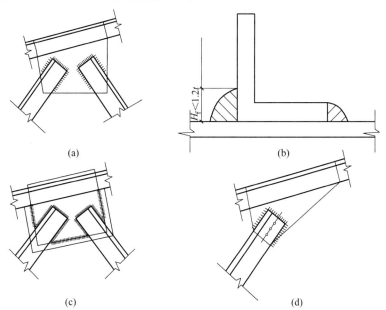

(a)　　　　　　　　　　(b)

(c)　　　　　　　　　　(d)

图 5.4　节点连接加固

t—较薄板件的厚度

如果加设正面角焊缝还不够，则可以加高原有角焊缝，但加高焊缝只能在一定限度之内。角钢肢尖焊缝不能超过角钢厚度，角钢肢背焊缝不能超过角钢厚度的 1.5 倍，如图 5.4（b）所示。当增加焊缝高度有困难时，可以像图 5.4（c）那样在加大节点板的基础上加长焊缝。铆接的构件可以像图 5.4（d）那样用焊缝进行加固。焊接杆件加长角焊缝还可以借助于短斜板，如图 5.5 所示，这种做法比加大节点板要简便得多。

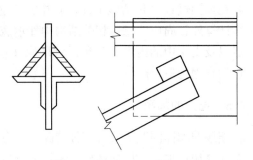

图 5.5　借助小肋板加长焊缝

对原焊缝连接加固时，可采用新焊缝对原焊缝加长或增加有效厚度，或增加独立的新焊缝。卸荷后，用新焊缝对原焊缝连接加固，可按加固后新旧焊缝共同工作原则考虑，按现行《钢结构设计规范》进行计算。负荷状态下，用新焊缝对原焊缝连接加固，因焊缝凝固过程中受应力作用使焊缝总承载力受到影响，加固后的焊缝可按新旧焊缝共同工作原则考虑，但总的承载力应乘以 0.9 的折减系数。

无腐蚀性或弱腐蚀性介质中使用的受静力荷载作用的结构构件，冬季计算温度不低于 −20℃时，在次要构件或次要焊缝连接中，可使用断续角焊缝。

焊接连接可以在卸荷状态下或负荷状态下，用电焊进行。在完全卸荷状态下加固时，焊缝的强度计算和设计时相同，可按现行《钢结构设计规范》（GB 50017—2003）进行计算。而在负荷状态下用焊缝加固时，其承载力的计算如下：

（1）加长焊缝时的计算：

$$N \leqslant A_{\mathrm{W}}^{0} f_{\mathrm{f}}^{\mathrm{w}} + \beta \Delta A_{\mathrm{W}} (f_{\mathrm{f}}^{\mathrm{w}} - 0.5\tau_{\mathrm{f}}) \tag{5.4}$$

式中　N——连接的总承载力；

A_{W}^{0}——加固前焊缝的计算面积；

ΔA_{W}——加固后新延长焊缝的计算面积；

$f_{\mathrm{f}}^{\mathrm{w}}$——角焊缝的强度设计值；

τ_{f}——加固前焊缝的计算剪应力；

β——应力分布系数，当加固前仅有侧焊缝时，$\beta = 1.0$；当加固前既有侧焊缝又有端焊缝时，$\beta = 1.0$。

（2）加焊端焊缝时的计算：

$$N \leqslant A_{\mathrm{W}}^{0} f_{\mathrm{f}}^{\mathrm{w}} + \Delta A_{\mathrm{W}} f_{\mathrm{f}}^{\mathrm{w}} \tag{5.5}$$

（3）加大角焊缝焊脚尺寸时的计算：目前研究还不够，必要时可通过实验测定承载力。在缺乏实验条件时，可按下式计算：

$$N \leqslant 0.8 h_{\mathrm{e}}^{\mathrm{w}} l_{\mathrm{w}} f_{\mathrm{f}}^{\mathrm{w}} \tag{5.6}$$

式中　$h_{\mathrm{e}}^{\mathrm{w}}$——加固后角焊缝的有效厚度；

l_{w}——加固前角焊缝的计算长度。

对于这种焊缝，还需进一步补充验算。验算在加固施焊阶段的承载力：

$$N_{0} \leqslant h_{\mathrm{e}}^{0} (l_{\mathrm{w}} - l_{\mathrm{t}}) f_{\mathrm{f}}^{\mathrm{w}} \tag{5.7}$$

式中　N_{0}——加固时连接中的内力；

h_e^0——加固前角焊缝原有的有效高度；

l_t——加固时由于焊接加热而退出工作的长度，其值可由表 5.9 查得。

表 5.9 焊接加热退出工作的长度

角焊缝焊角 h_f/mm		被焊零件厚度/mm		
加固前	加固后	12+8	16+10	20+12
6	8	29	23	21
7	9	31	24	22
8	10	34	25	23

5.4.5.2 螺栓连接的加固

钢结构加固中适宜采用螺栓连接的情况有以下 4 种场合：

(1) 螺栓连接施工较方便的场所。钢结构构件连接不外乎焊接、铆钉连接和螺栓连接（包括普通螺栓和高强度螺栓）几类。目前铆钉连接由于工艺落后已很少采用。焊接连接一般说来施工更简便，但要有焊机及合格的焊工。若现场条件不能满足这两条，则采用螺栓连接是适宜的。

(2) 被加固构件所用钢材不符合可焊性要求的场合。焊接连接除了要求配备有适用的焊机及合格的焊工外，更关键的一点是钢材必须符合可焊性要求，尤其是在现场操作很难实施焊接工艺的特殊要求时，不符合可焊性要求的钢材，只能用螺栓等机械式连接方式。

(3) 焊接过程是一个不均匀的热循环过程，其结果必然在构件内产生焊接应力或焊接变形。对于要求加固过程中不产生附加焊接变形的构件，采用焊接连接的难度很大，应改用螺栓连接。

(4) 被加固构件原为螺栓或铆钉连接，加固时若采用焊接连接，就形成了混合连接。对于混合连接，要根据不同连接的特性，考虑一种连接受力或两种连接共同受力。

在螺栓连接中，应优先采用高强度螺栓，其施工工艺与一般的螺栓相近，但其连接性能尤其是承受动力荷载的性能，明显优于普通螺栓连接。只要有适合的施拧工具（如定扭扳手等），螺栓的高强度特性使其足以保持有稳定的预拉力值。在摩擦面抗滑移系数确定后，连接处通过摩擦面传力方式的承载能力是稳定可靠的。在连接产生滑移之前，连接接头位移小、刚度好；产生滑移后，螺栓进入承压状态，工作机理与铆钉连接相似。因此，直接承受动力荷载的结构，必须采用摩擦型的高强度螺栓连接。当抗滑移系数无实测资料时，按轧制表面对待（抗滑移系数 $\mu = 0.3 \sim 0.35$）。摩擦型高强度螺栓与铆钉混合使用时，因两者工作机理相同，变形协调，最终承载力按共同工作计算结果取值。

当用高强度螺栓置换铆钉或螺栓时，根据其工作特性应保持接触面质量，孔洞附近的钢材表面必须清理干净。此外，为使高强度螺栓顺利通过钢材，螺栓直径应比原孔洞小 1~3mm，此时若计算承载力不足时，则可采取扩孔措施，改用直径大一级的螺栓。

构件截面补强采用螺栓连接时，根据螺栓连接特点（允许少量变形发生），新旧两部分截面可以共同工作。不论在卸荷状态或是负荷状态下，节点总承载能力均取原有连接承载能力与新增连接承载能力之和。

采用螺栓连接加固钢构件及其节点，除验算总承载力外，必须注意因增加螺栓数量或扩大螺栓孔径后对构件（包括节点板）净截面的削弱，应再次校核净截面强度。

5.4.5.3　加固件的连接

为加固结构而增设的板件（加固件），除须有足够的设计承载力和刚度外，还必须与加固结构有可靠的连接，以保证两者能良好地共同工作。

加固件与被加固件的连接，应根据设计受力要求，经计算并考虑构造和施工条件后确定。对于轴心受力构件，可根据式 5.8 计算；对于受弯构件，应根据可能的最大设计剪力计算；对于压弯构件，可根据以上两者中的较大值计算。

对于仅用增设中间支撑构件（点）来减少受压构件自由长度加固时，支撑杆件（点）与加固件间连接受力，可按式（5.8）计算，其中 A_0 取原构件的截面面积。

$$V = \frac{A_t f}{50} \sqrt{f_y / 235} \qquad (5.8)$$

式中，A_t 为构件加固后的总截面面积。

加固件的焊缝、螺栓、铆钉等连接的计算，可按《钢结构设计规范》（GB 50017—2003）第 7.1.1 条~第 7.1.5 条和第 7.2.1 条进行，但计算时，对角焊缝强度设计值应乘以 0.85，其他强度设计值或承载力设计值应乘以 0.95 的折减系数。例如单角钢单面连接，角焊缝强度设计值则乘以 0.85×0.85＝0.72 的系数。

5.4.5.4　加固中的混合连接

混合连接是指同一构件的连接使用了两种不同的连接方式，如螺栓与铆钉、焊缝与螺栓、焊缝与铆钉等，都可称为混合连接。各种连接在荷载作用下的变形相近时，才能保证各种连接同时达到极限状态，共同承受荷载。

由于焊缝连接的刚度比普通螺栓或铆钉大得多，混合连接中焊缝达到极限状态时，普通螺栓或铆钉承担的荷载还很小，因此应按焊缝承受全部作用力进行计算。但原有连接件还要继续保留，不宜拆除。

焊缝与高强度螺栓混合连接时，如两种连接的承载力的比值在 1~1.5 的范围内，两者的荷载变形情况基本接近，可以共同工作，连接的总承载力为两者分别计算的承载力之和；若比值超出这一范围，荷载将主要由较强的连接承受，较弱的连接起不到分担作用。

焊栓混合连接若使用先栓后焊工序，由于焊接热影响使螺栓预拉力有所松弛（为焊前的 90%~95%），故计算高强度螺栓承载力时，要乘以 0.9 的平均折减系数。而采用合理的分段焊工序，如先予以高强度螺栓 50% 的预拉力—焊接—焊后终拧，焊接热影响在焊后终拧时得以补偿，所以承载力不予以折减，但螺栓必须达到 50% 预拉力才能，保证抵制焊接变形而不影响整个连接质量。

5.5　工程实例

A　工程概况

锡林郭勒盟远烽汽车贸易有限责任公司中国一汽 4S 店（以下简称 4S 店）总建筑面积为 3120.89m²。经现场查勘、查阅图纸，建筑物结构基本情况如下：4S 店主体为多跨门式刚架结构，采用柱下独立基础，基本柱距6.2m，A~D跨跨度15m，用作展厅，檐口标高6.8m；D~J跨跨度15m，设有夹层，主要用作办公，檐口标高6.8m；J~M跨跨度20m，主要用作维修，檐口标高6.8m；M~N跨跨度5m，设有夹层，主要用作宿舍，檐口标高6.6m（图5.6）。

(a)   (b)

图5.6 建筑物内外景

B　检测鉴定依据

（1）检测标准：

1）《建筑结构检测技术标准》（GB/T 50344—2004）；

2）《建筑变形测量规范》（JGJ 8—2005）；

3）《钢结构现场检测技术规范》（GB/T 50621—2010）；

（2）鉴定标准：

1）《民用建筑可靠性鉴定标准》（GB 50292—2015）；

2）《建筑抗震鉴定标准》（GB 50023—2009）；

3）《钢结构工程施工质量验收规范》（GB 50205—2001）；

（3）荷载及结构验算标准：

1）《建筑结构荷载规范》（GB 50009—2012）；

2）《钢结构设计规范》（GB 50017—2003）；

3）《门式刚架轻型房屋钢结构技术规程》CECS 102：2002；

4）《建筑工程抗震设防分类标准》（GB 50223—2008）；

5）《建筑抗震设计规范》（GB 50011—2010）；

（4）其他依据：

1）其他相关的国家规范、规程及标准；

2）甲方提供的原设计图纸和施工技术资料。

C　检测鉴定内容

（1）检测鉴定内容

1）结构基本情况调查：结构的建造历史、使用功能调查；原有结构图纸及施工资料调查。

2）结构布置及主要截面尺寸检测。采用全站仪、激光测距仪等对轴网尺寸、结构构件布置进行测量，采用钢尺、测厚仪、游标卡尺对柱、梁、檩条杆件截面（厚度）尺寸进行测量。围护结构检查。

3）钢结构现状及外观检查。检查钢结构构件是否存在异常变形、焊缝及高强螺栓连接开裂松动、锈蚀状况、涂层状况等损伤情况，对构件存在的损伤和缺陷进行检查分析。

4）构造措施检查。对刚架结构柱梁节点处、梁梁连接处、支撑布置相关构造措施进行检查。

5）结构材质性能检测结果。采用回弹法对钢构件的硬度进行检测，以便推定其强度。

（2）结构鉴定分析。根据现场检测、检查结果，对该结构建立模型，根据国家现行有关规范进行承载能力验算分析。根据现场检测结果和承载能力验算分析结果，评价钢结构现状的安全性能，提出确保安全使用的建议。

D 现场检查、检测结果

a 结构布置及构件尺寸检测结果

根据甲方提供的原设计图纸，该建筑物采用多跨门式刚架形式。刚架柱、梁连接采用端板竖放形式，柱梁构件截面采用工字型，檩条采用 C 型钢。现场对该建筑物结构布置及构件尺寸进行了抽检，该结构在 2~3、5~6、9~10 轴线间设有屋盖支撑、柱间支撑，屋面刚性系杆布置。结构布置抽测结果表明，除部分支撑杆件缺失外，（如 J×4~5 间无刚性系杆，A×5~6、A×9~10、5×B~C、10×B~C 未按图纸要求设置柱间支撑），刚架柱、梁、屋盖支撑、柱间支撑、刚性系杆等构件布置基本满足原设计要求（图 5.7~图 5.13）。

图 5.7 A 列柱间支撑现状 1   图 5.8 A 列柱间支撑现状 2

现场采用游标卡尺、钢尺及超声测厚仪对刚架柱、梁、檩条等构件的截面尺寸进行抽测。检测结果表明，该建筑物刚架柱、梁、檩条、屋盖支撑、柱间支撑、屋盖系杆截面尺寸符合原设计图纸要求。

b 结构外观损伤检测结果

现场对外露区域刚架柱梁及其节点连接焊缝与高强螺栓、屋盖支撑杆件、柱间支撑杆件使用情况进行了抽检。检查结果表明，除 5/M 柱梁连接部位一处高强螺栓缺失，个别区域构件表面未刷防腐涂层外，建筑物整体外观状况尚可，未发现地基基础产生不均匀沉降现象，未见杆件异常变形及节点连接部位焊缝损伤情况。

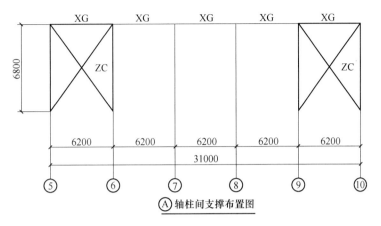

图 5.9 A 轴柱间支撑设置设计要求

图 5.10 J×4~5 无刚性系杆

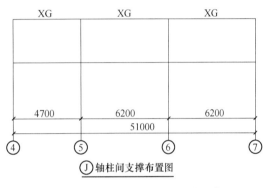

图 5.11 J×4~5 刚性系杆设计要求

图 5.12 柱梁节点 5/M 一处高强螺栓脱落

图 5.13 柱根区域涂装遗漏

c 钢结构构件材料强度测试结果

该建筑物门式刚架柱梁采用 Q345 级钢。现场采用硬度仪对门式刚架柱梁钢材抗拉强度换算值进行抽样测试，检测结果见表 5.10。

钢材材质检测结果表明，钢构件钢材抗拉强度测试平均值满足《黑色金属硬度与强度换算值》（GB/T 1172—1999）中关于 Q345 钢抗拉强度下限限值要求，表明该建筑物刚架柱、梁钢材强度满足原设计强度等级的要求。

表 5.10　构件钢材抗拉强度换算值　　　　　　　　（MPa）

检测部位	实　测　值					平均值	抗拉强度
柱 3/M	452	445	438	497	420	450.40	570.8
柱 5/M	431	426	433	466	423	435.80	533.2
柱 3/J	420	435	470	452	472	449.80	569.3
柱 5/N	483	420	416	486	454	451.80	572.7
柱 7/M	442	444	454	436	425	440.20	543.3
梁 6/M~N	444	418	435	437	463	439.40	541.2
梁 7/M~J	452	430	418	438	425	432.60	523.9
梁 7/D~J	430	447	421	428	471	439.40	541.2
梁 G/6-7	419	418	447	457	417	431.60	522.0
梁 7/G-F	437	415	416	440	426	426.80	510.0

d　刚架柱倾斜测量结果

现场采用全站仪对部分刚架柱倾斜情况进行测量，结果见表 5.11。

表 5.11　厂房区钢柱倾斜测量结果　　　　　　　　（mm）

序号	检测构件名称	测　量　值		标准限值
		东西偏向 （东为正）	南北偏向 （北为正）	
1	刚架柱 J/4	-3	5	10
2	刚架柱 M/8	-6	-4	10
3	刚架柱 9/J	-5	3	10

注：表中"-"为负号，表示相反方向。

根据测量结果，该建筑物刚架柱垂直度满足门式刚架安装允许偏差限值 10mm 要求。

e　构造措施检查结果

现场对该建筑物屋盖支撑、柱间支撑、刚性系杆、檩条间拉条设置情况进行了检查，结果表明：J 轴 4~5 间无刚性系杆，A×5~6、A×9~10 无柱间支撑，不满足原设计图纸要求，也不满足相关规范要求。

E　结构构件承载力分析与安全性鉴定结果

a　计算依据

《建筑结构荷载规范》（GB 50009—2012）；

《建筑抗震设计规范》（GB 50011—2010）；

《钢结构设计规范》（GB 50017—2003）；

《门式刚架轻型房屋钢结构技术规范》（GB 51022—2015）；

b　计算模型总信息

设计规范：按《门式刚架轻型房屋钢结构技术规程》计算

结构重要性系数：1.00

钢材：Q345

地震烈度6度，场地土类别为Ⅱ类，设计地震分组为第三组，抗震设防类别丙类，基本地震加速度0.05g。

屋面活荷载取值为0.5kN/m²，基本雪压为0.4kN/m²，基本风压为0.55kN/m²，地面粗糙度类别C，结构安全等级三级。

计算模型采用PKPM软件建立刚架计算模型，柱脚根据其做法采用铰接支座模拟，梁柱节点采用刚接模拟，刚架结构杆件尺寸依据原设计及现场检查结果进行布置。

c　承载力验算结果

经计算，上述刚架各杆件应力比均小于1.0，杆件稳定性计算满足现行规范的要求；刚架斜梁挠度计算值小于l/240，满足现行规范的要求。

综上可知：该结构刚架柱梁及檩条承载能力、柱顶侧移、刚架斜梁与檩条挠度均满足规范要求。

F　鉴定结论及加固处理建议

a　检验结论

综合现场损伤检测、结构构件变形测量、结构计算计算与分析这三部分内容，以及厂房可靠性评估结果，提出检测鉴定结论如下：

（1）结构构件布置及杆件截面尺寸检测结果表明，除部分支撑杆件存在缺失外（如J轴4~5间无刚性系杆，A×5~6、A×9~10、5×B~C、10×B~C未按图纸要求设置柱间支撑），刚架柱、梁、屋盖支撑、柱间支撑、刚性系杆等构件布置基本满足原设计要求。刚架柱、梁、檩条、屋盖支撑、柱间支撑、屋盖系杆截面尺寸符合原设计图纸要求。

（2）现场对外露区域刚架柱梁及其节点连接焊缝与高强螺栓、屋盖支撑杆件、柱间支撑杆件使用情况进行了抽检。检查结果表明，除5/M柱梁连接部位一处高强螺栓缺失、个别区域构件表面未刷防腐涂层外，建筑物整体外观状况尚可，未发现地基基础产生不均匀沉降现象，未见杆件异常变形及节点连接部位焊缝损伤情况。

（3）钢材材质检测结果表明，钢构件钢材抗拉强度测试平均值满足《黑色金属硬度与强度换算值》（GB/T 1172—1999）中关于Q345钢抗拉强度下限限值要求，表明该建筑物刚架柱、梁钢材强度满足原设计强度等级的要求。

（4）根据测量结果，该建筑物刚架柱垂直度满足门式刚架安装允许偏差限值10mm要求。

（5）结构构件承载力及变形验算结果表明，该建筑物刚架结构柱、梁及檩条承载能力满足规范要求，刚架梁及檩条挠度满足规范要求。

b　处理建议

依据鉴定结论，相关建议如下：

（1）重新安装5/M柱梁节点缺失的高强螺栓，按原设计图纸要求补设J×4~5间刚性系杆及A×5~6、A×9~10柱间支撑。

（2）加强该建筑物后续使用管理，遇有屋面积雪超载须及时清理，遇有杆件异常变形及表面涂层起皮、脱落现象须及时处理。

习题与思考题

5-1 什么是加固折减系数, 其取值情况如何?

5-2 增加截面加固法中轴心受力构件的加固计算涉及哪几个方面?

5-3 增加截面加固法中受弯构件的加固计算涉及哪几个方面?

5-4 增加截面加固法中拉弯和压弯构件的加固计算涉及哪几个方面?

5-5 连接的加固有哪几种类型?

6 抗震与火灾结构检测鉴定与加固

学习要点

（1）理解现有建筑的抗震鉴定与加固和静力作用下的鉴定与加固
（2）掌握其他结构（构件）抗震鉴定及验算的基本内容和步骤
（3）掌握液化土中桩基抗震加固的特点
（4）掌握现有建筑结构（构件）抗震鉴定与加固的基本应用
（5）理解现有建筑常用的抗震加固方法的基本原理和适用条件
（6）了解火灾温度的常用判定方法
（7）掌握火灾作用下的结构性能
（8）掌握火灾后钢结构、砌体结构的鉴定加固方法

标准规范

（1）建筑设计防火规范（GB 50016—2014）
（2）防火卷帘、防火门、防火窗施工及验收规范（GB 50877—2014）
（3）建设工程施工现场消防技术规范（GB 50720—2011）
（4）混凝土结构加固设计规范（GB 50367—2013）
（5）建筑结构加固工程施工质量验收规范（GB 50550—2010）
（6）工业构筑物抗震鉴定标准（GB 50117—2014）
（7）建筑抗震鉴定标准（GB 50023—2009）
（8）建筑抗震加固技术规程（JGJ 116—2009）
（9）火灾后建筑结构鉴定标准（CECS252—2009）

6.1　建筑抗震鉴定与加固

6.1.1　概述

6.1.1.1　现有建筑抗震鉴定加固的依据

地震时，现有建筑物的破坏是造成地震灾害的主要表现。现有建筑物中，相当一部分未考虑抗震设防，有些虽然考虑了抗震，但由于原定的地震设防烈度偏低，与现行的《中国地震烈度区划图（1990)》相比，不能满足相应的设防要求。我国近30年来建筑抗震鉴定、加固的实践和震害经验表明，对现有建筑按现行设防烈度进行抗震鉴定，并对不符合鉴定要求的建筑采取对策和抗震加固，是减轻地震灾害的重要途径。

为了贯彻地震工作以预防为主的方针，减轻地震破坏，减少损失，应对现有建筑的抗震能力进行鉴定，为抗震加固或减灾对策提供依据，使现有建筑的抗震加固满足经济、合理、有效、实用的要求。

我国目前进行建筑抗震鉴定加固的主要技术法规有：《建筑抗震设计规范》（GB 50011—2010）、《建筑抗震鉴定标准》（JGJ 116—2009）、《建筑抗震加固技术规程》（JGJ 116—2009）等。符合《鉴定标准》要求的建筑，或通过抗震鉴定需加固并按《加固规程》进行加固的建筑，在遭遇到相当于抗震设防烈度的地震影响时，一般不致倒塌伤人或砸坏重要生产设备，经维修后仍可继续使用。《鉴定标准》和《加固规程》适用于抗震烈度为 6~9 度地区的现有建筑的抗震鉴定和抗震能力不符合抗震设防要求而需要加固的建筑。

6.1.1.2　现有建筑抗震鉴定加固的基本要求

（1）现有建筑物应根据其重要性和使用要求，按现行国家标准《建筑抗震设防分类标准》划分为甲、乙、丙、丁四类：

1）甲类建筑。地震破坏后对社会有严重影响，对国民经济有巨大损失或有特殊要求的建筑，或按国家规定经特殊批准的建筑物。

2）乙类建筑。地震时使用功能不能中断或需尽快恢复，且地震破坏会造成社会重大影响和国民经济重大损失的建筑。

3）丙类建筑。地震破坏后有一般影响及其他不属于甲、乙、丁类的建筑。一般住宅、旅馆、办公楼、教学楼、幼儿园、资料室、实验室、计算站和普通博物馆、公共建筑、商业建筑、多层仓库等按丙类建筑进行抗震鉴定加固。

4）丁类建筑。其地震破坏或倒塌不会影响到甲、乙、丙类建筑，且造成的社会影响与经济损失轻微。

（2）各类现有建筑的抗震验算、构造鉴定和加固措施应符合表 6.1 的要求。

表 6.1　各类建筑物抗震鉴定和加固设计要求

建筑类别	抗震作用计算	抗震构造措施
甲类	按专门规定	按专门规定
乙类	按设防烈度计算	6 度按设防烈度提高一度；7、8 度按设防烈度提高一度，但 Ⅰ 类场地不提高；9 度按设防烈度适当提高
丙类	按设防烈度计算；6 度区可不进行	按设防烈度采用，Ⅰ 类场地上 7、8、9 区降低一度采用，6 度区不降低
丁类	7、8、9 度时可适当降低要求；6 度时不进行	7、8、9 度按设防烈度降低一度采用；6 度时不作鉴定

（3）考虑场地、地基和基础的有利因素和不利因素，对现有建筑抗震鉴定加固要求进行调整：

1）Ⅰ 类场地各类建筑，震害明显减轻，在表 6.1 中已规定有关 Ⅰ 类场地时，降低抗震鉴定加固的构造措施要求。

2）建在Ⅳ类场地、地形复杂、不均匀地质上的建筑，以及同一建筑单元存在不同类型基础时，应考虑地震影响复杂和地基稳定性不佳等不利影响，提高建筑抗震鉴定和加固的要求。鉴定加固Ⅳ类场地上的建筑，可以采取下列措施：在抗震加固时，加强现有建筑上部结构的整体性；通过增强结构使抗震验算的承载力有较大富余；将部分抗震加固构造措施按设防烈度的鉴定要求提高一度考虑，如增加圈梁数量、增多配筋等；适当考虑加深加大基础，采取措施加强基础的整体刚度以及增加地基梁的尺寸、配筋等，或适当减少基础的平均压力，或根据地质情况适当调整地基压力，减少基础的不均匀沉降，或加固地基等。

3）对设有全地下室、箱基、筏基和桩基的建筑，可降低上部结构的抗震要求，如放宽部分构造措施要求，可在降低一度范围内考虑，但构造措施不得全面降低。

4）对密集的建筑，应提高相关部位的抗震鉴定加固要求。例如，市内繁华商业区的沿街建筑、房屋之间的距离小于8m或小于建筑高度一半的居民普通住宅等，宜对较高建筑的相关部分，将鉴定和加固的构造措施提高一度。

6.1.1.3　建筑抗震鉴定加固步骤

A　抗震加固重点对象的选择

对抗震能力不足的建筑物进行抗震鉴定加固，是由惨重的地震灾害中总结出来的重要经验，但由于我国地震区范围广，经济实力有限，因此要逐级筛选，确定轻重缓急，突出重点。

（1）根据地震危险性（主要按地震基本烈度区划图和中期地震预报确定）、城市政治经济的重要性、人口数量确定重点抗震城市和地区。

（2）在这些重点抗震城市和地区内，根据政治、经济和历史的重要性，震时产生次生灾害的危险性和震后抗震救灾急需程度（如供水供电等生命线工程，消防、救死扶伤的重要医院），确定重点单位和重点建筑物。

例如，1975年海城7.3级地震后，国家根据分析的地震趋势确定重点抓京津地区的抗震工作。机械工业部着重抓京津地区的二十几个重点企业、事业单位，被确定为重点的天津发电设备厂，又重点抓主要生产厂房的抗震鉴定工作，从而抓住主要生产厂房的关键薄弱部位进行抗震加固，仅用约40t钢材，重点加固了屋盖支撑、女儿墙和一些薄弱部位，取得很好效果，经受了唐山大地震时天津地区的8度影响，震害轻微，很快恢复了生产。如果不分轻重缓急，全面铺开，不仅无此财力物力，且肯定不能抢在唐山地震以前加固。

根据地震趋势，突出重点，还要根据情况分期分批使所有应加固的建筑得到加固，以减少地震灾害。

（3）根据建筑物原设计、施工情况，建成后使用情况及建筑物的现状，进行抗震鉴定，确定其在抗震设防烈度时的抗震能力。对不满足抗震鉴定标准的建筑物，考虑抗震对策或进行抗震加固。

B　协调处理各种关系

要正确处理抗震鉴定、抗震加固与维修及城市或企业改造间的关系，有步骤地进行抗震工作。

（1）对城市（或大型企业）的重要建筑物和构筑物，进行抗震性能的普查鉴定，确定需要加固的项目名称和工程量。

（2）对经抗震鉴定需要加固的项目进行分类排队，区分出没有加固价值、可以暂缓加固和急需加固的项目和工程量。

（3）对急需加固的项目，按照加固设计、审批、施工、验收、存档的程序进行。对无加固价值者，结合城市建设逐步进行改造。

C 建筑抗震鉴定加固程序

（1）抗震鉴定。按现行《建筑抗震鉴定标准》对建筑物的抗震能力进行鉴定，通过图纸资料分析，现场调查核实，进行综合抗震能力的逐级筛选，对建筑物的整体抗震性做出评定，并提出抗震鉴定报告。经鉴定不合格的工程，提出抗震加固计划，报主管部门核准。

（2）抗震加固设计。针对抗震鉴定报告指出的问题，通过详细的计算分析，进行加固设计。设计文件应包括技术说明书、施工图、计算书和工程概算等。

（3）设计审批。抗震加固设计方案和工程概算，一般要经加固单位的主管单位组织审批。审批的内容是：是否符合鉴定标准和工程实际，加固方案是否合理和便于施工，设计数据是否准确，构造措施是否恰当，设计文件是否齐全。

（4）工程施工。施工单位应严格遵照有关施工验收规范施工，要做好施工记录（包括原材料质量合格证件、混凝土试件的试验报告、混凝土工程施工记录等）。当采用新材料新工艺时，要有正式试验报告。

（5）工程监理。审查工程计划和施工方案，监督施工质量，审核技术变更，控制工程质量，检查安全防护措施（抗震加固过程的拆改尤应特别注意），确认检测原材料和构件质量，参加施工验收，处理质量事故。

（6）工程验收。抗震加固工程的验收通常分两阶段进行：一是隐蔽结构工程的验收，通常在建筑装修以前，进行检查验收；二是竣工验收，全面对建筑结构进行系统的检查验收。

（7）工程存档。包括抗震鉴定、抗震加固设计、施工变更、施工档案等。

6.1.2 现有建筑的抗震鉴定

6.1.2.1 建筑抗震鉴定的基本规定

A   基本内容及要求

（1）搜集建筑的勘探报告、施工图纸、竣工图纸（或修改通知单）和工程验收文件等原始资料；当资料不全时，宜进行必要的补充实测。对结构材料的实际强度，应进行现场检测鉴定。

（2）调查建筑现状与原资料相符合的程度，有无增建或改建以及其他变更结构体系和构件情况；调查施工质量和维修状况。对震后建筑物，尚应仔细调查经历该地区烈度的地震作用时，建筑物的实际震害及其破坏机理。

（3）综合抗震能力分析。根据各类结构的特点、结构布置、构造和抗震承载力等因素，采用相应的逐级鉴定方法。进行建筑物综合抗震能力分析应着重关注下列 6 个方面：

1）建筑结构布置的规则性，结构刚度和材料强度分布的均匀性。

2）地震作用传递途径的连续性和结构构件抗震承载力分析。

3）结构构件、非结构构件同连接的可靠性。

4）结构构件截面形式、配筋构造等的合理性。

5）不同类型结构相连部位的不利影响。

6）建筑场地不利或危险地段上基础的类型、埋深、整体性及抗滑性。

（4）对现有建筑的整体抗震性能做出评价，提出抗震对策。对不符合鉴定要求的建筑，可根据其实际情况，考虑使用要求、城市规划等因素，通过技术、经济比较后，确定抗震加固措施。对有关建筑物原有缺陷等非抗震问题也应一并考虑，加以阐明。整体抗震性能的评价分下列五个等级：

1）合格符合或基本符合抗震鉴定要求，即使遭遇到相当于抗震设防烈度的地震影响时，一般不致倒塌伤人或砸坏重要生产设备，经修理后仍可继续使用。

2）维修处理。主体结构符合鉴定要求，而少数、次要部位不符合抗震鉴定要求，可结合建筑维护修理进行处理。

3）抗震加固。不符合抗震鉴定要求而有加固价值的建筑，应进行抗震加固。包括：

①无地震作用时能正常使用的建筑；

②建筑虽存在质量问题，但能通过抗震加固使其达到要求；

③建筑因使用年限久或其他原因（如腐蚀等），抗震所需的抗侧力体系承载力降低，但楼盖或支撑系统尚可利用；

④建筑各局部缺陷较多，但易于加固或能够加固。

4）改变用途。抗震能力不足，可改变其使用性能，如将生产车间、公共建筑改为不引起次生灾害的仓库；将使用荷载大的多层房屋改为使用荷载小的次要房屋等。改变用途的房屋仍应采取适当加固措施，以达到该类房屋的抗震要求。

5）淘汰更新。缺乏抗震能力而又无加固价值但仍需使用的建筑，应结合城市规划加以淘汰更新。此类建筑仍需采取应急措施，如：在单层房屋内设防护支架；危险烟囱、水塔周围划为危险区；拆除装饰物、危险物及卸载等。

B 抗震鉴定的方法

抗震的鉴定方法可分为两级。

第一级鉴定。以宏观控制和构造鉴定为主进行综合评价。第一级鉴定的内容较少，方法简便，容易掌握又确保安全。当符合第一级鉴定的各项要求时，建筑可评为满足抗震鉴定。当有些项目不符合第一级鉴定要求，可在第二级鉴定中进一步判断。

第二级鉴定。以抗震验算为主结合构造影响进行综合评价，它是在第一级鉴定的基础上进行的。当结构的承载力较高时，可适当放宽某些构造要求；或者当抗震构造良好时，承载力的要求可酌情降低。

这种鉴定方法，将抗震构造要求和抗震承载力验算要求紧密地联系在一起，具体体现了结构抗震能力是承载能力和变形能力两个因素的有机结合。

6.1.2.2 建筑结构的抗震鉴定

建筑结构的抗震鉴定应注意以下 4 个方面。

（1）建筑结构类型不同的结构，其检查的重点、项目内容和要求不同，应采用不同的鉴定方法。例如，对多层砌体房屋，首先判明其砌体是实心砖墙、空斗墙或是砌块；再判明其结构形式是砖混结构还是砖木结构，承重形式是横墙承重、纵横墙承重还是纵墙承重，进而判明是现浇混凝土楼盖、装配式混凝土楼盖或是装配整体式混凝土楼盖，等等。然后根据《建筑抗震鉴定标准》的有关内容进行抗震鉴定。

（2）对重点部位与一般部位，应按不同的要求进行检查和鉴定。重点部位指影响该类建筑结构整体抗震性能的关键部位（例如多层钢筋混凝土房屋中梁柱节点的连接形式，判明是框架结构还是梁柱结构，是双向框架还是单向框架；不同结构体系之间的连接构造）和易导致局部倒塌伤人的构件、部件（例如女儿墙、出屋面砖、烟囱等构件），以及地震时可能造成次生灾害（如煤气泄漏或化学有毒物的溢出）的部位。

（3）综合评定时，对抗震性能有整体影响的构件和仅有局部影响的构件应区别对待。例如，多层砌体房屋中承受地震作用的主要构件——抗震砖墙的配置数量、间距将影响整体抗震能力。而非承重构件的损坏，则仅具有局部影响，不影响大局。

（4）现有建筑宏观控制和构造鉴定的基本内容，应符合下列宏观控制要求：

1）多层建筑的高度和层数，如各类多层砌体房屋、内框架砖房、底层框架砖房，应分别符合标准中有关规定的最大值。

2）当建筑的平、立面，质量、刚度分布和墙体等抗侧力构件的布置在平面内明显不对称时，应进行地震扭转效应不利影响的分析。

3）当结构竖向构件上下不连续或刚度沿高度分布突变时，将引起变形集中或地震作用的集中，应找出薄弱部位并按相应的要求进行鉴定。

4）检查结构体系，找出其破坏会导致整个结构体系丧失抗震能力，或丧失承受重力能力的部件或构件，进行鉴定。当房屋有错层或不同类型结构体系相连时，应提高其相应部位的抗震鉴定要求。

5）当结构构件的尺寸、截面形式等不符合抗震要求而不利于抗震时，宜提高该构件的配筋等构造的抗震鉴定要求。

6）结构构件的连接构造应满足结构整体性的要求；对装配式单层厂房应有较完整的支撑系统。

7）非结构构件与主体结构的连接构造应该符合不致倒塌伤人的要求；对位于出入口及临街设置的构件，如门脸等，应有可靠的连接或本身能够承受相应的地震作用。

8）结构构件实际达到的强度等级，应符合有关规定的最低要求。

9）当建筑场地位于不利地段时，应符合地基基础的有关鉴定要求。

6.1.3　现有建筑结构抗震加固技术要点

6.1.3.1　抗震加固方案的基本要求

抗震加固方案的基本要求如下所列：

（1）现有建筑抗震加固前必须进行抗震鉴定。因为抗震鉴定结果是抗震加固设计的主要依据。

（2）在加固设计前，应对建筑的现状进行深入调查，查明建筑物是否存在局部损伤，并对原有建筑的缺陷损伤进行专门分析，在抗震加固时一并处理。

（3）加固方案应根据抗震鉴定结果综合确定，可分为整体房屋加固、区段加固或构件加固。

（4）当建筑面临维修，或使用功能在近期需要调整，或建筑外观需要改变等，抗震加固宜结合维修改造一并处理，改善使用功能，且注意美观，避免加固后再维修改造，损坏现有建筑。为了保持外立面的原有建筑风貌，应尽量采用室内加固的方法。

（5）加固方法应便于施工，并应减少对生产、生活的影响。例如，考虑外加固以减少对内部人员的干扰。

6.1.3.2　抗震加固的结构布置和连接构造

建筑物抗震加固的结构布置和连接构造应符合下列要求：

（1）加固的总体布局，应优先采用增强结构整体抗震性能的方案，应有利于消除不利因素。例如结合建筑物的维修改造，将不利于抗震的建筑平面形状分割成规则单元。

（2）改善构件的受力状况。抗震加固时、应注意防止结构的脆性破坏，避免结构的局部加强使结构承载力和刚度发生突然变化。框架结构经加固后，宜尽量消除强梁弱柱不利于抗震的受力状态。

（3）加固或新增构件的布置，宜使加固后结构质量和刚度分布较均匀、对称，减小扭转效应；应避免局部的加强，导致结构刚度或强度突变。

（4）减小场地效应。加固方案宜考虑建筑场地情况和现有建筑的类型。尽可能选择地震反应较小的结构体系，避免加固后地震作用的增大超过结构抗震能力的提高。

（5）加固方案中宜减少地基基础的加固工程量，因为地基处理耗费巨大，且比较困难。应多采取提高上部结构整体性措施等，抵抗不均匀沉降能力。

（6）加强抗震薄弱部位的抗震构造措施。如房屋的局部凸出部分易产生附加地震效应，成为易损部位。又如不同类型结构相接处，由于两种结构地震反应的不协调、互相作用，其连接部位震害较大。在抗震加固这些部位时，应使其承载力或变形能力比一般部位强。

（7）新增构件与原有构件之间应有可靠连接。因为抗震加固时，新、旧构件的连接是保证加固后结构整体协同工作的关键。

（8）新增的抗震墙、柱等竖向构件应有可靠的基础。因为这些构件既是传递竖向荷载，又是直接抵抗水平地震作用的主要构件，所以应该自上而下连续设置并落在基础上，不允许直接支承在楼层梁板上。基础的埋深和宽度，对新建墙、柱的基础应根据计算确定，或按有关规定确定；贴附于原墙、柱的加固面层（如板墙、围套等）、构架的基础深度，一般宜与原构件相同；对地基承载力有富余或加固面层承受的地震作用较少，其基础的深度也可比原构件提高设置，或搁置于原基础台阶上。

（9）女儿墙、门脸、出屋顶烟囱等易倒塌伤人的非结构构件，不符合鉴定要求时，宜拆除或拆矮，或改为轻质材料或栅栏。当需保留时，应进行抗震加固。

6.1.3.3　抗震加固技术的主要方法

抗震加固的目的是提高房屋的抗震承载能力、变形能力和整体抗震性能，根据我国近30年的试验研究和抗震加固实践经验，现将常用的抗震加固的方法列于表6.2中。

表 6.2　结构（构件）常用抗震加固技术及适用范围

加固方法		加固目的及适用范围	备　注
增强自身加固法	压力灌注水泥浆加固法	该法可以用来灌注砖墙裂缝和混凝土构件的裂缝，也可以用来提高砌筑砂浆强度等级小于或等于 M1 以下砖墙的抗震能力	增强自身加固法是为了加强结构构件自身，使其恢复或提高构件的承载能力和抗震能力，主要用于修补震前结构裂缝缺陷和震后出现裂缝的结构构件的修复加固
	压力灌注环氧树脂浆加固法	该法可以用于加固有裂缝的钢筋混凝土构件、最小缝宽为 0.1mm，最大可达 6mm；裂缝较宽时，可在浆液中加入适量水泥以节省环氧树脂用量	
	铁把锯加固法	此法可用来加固有裂缝的砖墙。铁把锯可用 $\phi 6$ 钢筋弯成，其长度应超过裂缝两侧 200mm，两端弯成 100mm 的直钩	
外包加固法	外包钢筋混凝土面层加固法	这是加固钢筋混凝土梁、柱及砖柱、砖墙和砖筒壁的有效办法，如钢筋混凝土围套、钢筋混凝土板墙等，可以支模板浇制混凝土或用喷射混凝土加固，尤其适用于湿度高的地区	外包加固法指在结构构件增设加强层，以提高结构构件的抗震承载力、变形能力和整体性。这种加固方法适用于结构构件破坏严重或要求较多地提高抗震承载力的场合
	钢筋网水泥砂浆面层加固法	此法主要用于加固砖柱、砖墙与砖筒壁，可以不用支模板，铺设钢筋后分层抹灰，比较简便	
	水泥砂浆面层加固法	适用于不要过多地提高抗震强度的砖墙加固	
	钢构件网笼加固法	适用于加固砖柱、砖烟囱和钢筋混凝土梁、柱及桁架杆件，其优点是施工方便，但须采取防锈措施，在有害气体侵蚀和湿度高的环境中不宜采用	
增设构件加固法	增设墙体加固法	当抗震横墙间距超过规定值或墙体抗震承载力严重不足时，宜采用增设墙体的方法加固。增设的墙体可为钢筋混凝土墙，也可为砌体墙	增设构件加固法是在原有结构以外增设构件，它是提高结构抗震承载力、变形能力和整体性的有效措施。在进行增设构件加固设计时，应考虑增设构件对结构计算简图和动力特性的影响
	增设柱子加固法	设置外加柱可以增加其抗倾覆能力，当抗震墙承载力差值不大，可采用外加钢筋混凝土柱与圈梁、钢拉杆进行加固。内框架房屋沿纵墙设钢筋混凝土外加柱是提高这类结构抗震承载力的一种方法。增设的柱子应与原有圈梁可靠连接	
	增设拉杆加固法	此法多用于受弯构件（如梁、桁架、檩条等）的加固和纵横墙连接部位的加固，也可用来代替沿内墙的圈梁	
	增设支撑加固法	增设屋盖支撑、天窗架支撑和柱支撑，可以提高结构的抗震强度和整体性，并可增加结构受力的赘余度，起二道防线的作用	
	增设圈梁加固法	当抗震圈梁设置不符合规定时，可采用钢筋混凝土外加圈或板底钢筋混凝土夹内墙圈进行加固。沿内墙圈梁可用钢拉杆代替。外墙圈梁沿房屋四周应形成封闭，并与内墙圈梁或钢拉杆共同约束房屋墙体及楼、屋盖构件	

加固方法		加固目的及适用范围	备 注
增设构件加固法	增设支托加固法	当屋盖构件（如檩条、屋面板）的支承长度不足时，宜加支托，以防止构件在地震时塌落	增设构件加固法是在原有结构以外增设构件，它是提高结构抗震承载力、变形能力和整体性的有效措施。在进行增设构件加固设计时，应考虑增设构件对结构计算简图和动力特性的影响
	增设刚架加固法	当原应增设墙体加固时，由于受使用净空要求的限制，也可增设刚度较大的刚架来提高抗震承载力	
	增设门窗框加固法	当承重窗间墙宽度过小或能力不满足要求时，可增设钢筋混凝土门框或窗框来加固	
增强连接加固法	拉结钢筋加固法	砖墙与钢筋混凝土柱、梁间的连接可增设拉筋加强，一端弯折后锚入墙体的灰缝内，一端用环氧树脂砂浆锚入柱、梁的斜孔中或与锚入柱、梁内的膨胀螺栓焊接。新增外加柱与墙体的连接也可采用拉结钢筋，以加强柱和墙间的连接	震害调查表明，构件的连接处是薄弱环节。针对各结构件间的连接采用各种方法进行加固，能够保证各构件间的抗震承载力，提高抗变形能力，保障结构的整体稳定性。这种加固方法适用于结构构件承载能力能够满足，但构件间连接差的情况。其他各种加固方法也必须采取措施增强其连接
	压浆锚杆加固法	适用于纵横墙间没有咬槎砌筑、连接很差的部位。采用长锚杆，一端嵌入内横墙，另一端嵌固于外纵墙上（或外加柱），其做法是先钻孔，贯通内外墙，嵌入锚杆后，用水玻璃砂浆压灌	
	钢夹套加固法	当隔墙与顶板和梁连接不良时，可采用镶边型钢夹套与板底连接并夹住砖墙顶，或在砖墙顶与梁间增设钢夹套，以防止砖墙平面外倒塌	
替换构件加固法	综合加固也增强连接	如外包法中的钢构套加固法，把梁和柱间的节点用钢构件网笼以增强连接。又如增设构件加固法的钢拉杆可以代替压装锚杆，也对砖墙平面外倒塌起约束作用；增设圈梁可以增强与纵墙连接；增设支托可增强支承连接	对原有强度低、韧性差的构件，用强度高、韧性好的材料替换。替换后须做好与原构件的连接
	钢筋混凝土替换砖	如钢筋混凝土柱替换砖柱；钢筋混凝土墙替换砖墙	
	钢构件替换木构件	钢构件替换木构件	

6.1.3.4 抗震加固后结构分析和构件承载力计算要求

（1）抗震加固设计宜在两个主轴方向进行结构的抗震验算。

验算方法可按现行国家标准《建筑抗震设计规范》（GB 50011—2010）规定的方法进行，但抗震加固设计与抗震设计比较，可靠性要求有所降低，而地震作用、内力调整、承载力验算公式均不变。采用抗震加固的承载力调整系数 γ_{Rs} 替代抗震设计规范的承载力抗震调整系数 γ_{RE}，并按式（6.1）进行结构构件抗震加固验算：

$$S \leqslant \frac{R}{\gamma_{Rs}} \tag{6.1}$$

式中 S——结构构件内力（轴向力、剪力、弯矩等）组合的设计值，计算时，有关的荷载、地震作用、作用分项系数、组合值系数和作用效应系数应按现行国家标准《建筑抗震设计规范》的规定采用；

R——结构构件承载力设计值，按现行国家标准《建筑抗震设计规范》的规定采用；

γ_{Rs}——抗震加固的承载力调整系数，可按现行国家标准《建筑抗震设计规范》承载力抗震调整系数的 0.85 倍采用，但对砖墙、砖柱、烟囱、水塔、钢结构连接（以上五项与抗震鉴定标准相协调）和用钢构套加固的构件，仍按《建筑抗震设计规范》的承载力调整系数采用。

承载力调整系数应按表 6.3 采用。

表 6.3　承载力设计与抗震加固调整系数对比

材料	结构构件		受力状态	抗震设计 γ_{RE}	抗震加固 折减系数	抗震加固 γ_{Rs}	用钢构套加固 折减系数	用钢构套加固 γ_{Rs}
钢	柱		偏压	0.70	0.85	0.60		
	柱间支撑	钢结构厂房		0.80	0.85	0.68		
		钢筋混凝土厂房		0.90	0.85	0.77		
	构件焊缝、连接和预埋件			1.00	1.00	1.00		
钢筋混凝土	梁		受弯	0.75	0.85	0.64	1.00	0.75
	轴压比小于 0.15 柱		偏压	0.75	0.85	0.64	1.00	0.75
	轴压比不小于 0.15 柱		偏压	0.80	0.85	0.68	1.00	0.80
	抗震墙		偏压	0.85	0.85	0.72		
	其他各类构件		受剪、偏拉	0.85	0.85	0.72	1.00	0.85
砌体	两端均有构造柱、芯柱的抗震墙		受剪	0.90	1.00	0.90		
	其他抗震墙		受剪	1.00	1.00	1.00		
	无筋砖柱		偏压	0.90	1.00	0.90	1.00	0.90
	组合砖柱		偏压	0.80	1.00	0.80	1.00	0.80
钢筋混凝土烟囱、水塔	烟囱		偏压	0.90	1.00	0.90	1.00	0.90
	环形筒壁水塔		偏压	0.85	1.00	0.85	1.00	0.85
	支架水塔		偏压	0.85	1.00	0.85	1.00	0.85
砖烟囱、水塔	烟囱		偏压	1.00	1.00	1.00	1.00	1.00
	砖筒水塔		偏压	0.90	1.00	0.90	1.00	0.90

（2）抗震加固设计对加固后结构的分析和构件承载力计算，尚应符合下列要求：

1）结构的计算简图，应根据加固后的荷载、地震作用和实际受力状况确定；当加固后结构刚度的变化不超过原有结构刚度的 10% 和加固后结构重力荷载代表值的变化不超过原有的 5% 时，可不计入地震作用变化的影响。

2）结构构件的计算截面积，应采用实际有效的截面面积。

3）结构构件承载力验算时，应计入实际荷载偏心，结构构件变形等造成的附加内力；并应计入加固后实际受力程度、新增部分的应变滞后和新旧部分协同工作的程度对承载力的影响。

6.1.4 工程实例

A 工程概况

和义学校中学（原名南苑北住宅小区中学）教学楼设计于 1993 年，由北京设科建筑事务所设计，原设计抗震按 8 度设防考虑。该教学楼为四层、局部三层的砖砌体结构，一至四层层高均为 3.9m，总高度为 16.2m；建筑物总长为 72.84m，总宽为 39.48m；在 7（8）轴处设有抗震缝（见图 6.1），将该教学楼分为Ⅰ段和Ⅱ段，抗震缝宽度为 70mm。

图 6.1 抗震缝

原设计中，基础和一层墙体砖的强度等级为 MU10，二层至四层墙体砖的强度等级为 MU7.5；基础砂浆采用 M10 水泥砂浆，一层墙体砂浆采用 M10 混合砂浆，二层至四层墙体砂浆采用 M7.5 混合砂浆；梁、板、构造柱及圈梁混凝土强度等级为 C20。

B 抗震鉴定依据

（1）《建筑抗震鉴定标准》（GB 50023—2009）；

（2）《砌体工程现场检测技术标准》（GB/T 50315—2000）；

（3）《建筑结构检测技术标准》（GB/T 50344—2004）；

（4）《砌体结构设计规范》（GB 50003—2001）；

（5）《混凝土结构设计规范》（GB 50010—2002）；

（6）《建筑结构荷载规范》（GB 50009—2001，2006 年版）；

（7）《建筑地基基础设计规范》（GB 50007—2002）；

（8）现场检测数据；

（9）相关的规程、规范、技术资料等。

C 现场检查、检测主要结果

a 结构体系及结构布置检测结果

该教学楼为纵横墙混合承重砖砌体结构，外墙墙厚为 370mm，内墙墙厚为 240mm；楼板和屋面板均为现浇钢筋混凝土板；在楼面、屋面的内、外墙均设置了钢筋混凝土圈梁，在相应部位设置了一定数量的钢筋混凝土构造柱；基础为砖砌条形基础。

Ⅰ段、Ⅱ段抗震横墙间距大于 4.2m 的房间占总面积的比例均大于 80%，属于横墙很少的房屋。

b 地基基础检查结果

和义学校中学教学楼经过约 15 年的使用，现场检查未发现上部结构有不均匀沉降裂缝和倾斜，可判定地基基础无严重静载缺陷。

c 结构外观检测结果

通过整体外观检查，该建筑物未发现主体结构构件有明显变形、倾斜或歪扭现象，墙体无空鼓、无严重酥碱和明显歪闪，目前使用状况良好。现场对建筑物外观损伤和缺陷进行检查，发现存在以下问题：

（1）部分楼板存在裂缝和漏水现象（见图6.2、图6.3）。

（2）部分墙体存在裂缝和渗水现象（见图6.4、图6.5）。

（3）部分女儿墙存在水平裂缝。

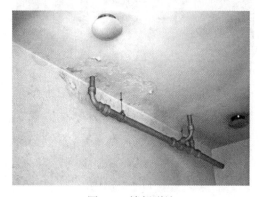
图6.2　楼板裂缝

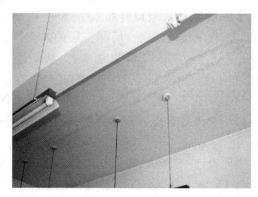
图6.3　楼板漏水

图6.4　墙体裂缝

图6.5　墙体渗水

d　结构材料强度抽测结果

（1）砂浆强度检测结果。依据《砌体工程现场检测技术标准》GB/T 50315—2000的有关规定，现场主要采用回弹法对砂浆强度进行抽测。经评定，一、二层砂浆强度等级达到M7.5，三层砂浆强度等级达到M6.0，四层砂浆强度等级达到M5.0。

（2）砖强度检测结果。砖的强度采用回弹法进行抽测，经评定，一层砖强度等级达到MU10，二~四层砖强度等级达到MU7.5。

（3）混凝土强度检测结果。采用回弹法对构造柱和圈梁的混凝土强度进行抽测，经评定，构造柱和圈梁的混凝土强度等级达到C20。

D　结构抗震鉴定结果

和义学校中学教学楼建于20世纪90年代中期，为四层、局部三层的砖砌体结构。依据《建筑抗震鉴定标准》（GB 50023—2009），按抗震设防烈度为8度、抗震设防分类为乙类、后续使用年限为40年的B类建筑进行抗震鉴定。

依据《建筑抗震鉴定标准》（GB 50023—2009）的要求，多层砌体房屋，应按房屋高度和层数、结构体系的合理性、材料的实际强度、房屋整体性连接构造的可靠性、局部易损易倒部位构件自身及其与主体结构连接构造的可靠性、楼梯间构造连接以及墙体抗震承载力的综合分析，对整幢房屋的抗震能力进行鉴定。

B类砌体房屋抗震鉴定应同时进行抗震措施鉴定和抗震承载力验算。抗震措施鉴定和抗震承载力验算均满足时，应判断为满足抗震鉴定要求；当抗震措施不满足鉴定要求而现有抗震承载力较高时，可通过构造影响系数进行综合抗震能力的评定；当抗震措施鉴定满足要求时，主要抗侧力构件的抗震承载力不低于规定的95%，次要抗侧力构件的抗震承载力不低于规定的90%，也可不要求进行加固处理。

对不符合鉴定要求的建筑，可根据其不符合要求的程度、部位对结构的整体抗震性能影响的大小，以及有关的非抗震缺陷等实际情况，结合使用要求、城市规划和加固难易等因素的分析，提出相应的维修、加固、改变用途或更新等抗震减灾对策。

本抗震鉴定报告以该建筑物原设计图纸为基础，并参照现场对结构布置、材料强度及构造连接的校核结果进行抗震鉴定。

a 抗震措施鉴定

抗震措施鉴定以宏观控制和构造鉴定为主，从结构整体及构造措施上对建筑物的抗震性能进行评价，抗震措施鉴定结果见表6.4。

表6.4 抗震措施鉴定

鉴定项目		鉴定标准值	实 际 值	鉴定结果
高度及层数	高度	横墙符合要求：≤15m 横墙很（较）少：≤12m	16.2m	不满足
	层数	横墙符合要求：不超过五层 横墙较少：不超过四层 横墙很少：不超过三层	横墙很少，四层，局部三层	不满足
	层高	不宜超过4.0m	3.9m	满足
结构体系	最大抗震横墙间距	装配楼（屋）盖：≤7m 现浇或装配整体楼（屋）盖：≤11m 木楼（屋）盖：≤4m	现浇钢筋混凝土楼（屋）盖，11m	满足
	高宽比	不宜大于1.5	Ⅰ段：2.14；Ⅱ段：2.32	不满足
	墙体布置	纵横墙布置宜均匀对称，沿平面内宜对齐，沿竖向应上下连续，同一轴线上的窗间宽度宜均匀	纵横墙布置不均匀对称，沿平面内基本对齐，沿竖向上下连续，同一轴线上的窗间宽度均匀	不满足
	防震缝	房屋立面高差在6m以上，或有错层，且楼板高差较大，或各部分结构刚度、质量截然不同时，宜有防震缝，缝两侧均应有墙体，缝宽宜为50~100mm	防震缝宽度为70mm	满足
	楼梯间位置	楼梯间不宜设置在房屋的尽端和转角处	楼梯间设置在房屋的转角处	不满足
	独立砖柱	跨度不小于6m的大梁不应由独立砖柱支承	无独立砖柱承重	满足
	楼、屋盖	横墙较少、跨度较大的房间宜为现浇或装配整体式楼盖、屋盖	现浇钢筋混凝土楼（屋）盖	满足

鉴定项目		鉴定标准值	实 际 值	鉴定结果
结构体系	基础	同一单元基础宜为同一类型，底面宜埋置在同一标高上，否则应有基础圈梁并应按 1：2 的台阶逐步放坡	均为砖砌体条形基础，底面埋置在同一标高，且有两道基础圈梁，并按 1：2 的台阶逐步放坡	满足
材料实际强度	砖强度等级	不应低于 MU7.5	不低于 MU7.5	满足
	砂浆强度等级	承重砖墙体砂浆强度不应低于 M2.5	一、二层砂浆强度等级为 M7.5，三层砂浆强度等级为 M6.0，四层砂浆强度等级为 M5.0	满足
	构造柱、圈梁混凝土强度	构造柱、圈梁混凝土强度不宜低于 C15	构造柱、圈梁混凝土强度为 C20	满足
房屋的整体性连接构造	墙体布置和纵横墙连接	墙体布置在平面内应闭合，纵横墙交接处应咬槎砌筑，烟道、风道、垃圾道等不应削弱墙体，当墙体被削弱时，应对墙体采取加强措施	墙体布置在平面内闭合，纵横墙交接处应咬槎砌筑，墙体未被烟道、风道、垃圾道等削弱	满足
	构造柱设置、构造与配筋	外墙四角，错层部位横墙与外纵墙交接处，较大洞口两侧，大房间内外墙交接处；内墙（轴线）与外墙交接处，内墙的局部较小墙垛处；楼梯间、电梯间四角；内纵墙（轴线）与横墙交接处	外墙四角，大房间内外墙交接处，内墙（轴线）与外墙交接处，楼梯间四角，内纵墙（轴线）与横墙交接处设有构造柱；较大洞口两侧未设构造柱	不满足
		砖砌体房屋构造柱的最小截面尺寸可为 240mm×240mm，纵向钢筋宜为 4φ14，箍筋间距不应大于 200mm	构造柱的最小截面尺寸为 240mm×240mm，纵向钢筋为 4φ14，箍筋间距不大于 200mm	满足
		构造柱与圈梁应有连接	构造柱与圈梁连接，底部伸入基础圈梁内，顶部伸入屋顶圈梁内	满足
		构造柱与墙连接处应砌成马牙槎，应沿墙高每隔 500mm 有 2φ6 拉结钢筋，每边伸入墙内不宜小于 1m	构造柱与墙连接处砌成马牙槎，沿墙高每隔 8 皮砖有 2φ6 拉结钢筋，每边伸入墙内不小于 1m	满足
		构造柱应伸入地面以下 500mm，或锚入浅于 500mm 的基础圈梁内	构造柱锚入基础圈梁内	满足
	圈梁的布置、构造和配筋	装配式楼、屋盖时，屋盖及各层楼盖处内、外墙均应有圈梁，且楼、屋盖内横墙圈梁间距均不应大于 7m，在该范围内无横墙时，可利用梁或板缝内钢筋代替圈梁；现浇或装配整体式楼、屋盖时，可无圈梁，但楼、屋盖与墙体和构造柱有可靠连接	现浇楼、屋盖；楼、屋盖处内、外墙均有钢筋混凝土圈梁	满足

续表6.4

鉴定项目		鉴定标准值	实 际 值	鉴定结果
房屋的整体性连接构造	圈梁的布置、构造和配筋	圈梁应闭合，遇有洞口应上下搭接；圈梁宜与预制板设在同一标高处或紧靠板底	圈梁闭合，遇洞口，在洞顶上另设一道圈梁	满足
		圈梁截面高度不应小于120mm，纵筋不应小于4φ12，最大箍筋间距为150mm；当需要增设基础圈梁以加强基础的整体性和刚性时，圈梁截面高度不应小于180mm	圈梁最小截面高度为240mm，最小纵筋为6φ12；基础圈梁截面高度为240mm	满足
	楼（屋）及其与墙体的连接	现浇钢筋混凝土楼板或屋面板伸进外墙和不小于240mm厚内墙的长度不应小于120mm	现浇钢筋混凝土楼板、屋面板伸进墙体的长度不小于120mm	满足
		装配式钢筋混凝土楼板或屋面板，当圈梁未设在板的同一标高时，板端伸进外墙的长度不应小于120mm，伸进不小于240mm厚内墙的长度不应小于100mm，在梁上不应小于80mm	—	—
		当板的跨度大于4.8m并与外墙平行时，靠外墙的预制板侧边与墙或圈梁应有拉结	—	—
		当圈梁设在板底时，预制板应相互拉结，并应与梁、墙或圈梁拉结	—	—
		楼盖、屋盖的钢筋混凝土梁或屋架应与墙、柱或圈梁可靠连接，梁与砖柱的连接不应削弱柱截面，各层独立砖柱顶部应在两个方向可靠连接	楼盖、屋盖的钢筋混凝土梁与圈梁或构造柱可靠连接；无独立砖柱	满足
易引起局部倒塌的部件及连接	出入口或人流通道处非结构构件	预制阳台应与圈梁或楼板的现浇板带有可靠拉结	无预制阳台	满足
		钢筋混凝土预制挑檐应有锚固	无预制挑檐	满足
		附墙烟囱及出屋面烟囱应有竖向配筋	附墙排气道无竖向配筋	不满足
	门窗过梁	门窗洞处不应为无筋砖过梁，过梁支承长度不应小于360mm	门窗洞处为钢筋混凝土圈梁，支承长度为250mm	不满足
	砌体墙段的局部尺寸	承重窗间墙最小宽度不宜小于1.5m	1.0m	不满足
		承重外墙尽端至门窗洞边的最小距离不宜小于2.0m	0.94m	不满足
		内墙阳角至门窗洞边的距离不宜小于2.0m	0.48m	不满足
		非承重外墙尽端至门窗洞边的最小距离不宜小于1.0m	无非承重外墙	满足
		无锚固女儿墙（非出入口或人流通道处）最大高度为0.0m	女儿墙有构造柱和压顶，但其高度为0.7m	不满足
	隔墙	后砌非承重隔墙应沿墙高每隔500mm有2φ6钢筋与承重墙或柱拉结，并每边伸入墙内不应小于500mm，长度大于5.1m的后砌非承重隔墙的墙顶应与梁或板有拉结	部分后砌非承重隔墙的墙顶与梁或板无拉结，两侧与承重墙或柱无拉结	不满足

鉴定项目	鉴定标准值	实 际 值	鉴定结果
楼梯间构造连接	顶层楼梯间横墙和外墙宜沿墙高每隔500mm有2φ6通长钢筋，各层楼梯间墙体应在休息平台或楼层半高处有60mm的配筋砂浆带，砂浆强度不应低于M5，钢筋不宜少于2φ10	休息平台或楼层半高处无配筋砂浆带	不满足
	楼梯间及门厅内墙阳角处的大梁的支承长度不应小于500mm，并应与圈梁有连接	楼梯间内墙阳角处的大梁的支承长度为360mm	不满足
	突出屋面的楼梯间、电梯间，构造柱应伸到顶部，并与顶部圈梁连接，内外墙交接处应沿墙高每隔500mm有2φ6拉结钢筋，且每边伸入墙内不应小于1m	无突出屋面的楼梯间、电梯间	满足
	装配式楼梯段应与平台板的梁有可靠连接，不应有无筋砖砌栏板	现浇钢筋混凝土楼梯段，并与平台板的梁可靠连接，无砖砌栏板	满足

由上述分析可以看出，该教学楼的房屋层数和高度、结构体系、易引起局部倒塌的部件及连接、楼梯间构造连接均不满足鉴定标准的要求，房屋整体性连接构造略不满足鉴定标准的要求，需要进行整体抗震加固处理。由于其房屋层数和高度超过限值要求，可采用减少房屋层数，或改变用途按丙类设防使用，或改变结构体系等抗震对策。

b   抗震承载力验算

（1）主要计算参数。该建筑物场地类别按 II 类考虑，抗震设防烈度为 8 度，设计基本地震加速度值为 $0.2g$，设计地震分组为第一组。抗震设防分类为乙类建筑。

（2）楼（屋）面荷载取值。楼（屋）面活荷载取 $2.0kN/m^2$，走廊、楼梯间活荷载取 $3.5kN/m^2$。

（3）材料强度取值。根据现场检测结果，一层砖强度等级按 MU10 取值，二~四层砖强度等级按 MU7.5 取值；一、二层砂浆强度按 7.5MPa 取值，三层砂浆强度按 6.0MPa 取值，四层砂浆强度按 5.0MPa 取值。

（4）主要计算结果。依据《建筑抗震鉴定标准》（GB 50023—2009），对和义学校中学教学楼进行抗震承载力验算，计算结果表明：和义学校中学教学楼部分墙体的抗震承载力（抗力/效应）小于 1.0，不满足《建筑抗震鉴定标准》（GB 50023—2009）B 类建筑物的要求，需要进行抗震加固处理。

E   鉴定结论及处理意见

a   鉴定结论

依据《建筑抗震鉴定标准》（GB 50023—2009），按抗震设防烈度为 8 度、抗震设防分类为乙类建筑、后续使用年限为 40 年的 B 类建筑，对和义学校中学教学楼进行现场检查、检测和抗震鉴定分析，得出抗震鉴定结论如下：

（1）通过整体外观检查未发现该建筑物主体结构构件有明显变形、倾斜或歪扭现象，无严重静载缺陷。

（2）和义学校中学教学楼的房屋层数和高度、结构体系、易引起局部倒塌的部件及连接、楼梯间构造连接等抗震措施不满足《建筑抗震鉴定标准》（GB 50023—2009）要求，房屋整体性连接构造略不满足鉴定标准的要求。

（3）和义学校中学教学楼部分墙体的抗震承载力（抗力/效应）小于1.0，不满足《建筑抗震鉴定标准》（GB 50023—2009）B类建筑物的要求，应采取相应抗震加固措施提高其抗震承载能力。

（4）和义学校中学教学楼的房屋整体抗震性能不满足《建筑抗震鉴定标准》（GB 50023—2009）要求，应采取相应措施进行抗震加固处理，提高房屋的整体抗震性能。

b　处理意见

由于和义学校中学教学楼整体抗震性能不能满足《建筑抗震鉴定标准》（GB 50023—2009）要求，因此应对该楼进行抗震加固处理。抗震加固应着重提高结构的整体抗震性能，同时兼顾局部易损易倒的薄弱部位。综合以上考虑，提出该楼加固处理意见如下：

（1）对和义学校中学教学楼房屋高度和层数超过限值规定的情况，采用减低房屋层数和高度，或改变用途按丙类设防使用，或改变结构体系等抗震对策，并进行整体抗震加固处理。

（2）采取措施对该楼部分纵、横墙进行加固处理，提高墙体的抗震承载力。

（3）结合抗震承载力，采取措施提高建筑物的整体抗震性能。

（4）将突出屋面的附墙排气道拆除。

（5）将屋面上的机器移走或采取可靠的连接措施，使其与房屋结构连接可靠。

（6）将隔墙改为轻质隔墙或拆除。

（7）对出屋面女儿墙拆除重砌或进行加固。

（8）采取措施对各层楼板和墙体的裂缝和漏水部位进行处理，保证楼房的正常使用和耐久性。

6.2　火灾后建筑结构鉴定与加固技术

6.2.1　概述

火灾会给人类的生命财产带来极其巨大的损失。据统计，世界上发达国家每年的火灾损失额多达几亿甚至十几亿美元，占国民经济总产值的0.2%~1.0%。

我国的火灾次数和损失虽然比发达国家少得多，但也相当严重。据公安部消防局统计，从损失分布看，仅2016年住宅火灾直接财产损失7.5亿元，占损失总额的20.1%；厂房火灾损失7亿余元，占18.9%；仓储场所火灾损失近6亿元，占16%；交通工具火灾损失5.8亿元，占15.6%；人员密集场所火灾损失5.2亿元，占14%；特别是仓储场所火灾起均损失达到10.2万元，厂房火灾起均损失6.6万元，远超住宅火灾的起均损失5960元。除巨额的直接经济损失外，火灾带来的间接经济损失则更多，统计分析表明，火灾的平均间接经济损失是直接经济损失的三倍左右。

发生建筑火灾时，除了烧毁生活和生产设施，威胁人的安全以外，由于火灾的高温作用，建筑材料的性能迅速劣化，建筑的完整性遭到破坏，结构构件的承载力下降，还可能造成结构破坏，甚至导致建筑物的倒塌。而且，很多情况下火灾后建筑物并不立刻倒塌，而是在消防人员灭火或者有关人员抢救财产时突然倒塌，这会造成更严重的损失。即使建筑物不发生倒塌，火灾后建筑物能否安全使用也是非常现实的工程问题。为了最大限度地减轻火灾损失，保证灾后建筑物能安全使用，必须了解火灾现场的温度分布和持续时间，研究火灾作用下及作用后结构物的受力性能，建立实用的结构鉴定方法，开发可靠的加固维修方法。

6.2.2 火灾温度的判定

6.2.2.1 概述

建筑结构在火灾高温作用下的材性变化，与火灾现场的温度有关，也与受火时间有关。从我国火灾统计资料来看，同一区域构件受火最高温持续时间多在 30～120min 内，其中60min 以内的占81%。因此，建筑结构火灾损伤鉴定和修复设计的关键，在于正确判定结构构件内部经历的温度分布情况，特别是 100℃、300℃、500℃、700℃等温度线的位置。国外常用的评估方法是在确定构件表面受火温度和持续时间条件下，按热力传导方程计算受损构件内部的分布。但火灾实际情况极为复杂，影响因素很多，火灾现场不同位置的火伤程度不同，该方法与实际情况出入较大。由于当前建筑均无智能化系统，不能像飞机"黑匣子"那样对建筑状态随时进行记录，一旦火灾发生，其各部位的燃烧温度、燃烧时间和升温、旺盛及衰减过程都无记录可查，因此只能在火灾熄灭的废墟中对现场进行调查和取证，以帮助进行分析判断，而取证也多以灾后现场的遗留物为主。

6.2.2.2 常用的判定方法

A 残留物烧损特征推定法

通过检查火场残留物的燃烧、熔化、变形和烧损程度即可估计火灾现场的受火温度，进而推定当量升温时间。如玻璃烧融软化，其温度一般要达到700℃；钢窗变形，其温度在600～700℃；铝合金门窗、柜台熔化，它们所处的火场温度应当在750℃左右。

B 混凝土表面特征推定法

通过现场调查与检测，详细记录混凝土表面颜色、外观特征和锤击反应，然后对照表6.5，可大致推断出混凝土构件的受火温度。

表 6.5　混凝土表面颜色、裂损剥落、锤击反映和温度的关系

温度/℃	<200	200～500	500～700	200～500	200～500
颜色	灰青，近似正常	浅灰，略显粉红	浅灰白，显浅红	灰白，显浅黄	浅黄色
爆裂、剥落	无	局部粉刷层	角部混凝土	大面积	酥松，大面积剥落
开裂	无	微细裂缝	角部出现裂缝	较多裂缝	贯穿裂缝
锤击反映	声音响亮，表面不留下痕迹	较响亮，表明留下较明显痕迹	声音较闷，混凝土粉碎和塌落，留下痕迹	声音较闷，混凝土粉碎和塌落	声音较哑，混凝土严重剥落

C　钢结构表面颜色推定法

结构钢高温过火冷却后，表面颜色随经历的最高温度的升高而逐步加深，这对于判定构件曾经经历的最高温度有一定的参考价值。高温冷却后的钢材表观特征与钢材的种类、高温持续时间、冷却方式、表面光洁程度等有关。Q235 钢所经历的最高温度与表面颜色的关系可参照表 6.6。

表 6.6　Q235 钢材经历的最高温度与表面颜色

经历的最高温度/℃	试件表面的颜色	
	初步冷却	完全冷却
240	与常温下基本相同	—
330	浅蓝色	浅蓝黑色
420	蓝色	深蓝黑色
510	灰黑色	浅灰黑色
600	黑色	黑色

由于实际构件表面在绝大多数情况下或有防腐涂料或有锈蚀，因此表 6.6 提供的钢材的表观颜色仅供参考。

6.2.2.3　混凝土表面烧疏层厚度法

受火后，混凝土一定厚度内其强度降低较多，易于凿除，这个厚度叫做混凝土烧损层。在混凝土烧损层表面有一层强度很低的疏松层，称为混凝土烧疏层。不同的受火温度会产生不同的混凝土烧疏层厚度，见表 6.7。

表 6.7　混凝土烧疏层厚度与受火温度关系

受火温度/℃	500~700	700~800	800~850	850~900	900~1000	>1000
混凝土烧疏层厚度/mm	1~2	2~3	3~4	4~5	5~6	>6

6.2.2.4　由火灾燃烧时间推算火灾温度

一般情况下，民用住宅和公用建筑物（如旅馆、商店、剧院等）火灾一般在起火房间内即被扑灭，火灾持续时间约 60min，温度约 700~1000℃。随着起火房间内燃烧荷载的增加，火灾持续时间可延长至 90~120min，温度提高至 800~1100℃。工业厂房、仓库由于燃烧荷载较大，火灾持续时间可达 120~240min，温度高达 1200~1500℃。当然，火灾持续时间的长短与火灾时可燃物的多少与种类有关，也与灭火方式和灭火条件有关。

6.2.2.5　碳化深度检测法

混凝土受火前已经有一个碳化深度值。在高温下，混凝土中的氢氧化钙加速进行热分解而使混凝土呈中性。因此火灾前后混凝土的碳化深度值存在着较大的差异。为消除龄期、混凝土强度等级等因素的影响，比较准确地推断建筑构件表面温度，可以采用火灾后和火灾前碳化深度差与火灾前的碳化深度之比来推定建筑构件表面温度。根据有关单位实验数据进行分析，碳化深度比值与温度的关系见表 6.8。

表 6.8　碳化深度比值与受火温度的关系

碳化深度比值	1.00	1.60	2.50	4.00	9.00
混凝土受火温度/℃	正常温度	200	400	600	800

6.2.2.6 根据混凝土强度降低系数推定火场温度

混凝土的立方体抗压强度与温度 T 的关系可用下式表达：

$$f_{cut} = f_{cu} \quad T \leqslant 400℃$$
$$f_{cut}/f_{cu} = 1.6 - 0.0015T \quad 400℃ < T \leqslant 800℃ \tag{6.2}$$

式中，f_{cu} 为常温下混凝土的立方体抗压强度。

利用现场测试的过火混凝土强度和未过火的同条件混凝土强度进行比较计算，即可推定建筑构件表面受火温度。

6.2.2.7 混凝土烧失量试验

混凝土烧失量试验是目前推估混凝土最高受火温度的较精确的方法之一。根据高温下水泥水化物及其衍生物分解失去结晶水，同时混凝土中的 $CaCO_3$ 分解产生 CO_2，从而减轻其重量的原理，首先测定不同温度所对应的烧失量，得到相应的回归关系，然后由实际过火混凝土烧失量的大小来推断该混凝土的最高受火温度。

6.2.2.8 化学分析法

化学分析法主要用来检测硬化水泥浆体中是否残留结合水，或者混凝土中是否残留氯化物。前者根据残留结合水含量与温度之间的关系，可以估计出混凝土构件的温度梯度和强度的损失；后者根据含氯离子的混凝土深度与温度的关系，可以推测混凝土表面受火温度和持续时间。

6.2.2.9 电子显微镜分析法

混凝土在高温作用下，不仅会由于脱水反应产生一些氧化物，还会在水化、碳化和矿物分解后又产生许多新的物相。不同的火灾温度，所产生的相变和内部结构的变化程度亦不同，根据这种相变和内部结构变化的规律，就可用电子显微镜或 X 衍射分析（表 6.9 和表 6.10）判定火灾温度。为了使判定结果更可靠，在抽取构件表面被烧损的混凝土块时，应同时抽取构件内部未烧损的混凝土块进行电镜分析，以便进行对比分析，提高判断结果的精度。

表 6.9 X 衍射分析

物相特征	特征温度/℃
水化物基本特征	<300
水泥水化产物水化铝酸三钙脱水	280~300
水泥水化产物氢氧化钙脱水	580
骨料中白云石分解	720~740

表 6.10 电镜分析

物 相 特 征	特征温度/℃
物相基本正常	<300
方解石骨料表面光滑、平整，水泥砂浆密集，连续性好	280~350
石英晶体完整，水泥砂浆中水化产物氢氧化钙脱水，浆体开始出现酥松，但仍较紧密	550~650
水泥浆体已脱水，收缩成酥松体，氢氧化钙脱水，分解，并有少量氧化钙生成	650~700

物 相 特 征	特征温度/℃
水泥浆体脱水，收缩成团块、板状块，并有氧化钙生成，吸收空气中水分	700~760
浆体脱水放出氧化钙，成为团聚体，浆体酥松，孔隙大	760~800
水泥浆体成为不连续的团块，孔隙很大，氧化钙增加	800~850
水泥浆体成为不连续的团块，孔隙很大，但石英晶体较完整	850~880
方解石出现不规则小晶体，开始分解	880~910
方解石分解成长方形柱状体，浆体脱水、收缩后孔隙很大	910~940
方解石分解成柱状体，浆体脱水、收缩后孔隙更大	980

6.2.2.10　颜色分析

颜色分析法完全不同于表观检测中根据表面颜色判断遭受温度的方法。英国阿斯顿大学工程与应用科学系的 N. R. Short 在这种方法中结合岩相学，引入了另一种分析颜色的色彩模式。

一般所说的色彩模式是 RGB（red，green and blue）模式，即任何一种颜色都可被红色、绿色和蓝色以不同比例搭配而成。而在颜色分析法中用的色彩模式是 HSI（hue，saturation and intensity）模式，即色调、饱和度和亮度（图6.6）。

色调表示光的颜色，它取决于光的波长。实际上，可见光的各色波长范围之间的界限并不十分明显，色调是由强度最大的彩色成分来决定的。例如自然界中的七色光，就分别对应着不同的色调，而每种色调又分别对应着不同的波长。任何一种颜色都可以在 HSI 色彩模式

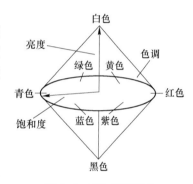

图6.6　HIS 色彩模式

中找到相对应的位置，在水平面即色调面上投影的角度就是它的色调值。在电脑分析软件中，这个水平的0~360。圆上的点被定义为0~225不同的值，从图6.6可看出纯红色的值是0或225。

色饱和度是指彩色的深浅或鲜艳程度，通常指彩色中白光含量的多少，白光的色饱和度为零，而100%的色饱和度是指彩色中不含白光。

亮度表示某种颜色在人眼视觉上引起的明暗程度，它直接与光的强度有关。光的强度越大，景物就越亮；光的强度越小，景物就会越暗。

检测所用仪器是奥林帕斯的反射光偏振显微镜和相应的颜色分析处理软件。实验中需将样品切割成50mm×80mm，再裹以无色树脂，并经磨光处理，利于样品在检测中反射光线。

反射光偏振显微镜所摄到的图像被分析软件划分为512×512像素，共262144个像素点，每个点都有其相对应的色调、饱和度和亮度值。从图6.7可见，无论经历高温与否，混凝土的色调值都集中在0~39，而在40~225区间为0。两种状态混凝土的色调值在分布上有很大差异。受高温（350℃）混凝土的色调值集中在10~19，20~29区间陡降；而未受损混凝土则相反。

为证实这一结论，并排除混凝土中某些矿物成分的影响，N. R. Short 分别用掺加了粉煤灰（PFA）、高炉矿渣（BFS）和无任何掺和料（OPC）的三种混凝土做试验后得到图 6.6。虽然掺加了矿物外加剂的混凝土颜色不同，但可在颜色分析后从图中明显看出，三种混凝土遭受高温后色调值在 0～19 的比例都骤然升高。根据图 6.8 和图 6.9 可得到掺加 BFS 混凝土的在 0～19 色调值比例与温度和受损深度的关系。

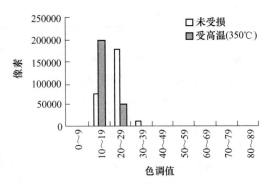

图 6.7　色调值频率变化柱状图

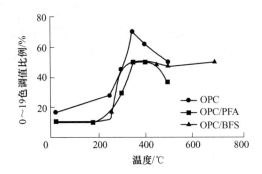

图 6.8　0～19 色调值比例与温度的关系

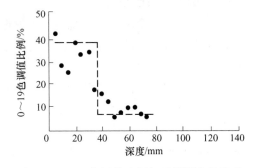

图 6.9　0～19 色调值比例与受损深度的关系

从图 6.9 中的虚线可知，距表面 35mm（即 300℃等温线）的深度范围内，其值皆大于其他区域，而且界限明显，很容易判别。颜色分析法在色调值和所遭受的温度及受损深度之间建立关系，只需检测构件样本的色调值，即可推知经历高温的温度和受损深度。但在试验中并没有排除骨料对试验结果的影响，因为在实际检测中，在截取的一块 50mm×80mm 样本中，通常都含有骨料，所以以取砂浆为宜。另外，颜色分析法所用到的仪器及相关配套的工具和软件共需 5 万英镑，不菲的价格使其在我国应用还有相当难度。

6.2.2.11　根据标准升温曲线

火灾现象是一种偶然事件，建筑火灾一般分为三个阶段，即成长期、旺盛期和衰减期。根据这一规律，国际上制定了 ISO-834 标准升温曲线，模拟建筑工程实际火灾温度情况。

火灾下钢筋混凝土结构构件截面的温度分布随时间而变化，而且混凝土的导热系数、比热和质量密度等也随温度的变化而有所改变。室内火灾的空气升温过程除了使用计算机对火灾进行物理模拟以外，还有通过收集、整理和分析数据，归纳总结出的经验公式。我国采用较多的是国际标准组织制定的 ISO-834 标准升温曲线，调查火灾所经历的时间来推算火灾温度，其升温段方程（实际工程一般不用下降段）如下：

$$T = 345\lg(8t + 1) + T_0 \tag{6.3}$$

式中　T——标准温度，℃；

　　　T_0——自然温度，火灾发生在夏季取 30℃；

　　　t——火灾经历时间，最大值取 240min。

6.2.3 火灾作用下的结构性能

6.2.3.1 火灾作用下混凝土材料的力学性能

普通混凝土的高温性能主要取决于其组成材料的矿物化学成分、配合比和含水量等因素，还因为试验设备、试验方法、试件的尺寸和形状，以及加热速度和恒温时间等的不同而有较大差别。

A 抗压强度和抗拉强度

混凝土因为骨料类型的差异，随温度升高，其强度降低值也不同。轻骨料和钙质骨料（如石灰石）混凝土的高温强度高于硅质骨料（如花岗石）混凝土；混凝土的强度越高，高温下强度的损失越大；随着水灰比的增大，混凝土的高温抗压强度将降低，但温度较高时，降低的幅度较小；混凝土的抗压强度随着暴露于高温下时间的增大而下降，下降幅度随温度提高而增大；升降温后的残余抗压强度比高温时的抗压强度降低；升温速度较慢比升温速度较快的混凝土抗压强度稍低；经过多次升降温循环，混凝土的强度逐渐降低，但大部分强度损失在第一次升降温循环时就已出现。

高温下混凝土抗压强度的降低系数见表 6.11。《火灾后建筑结构鉴定标准》中给出高温后混凝土抗压强度的降低系数见表 6.12。

表 6.11　高温下混凝土抗压强度的降低系数

温度/℃	100	200	300	400	500	600	700
降低系数	1.0	1.0	0.85	0.70	0.53	0.36	0.20

注：表中给出的是下限值。

表 6.12　混凝土高温时抗压强度的降低系数

温度/℃	常温	300	400	500	600	700	800
$\dfrac{f_{cu,t}}{f_{cu}}$	1.0	1.0	0.80	0.70	0.60	0.40	0.20

注：$f_{cu,t}$ 为混凝土在高温下或冷却后的抗压强度；f_{cu} 为混凝土原有抗压强度。

B 弹性模量

根据已有的试验结果，一般认为：混凝土的弹性模量随着温度的升高逐渐降低。高温下混凝土弹性模量的降低系数，见表 6.13。不同骨料对混凝土的弹性模量影响较大；混凝土的水灰比越高，随温度的升高其弹性模量降低得越多；湿养护比空中养护的混凝土弹性模量降低得多[18]；低强混凝土的弹性模量比高强混凝土受温度影响大；混凝土的弹性模量随温度增加迅速降低，但在逐渐冷却至常温的过程中，其弹性模量基本保持不变；混凝土的弹性模量与升降温循环次数的关系很小，主要取决于曾达到的最高温度。

表 6.13　高温下混凝土弹性模量的降低系数

温度/℃	100	200	300	400	500	600	700
降低系数	1.0	0.80	0.70	0.60	0.50	0.40	0.30

C 应力-应变关系

骨料类型、养护条件以及试验方式等都对高温下混凝土的应力-应变关系有影响。试验表明，随着试验温度的升高，混凝土棱柱体抗压强度（即曲线的峰值）逐渐下降，而相应的峰值应变有很大增长，因而，应力-应变曲线逐渐趋于扁平。

6.2.3.2 火灾作用下钢筋的力学性能

A 钢筋的强度

冷加工钢筋在温度较高时，强度有不同程度的降低。冷加工钢筋随温度的升高，屈服台阶逐渐缩短，到300℃时，屈服台阶基本消失；在400℃以下时，钢筋的强度不但不降低，反而比常温时略微增高，但塑性降低，这是由于钢筋在200～350℃时的"蓝脆"现象所致；超过400℃后，钢筋强度随温度的升高而逐渐降低；到700℃时，钢筋强度降低达80%以上。

热轧钢筋（HPB235、HRB335、HRB400—89 规范中的Ⅳ级）在温度低于300℃时，强度损失较小，个别试件的强度甚至可能超过常温强度；温度在400～800℃之间，强度急剧下降；当温度为800℃时，其强度已经很低，一般不足常温下强度的10%。高强钢丝（Ⅴ级）的强度在高温下损失更为严重，在温度为200℃时，强度已明显下降；温度在200～600℃之间，强度急剧降低；当温度在800℃时，强度只有常温强度的5%左右。

《火灾后建筑结构鉴定标准》中给出的钢筋在高温下的抗拉强度及抗拉强度折减系数，见表6.14。

表6.14 高温下钢筋强度折减系数

温度/℃	强度折减系数		
	HPB235	HRB335	冷拔钢丝
室温	1.00	1.00	1.00
100	1.00	1.00	1.00
200	1.00	1.00	0.75
300	1.00	0.80	0.55
400	0.60	0.70	0.35
500	0.50	0.60	0.20
600	0.30	0.40	0.15
700	0.10	0.25	0.05
900	0.05	0.10	0.00

B 弹性模量

钢筋弹性模量随温度升高的变化趋势与强度的变化相似。当温度不超过200℃时，弹性模量下降有限；温度在300～700℃之间，迅速下降；当温度为800℃时，弹性模量很低，一般不超过常温下弹性模量的10%。

C 应力-应变关系

高温下钢筋的应力-应变关系常采用二折线方程表示。对于预应力钢筋，在高温作用下受热膨胀，使预应力值很快大幅度降低，且预应力混凝土比普通混凝土更易出现开裂、剥落。根据美国的试验资料介绍，当温度达到316℃左右时，钢筋蠕变增大，弹性模量比正常工作时降低20%，使构件的承载能力降低；当温度升到427℃，预应力钢筋的强度则完全丧失。

6.2.3.3 火灾作用下钢筋与混凝土间的粘结性能

在钢筋混凝土结构中，钢筋和混凝土之间的有效粘结作用是其共同作用的基础，高温作用下，两者的粘结强度也会发生很大的变化。钢筋与混凝土之间的粘结强度，主要是由钢筋表面与水泥胶体间的胶结力、混凝土与钢筋间的摩擦力、混凝土与钢筋接触面上的机械咬合力组成。在高温下，由于混凝土的膨胀系数比钢筋小，混凝土环向挤压钢筋，从而使混凝土与钢筋之间的摩擦力增大；另一方面，高温下混凝土的抗拉强度随温度升高而显著降低，因此降低了混凝土与钢筋之间的胶结力。

高温对光圆钢筋与混凝土的粘结强度影响是很严重的，而对螺纹钢筋与混凝土间的粘结强度影响则相对较小。此外，有锈和无锈的光圆钢筋与混凝土间的粘结强度在高温下也不同。火灾后钢筋与混凝土的粘结力变化取决于温度和钢筋种类。螺纹钢筋在350℃左右时，与混凝土的粘结力几乎没有降低；到450℃左右时，约降25%；700℃时，降低80%。光圆钢筋与混凝土的粘结力在高温下比螺纹钢筋要降低得多，在100℃左右时，光圆钢筋与混凝土的粘结力降低约25%；到450℃时，则完全丧失粘结力。

实验研究还表明，钢筋混凝土梁火烧温度达600℃以上时，混凝土保护层与钢筋之间的粘结力遭到破坏，纵向钢筋的销栓作用亦减少。此时对其加载会导致梁斜截面破坏，梁总挠度大大增加，不能满足使用要求。

6.2.3.4 火灾作用下钢材的力学性能

高温作用下，普通结构钢的力学性能将发生明显的变化。其原因可能有以下两个方面[21]：一是钢材的导热系数较大。当火灾发生后，由于热交换作用，热量在钢材内迅速传递，由被火焰直接灼烧之处的高温迅速传向邻近的低温处。二是钢材内部存在着缺陷。从微观分析得知，钢中的原子以结点方式整齐地排列着，常温下，以结点为中心，在一定振幅范围内进行热振动；高温时，原子因获得能量，离开平衡结点而易于形成空位，温度越高，空位越多。空位削弱了原子间的结合力，破坏首先从空位开始，渐渐向周围扩展。

A 结构钢强度和弹性模量

普通结构钢的屈服强度和弹性模量随温度升高而降低。超过300℃后，已无明显的屈服极限和屈服平台；普通结构钢的极限强度基本上随温度升高而降低，但在180~370℃内出现蓝脆现象，极限强度有所提高；超过400℃后，普通结构钢的强度与弹性模量开始急剧下降。《火灾后建筑结构鉴定标准》中给出的结构钢在高温下的屈服强度折减系数见表6.15。

B 高强螺栓所用钢材及耐火钢的力学性能

目前高强螺栓已在工程中广泛应用，其所用钢材在高温下的力学性能为：在各温度下，钢材没有屈服平台；低于300℃时，极限强度略有降低，但降低的幅度很小，不出现钢材的蓝脆现象；300~400℃时，强度降低幅度逐渐加大，塑性明显增大，但仍有较高强度；400~600℃时，强度降低非常大，极限强度约为常温下的35%，塑性变形能力已与普通结构钢相近；700~800℃时，极限强度约为常温的10%，与普通结构钢特点相近。

表 6.15　结构钢高温过火冷却后的屈服强度折减系数

温度/℃	屈服强度折减系数	温度/℃	屈服强度折减系数
	高温过火冷却后		高温过火冷却后
20	1.000	500	0.707
100	1.000	550	0.581
200	1.000	600	0.453
300	1.000	700	0.226
350	0.977	800	0.100
400	0.914	900	0.050
450	0.821	1000	0.000

随着科技的日新月异，新型结构钢如雨后春笋般大量涌现，耐火钢尤其引起工程界的注意。耐火钢的高温屈服强度比普通结构钢高出很多：600℃时，高温屈服强度高于室温下屈服强度的 2/3，弹性模量仍保持室温时的 75%以上。

6.2.3.5　火灾作用下砌体的力学性能

普通黏土砖在生产过程中，由于制作砖坯需要加入大量水在黏土原料中才能成型，经1050℃高温焙烧后，所加水分蒸发，土中草根等有机物烧尽，故砖内孔隙较多。这些孔隙的存在，使砖具有较小的导热性能，即导热系数值小，约为 0.55W/(m·K)，因而在火灾作用下，热在砖内的传递较慢，故黏土砖本身不因受火作用而丧失其强度。但是，砖在长时间受到火灾作用后，黏土原料中的铁质矿物则会出现熔化；对砖墙砌体来说，除了砖外，尚有砂浆灰缝。火灾时，砂浆会因火烧开裂而失去粘结力，从而导致砖墙整体性能下降，以致破坏。公安部四川消防科学研究所的试验表明：240mm 厚砖墙在单面受火条件下，当试验炉内温度达 1206℃时（加热了 11.5h），砖墙背火面的温度才达 220℃（此温度为构件失去隔火作用时的温度，即墙体如果出现穿透裂缝，火焰透过裂缝蔓延，或使紧靠火面的纤维制品自燃的温度）。可见，砌体结构的耐火性能是比较好的。但实际情况中还有许多不利因素需要考虑。比如火场中，火灾发生在室内，外墙的内侧面因受热膨胀，而外侧则由于无任何约束，致使墙向外倾斜；灭火时，消防人员须用水枪喷射水冷却墙面，造成墙的外侧面因温度突然降低而收缩，但内侧面因火灾在继续进行而保持很高温度，故发生膨胀，致使墙内出现弯曲。当砌体的灰缝砂浆不能承受墙体向外弯曲产生的拉应力时，发生崩裂而塌落，一般塌落发生在墙高 1/3~1/2 范围内。

试验表明，砌体试件在高温中抗压强度和弹性模量有较大幅度的降低，而且出现脆性破坏的特征，图 6.10 显示了试验数据的拟合情况，反映了砌体的应力-应变关系的特点。

6.2.3.6　火灾作用下的混凝土结构构件

对于受弯构件，其高温承载力与荷载-温度途径有关。对于恒载升温构件，随着预加荷载的增大，受拉钢筋的应力加大，高温下受拉钢筋强度和 d_0 的差值相应地缩小，故极限温度值必然逐渐减小，基本上呈一双曲线关系。对于恒温加载构件，当恒定温度 $T_0 <$ 300℃，极限弯矩降低不甚明显；$T_0 = 200$℃时，极限弯矩可能反而有所提高；$T_0 > 400$℃后，极限弯矩急剧减小；当 $T_0 = 800$℃时，极限弯矩下降到只有常温下的 6.17%，总体上同高温下钢筋强度的变化规律一致。构件在恒载升温情况下的极限承载力总是大于恒温加载情况下的极限承载力（图6.11）。实际结构中，构件的荷载-温度途径是很复杂的，其极限承载力一般处于两者之间。

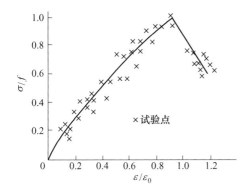

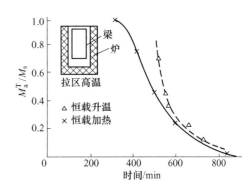

图6.10　高温下砌体应力-应变关系　　　　图6.11　三面高温梁的极限承载力

对足尺寸钢筋混凝土三跨连续板，通过试验得到以下结论：

（1）火灾下一面受火的钢筋混凝土板沿截面厚度方向的温度呈非线性分布，温度梯度随受火面温度的增加而不断变化，在截面内将产生一个变化的温度应力场；

（2）火灾下钢筋混凝土连续板的破坏形态和常温下不同，边跨受火时塑性铰出现在受火跨的负筋截断处；

（3）钢筋混凝土连续板受火跨的变形对未受火跨的变形有一定的影响，受火跨的变形随温度的增加而逐渐增大，在出现塑性铰前后，板的变形趋势出现较大转变。

对于受压构件，国内外已进行大量受压构件的高温试验研究，试件为三面受火或四面受火，多数侧重于研究柱的极限高温承载力或耐火极限（温度或时间）。

对三面受火的混凝土柱，当轴力的偏心距绝对值较小或轴心受压时，为混凝土受压破坏特征，裂缝细而密，挠度发展小，属于典型的小偏心受压破坏；偏心距绝对值较大时，无论轴力偏向受火面或非受火面，拉区都有深且宽的主裂缝，钢筋屈服后，破坏时挠度发展大，属于大偏心受压破坏。

对四面受火的混凝土柱，轴心受压或偏心距较小时，破坏特征为整个截面压坏；当偏心距较大时，将因侧向挠度过大而破坏。

构件的受火温度较低时，破坏突然；受火温度较高时，破坏时挠度变化明显，裂缝开展宽度大，破坏过程较为缓慢。

6.2.3.7　火灾作用下的钢筋混凝土结构

目前，对火灾作用下钢筋混凝土结构性能的研究主要集中在连续梁和框架两个方面。

同济大学陆洲导等对五榀结构相同的单层双跨钢筋混凝土框架进行火灾试验，得到结论如下：

（1）火灾温度对钢筋混凝土框架的应力-应变反应有很大的影响。试验表明，在800℃火温作用下，结构变形较大，表面开裂除荷载作用影响外，出现了大量的龟状裂缝（受热引起）；而在600℃火温时，结构变形相对较小，表面开裂主要是荷载作用。

（2）框架对火灾的反应，热膨胀影响很大。实测表明，构件在高温下有相当大的伸长，对于超静定结构，势必形成较大的内力，加大结构在火灾中的破坏程度。

（3）单跨受热时，跨中的破坏比双跨受热时略大，挠度反应也很明显。

（4）内力分析表明，框架结构受火作用会产生较大的内力重新分布。

对于预应力混凝土结构，同济大学的试验结果表明：火灾升温速率和温度越高，其抗火性能越差；在同一升温条件下，预应力混凝土结构承受的荷载越大，其抗火性能越差；与普通混凝土结构框架试验结果不同，对于预应力框架结构，荷载大小对抗火性能的影响可能要比温度的影响明显。预应力度大的结构，受温度影响大，抗火性能差。预应力筋有效应力大的结构，其抗火性能比有效应力小的结构差。无粘结预应力混凝土结构的抗火性能，比有粘结预应力混凝土结构的抗火性能差。火灾后，预应力混凝土结构的刚度明显减小，但仍存在一定的承载力，并反映出较好的恢复性能。

6.2.3.8 火灾作用下的钢结构

火灾作用下钢结构的性能涉及材料的特性随温度的变化、热膨胀效应、构件截面温度不均匀分布、材料非线性和几何非线性等关键问题，非常复杂。英国的 BRE（Building Research Establishment）对足尺钢结构模型的抗火试验表明：

（1）对于结构体系中的钢梁，只要梁端连接可靠，火灾中梁可产生很大的挠曲变形，使梁从抗弯承载机制转变为悬链线承载机制，大大提高了梁的抗火承载力；

（2）对于大型结构中的楼板，只要板下四边支承梁有可靠的防火保护，在火灾中不破坏，则楼板可产生很大的挠曲变形，通过板中钢筋网（可为抗裂温度筋）的薄膜效应承受荷载。

火灾作用下砌体结构的性能要明显好于钢结构和钢筋混凝土结构，这里不予赘述。

6.2.4 火灾后混凝土结构和砌体结构的性能

6.2.4.1 火灾后混凝土结构损伤的特点

（1）受损部位疏松，且疏松程度由表及里。在火灾过程中，混凝土结构表面遭受高温灼烧，温度梯度从外向内递减。混凝土中的砂浆和骨料在一定温度下会产生不同的物理化学变化。100℃时，混凝土内的自由水会以水蒸气形式溢出；200~300℃时，CSH 凝胶的层间水和硫铝酸钙的结合水散失；500℃左右时，$Ca(OH)_2$ 受热分解，其结合水散失；而 800~900℃时，CSH 凝胶（水化硅酸钙）已完全分解，原来意义上的砂浆已不复存在。骨料的变化主要是物理变化，573℃时，硅质骨料体积膨胀 0.85；700℃时，碳酸盐骨料和多孔骨料也有类似损坏，甚至突然爆裂。

（2）有纵、横向裂缝产生。裂缝产生有两个原因，即在升温和降温过程中膨胀或收缩不均匀，以及受弯构件在受损受弯部分变形过大。裂缝的数量和宽度与受损程度呈正比。其大致状况为：400~500℃时，表面有裂缝，纵向裂缝少；600~700℃时，裂缝多且纵横向均有，并有斜裂缝产生；高于 700℃时，纵横向及斜裂缝多且密，受弯构件混凝土裂缝深度可达 1~5mm。

（3）表面有爆裂。造成火灾混凝土的爆裂主要有两个原因，即热应力机理和蒸汽压机理。混凝土在升温和降温过程中或灭火时的急速冷却，都可使混凝土形变不均，局部受压或受拉引起爆裂。这就是热应力机理。蒸汽压机理为在混凝土升温中不断有自由水、层间水和结合水以水蒸气释放，而混凝土本身是一个致密结构，这个特点使得水蒸气散逸出混凝土表面有一定困难，所以当水蒸气的膨胀应力积累到一定程度后，引起混凝土表面爆裂。

6.2.4.2　火灾后普通混凝土的受力性能

火灾高温后混凝土的抗压强度是衡量火灾后混凝土性能的一个重要指标，是灾后钢筋混凝土结构鉴定及确定合理补强加固方案的前提。它与受火温度、静置时间和冷却等因素有关。

高温作用后，混凝土抗拉强度和抗压强度的下降规律不同，抗拉强度的降低幅度远大于抗压强度。随着温度的升高，拉压强度比减小，在 400~700℃ 间最小，常温的拉压强度关系不再适用。

混凝土抗压强度与冷却后的静置时间有关。随着静置时间的推移，混凝土强度不但不再降低，反而有所回升。

冷却方式对混凝土强度有一定影响。喷水冷却后混凝土的抗压强度、抗拉强度，都比自然冷却后的混凝土要低。因为高温后突然受冷水作用导致混凝土内外温度不均匀，形成内外温度差而产生温度应力场，使混凝土表面突然收缩，导致结构损伤和裂缝开展，令强度迅速下降。

混凝土骨料种类不同，受火后混凝土的强度损失也不同。一般情况下，石灰石骨料的混凝土强度损失要比花岗石骨料的混凝土强度损失小。水泥品种对混凝土强度的火灾损伤程度的影响不显著。

火灾后混凝土的弹性模量降低程度比混凝土强度降低程度要大。同时，喷水冷却比自然冷却的弹性模量降低程度要大。

《火灾后建筑结构鉴定标准》中给出的火灾后混凝土的强度与弹性模量的折减系数分别见表 6.16~表 6.18。

表 6.16　混凝土高温自然冷却后抗压强度折减系数

温度/℃	常温	300	400	500	600	700	800
$\dfrac{f_{cu,t}}{f_{cu}}$	1.0	0.80	0.70	0.60	0.50	0.40	0.20

表 6.17　混凝土高温水冷却后抗压强度折减系数

温度/℃	常温	300	400	500	600	700	800
$\dfrac{f_{cu,t}}{f_{cu}}$	1.0	0.70	0.60	0.50	0.40	0.25	0.10

表 6.18　混凝土高温自然冷却后弹性模量折减系数

温度/℃	常温	300	400	500	600	700	800
$\dfrac{E_{h,t}}{E_{h}}$	1.0	0.75	0.46	0.39	0.11	0.05	0.03

6.2.4.3　火灾后高强混凝土的受力性能

高强混凝土受热时会出现爆裂现象，且受热温度越高，混凝土强度等级越高，爆裂发生的几率和剧烈程度越大，说明高强混凝土的抗火性能低于普通混凝土。高强混凝土强度随温度变化规律与普通混凝土相似，但高强混凝土的强度损失比普通混凝土强度损失大。

经受火灾高温后，大截面混凝土的强度损失比小截面混凝土的小。

6.2.4.4　火灾后钢筋和预应力钢筋的力学性能

高温状态下钢筋软化及内部金相结构发生变化，钢筋的强度随受火温度的升高而不断降低。然而高温冷却后，钢筋的抗拉强度又有所恢复。

高温后低碳钢与低合金钢的强度降低情况如图 6.12 所示。

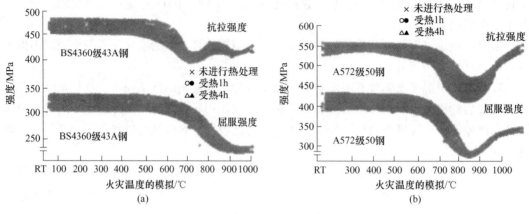

图 6.12　高温后钢筋的剩余强度

预应力钢筋在火灾后的性能较一般钢筋要复杂得多。与一般钢筋相比，当预应力钢筋的受火温度分别达到 370℃ 和 420℃ 时，相应于 0.2% 残余应变的应力和抗拉强度均下降 50%。预应力钢筋的工作应力一般在抗拉强度的 70% 左右，这与温度达到 300℃ 时的情况相当。当温度升高到 700℃ 以后，预应力钢筋的强度减少到不足 7%。图 6.13 给出了一般钢筋和预应力钢筋剩余强度的比较情况。从图 6.13 可以看出，火灾对预应力钢筋的有害影响，远胜于热轧或冷轧钢筋。图 6.13 中预应力钢筋的屈服强度和抗拉极限强度的降低画在一条线上，从 250℃ 开始便出现永久的损失。如果预应

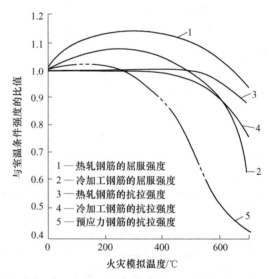

图 6.13　火灾后普通钢筋和预应力钢筋的剩余强度

力钢筋的工作应力是抗拉强度的 70%，并保证冷却后仍能达到这个水平，则要求火灾时温度不能超过 500℃；而低碳钢只要火灾时不达到屈服，火灾后是可以重新利用的。实际上，不管是一般钢筋还是预应力钢筋，其外侧总有一层保护层，只要不出现爆裂和剥落现象，钢筋的温度是不会太高的。在对混凝土结构进行维修时，一定要考虑材料的剩余强度。

《火灾后建筑结构鉴定标准》中给出的 HRB335 级钢筋高温冷却后的强度折减系数，见表 6.19。

表 6.19 高温冷却后钢筋强度折减系数

温度/℃	强度折减系数	温度/℃	强度折减系数
	HRB335		HRB335
室温	1.00	450	0.90
100	0.95	500	0.90
200	0.95	600	0.90
250	0.95	700	0.85
300	0.95	800	0.85
350	0.95	900	0.80
400	0.95		

6.2.4.5 火灾后钢筋与混凝土之间的粘结性能

火灾作用后混凝土与钢筋的粘结力损失与下列因素有关：与火灾温度有关，火灾温度越高，粘结力降低越大；与高温作用时间有关，如果钢筋温度达到 300℃，剩余粘结强度不高于初始强度的 85%，当温度达到 500℃时，剩余粘结强度不足原来的 50%；与钢筋类型有关，火灾后圆钢比螺纹钢筋的粘结力损失大；与冷却方式有关，喷水冷却的粘结力损失比自然冷却的粘结力损失要大；水泥品种对粘结力损失程度的影响不显著，石灰石骨料受火后粘结力损失比花岗石骨料的损失要大。

《火灾后建筑结构鉴定标准》中给出的高温冷却后混凝土与钢筋间的粘结强度折减系数，见表 6.20。

表 6.20 高温自然冷却后混凝土与钢筋粘结强度折减系数

钢筋 \ 温度/℃	常温	300	400	500	600	700	800
HPB235	1.0	0.90	0.70	0.40	0.20	0.10	0.00
HRB335	1.0	0.90	0.90	0.80	0.60	0.50	0.40

6.2.4.6 高温后钢筋混凝土梁板的力学性能

常温时属于适筋的较高配筋率的简支梁，高温后其破坏形态可能转变为超筋破坏。梁的配筋率越大，高温后其承载能力的降低幅度也越大。连续梁的抗火性能比简支梁要好得多。楼板是火灾过程中结构最薄弱的部位，这主要是因为楼板厚度较小，钢筋保护层厚度很薄，后者对板的抗火性能影响显著。火灾后板内各点的残余抗压强度呈现出与板内温度场有关的空间分布。

6.2.4.7 火灾后钢材的力学性能

《火灾后建筑结构鉴定标准》中给出了结构钢高温过火冷却后屈服强度折减系数，见表 6.21。由表 6.21 中可以看出，结构钢高温冷却后，屈服强度降低很少。

6.2.4.8 火灾后砌体材料的力学性能

《火灾后建筑结构鉴定标准》给出了火灾后砌体材料的强度折减系数，详见表 6.22。

表 6.21　结构钢高温过火冷却后屈服强度折减系数

温度/℃	屈服强度折减系数	温度/℃	屈服强度折减系数
	高温过火冷却后		高温过火冷却后
20	1.000	450	0.987
100	1.000	500	0.972
200	1.000	550	0.953
300	1.000	600	0.932
350	1.000	700	0.880
400	1.000	800	0.816

表 6.22　火灾后黏土砖、砂浆、砖砌体强度与受火温度对应关系及折减系数

指　标	所受作用的最高温度及折减系数					
温度/℃	<100	200	300	500	700	900
黏土砖抗压强度	1.0	1.0	1.0	1.0	1.0	0.00
砂浆抗压强度	1.0	0.95	0.90	0.85	0.65	0.35
M2.5 砂浆黏土砖砌体抗压强度	1.0	1.0	1.0	0.95	0.90	0.32
M10 砂浆黏土砖砌体抗压强度	1.0	0.80	0.65	0.45	0.38	0.10

6.2.5　火灾后建筑结构鉴定的程序和内容

根据委托方提出的要求和目的，火灾后建筑结构鉴定可分为初步鉴定和详细鉴定两级进行[5]。

6.2.5.1　初步鉴定

初步鉴定的主要内容包括以下 5 个方面：

（1）初步调查。通过肉眼观察或使用简单的工具确定火灾后结构状况，检查结构损伤破坏特征，确定受灾范围。

（2）查阅技术资料。包括火灾报告，原设计图纸，施工验收资料，使用维护改造资料及其相关文件，并与实际结构状况核对。

（3）了解火灾起因、火灾部位、火灾过程及灭火方法。

（4）根据 6.2.2 节介绍的方法，初步推断温度分布，确定受灾范围，评估构件及结构的损伤状态等级。初步鉴定时，结构构件的损伤状态，可根据构件烧灼损伤、变形、开裂（或断裂）程度按下列标准划分成四个不同的等级：Ⅰ级为轻微或直接遭受烧灼作用，结构材料及结构性能未受影响，不必采取措施；Ⅱ级为轻度烧灼，未对结构材料及结构性能产生明显影响，尚不影响结构安全和正常使用，应采取耐久性或外观修复措施，一般可不采取加固措施，必要时进行详细鉴定；Ⅲ级为中度烧灼尚未破坏，显著影响结构材料或结构性能，明显变形或开裂，对结构安全或正常使用产生不利影响，应采取加固或局部更换措施；Ⅳ级为破坏，火灾中或火灾后结构倒塌或构件塌落；结构严重烧灼损坏、变形损坏或开裂损坏，结构承载能力丧失，危及结构安全，必须立即采取安全支护、彻底加固或拆除更换措施。

（5）提出初步鉴定结论。明确火灾后建筑结构是否需要全部或部分拆除；对危险区域或危险构件提出安全应急措施；确定是否需要进行详细鉴定。如需要进行详细鉴定，提出详细鉴定建议和方案。

6.2.5.2　详细鉴定

详细鉴定的主要内容包括以下 6 个方面：

（1）制定检测鉴定方案。

（2）火灾温度和范围的调查分析。根据 6.2.2 节中介绍的方法，确定火场温度和作用范围。有条件时，可进行火场温度分析计算，绘制火灾过程温度曲线及最高温度分布图。

（3）对建筑结构的现状进行现场测绘和记录。

（4）对结构的外观、损伤、变形、材料性能等进行现场检测。

（5）对结构进行计算分析，必要时可进行现场荷载试验。

（6）对构件和结构的安全性进行评定，其方法与一般既有建筑结构的鉴定方法类似。

根据初步鉴定或详细鉴定的结论提出鉴定报告。报告中应明确提出火灾后建筑结构的可靠性是否满足要求。若不满足要求，应提出修复、加固、更换或拆除的具体建议。

6.2.6　火灾后混凝土结构的鉴定

6.2.6.1　火灾后混凝土结构损伤检测

混凝土结构火灾后的损伤状况是结构鉴定的基本信息。一般情况下，可凭经验采用一些简单的方法进行检测；对重要的结构构件或连接，也可采用红外、热发光、电化学或材料微观结构分析等方法。下面分别予以介绍。

A　表观检测

表观检测主要根据火灾混凝土的颜色、裂缝及剥落来判定火灾混凝土的受损状况。由于在骨料和砂中含有铁盐，如果混凝土没有变成粉红色，说明混凝土尚未因受热而损伤（当然也有例外，如石灰岩和火成岩类骨料及轻骨料混凝土较少出现这种情况）。裂缝和剥落可直接从结构的外表进行判断。

火灾后混凝土表观检测简单易行，但只能粗略估计，不能定量化，所以在实地工程检测中，只作为参考。

B　锤击法

锤击火灾后混凝土发出的声音，较普通混凝土来说比较沉闷。但这种方法过于依靠经验，而且与锤击的部位有关，其结果只能作为参考。

C　火灾损伤深度检测法

葡萄牙 JR Dos Santos 等在钻芯法的基础上发展了损伤深度检测法，可以说是一种细化了的钻芯法。火灾混凝土芯样的损伤程度呈层状分布，据此，可把芯样切成厚 15mm 的切片，每片切片样本本身可近似认为其损伤程度是一样的。因为损伤程度越严重的混凝土裂缝越多，也越疏松，吸水率必然也随之增长。分别称得切片干燥时和吸水饱和时的重量，可得到吸水率；同时，做张拉应力试验，从而得到每个切片样本的吸水率和张拉应力损失，与火灾混凝土损伤深度建立关联。

这种方法比前面介绍的两种方法有很大的进步，可更合理、更精确地检测火灾混凝土的损伤深度和程度。但由于检测中需要钻取芯样，该方法本身也有不足。比如，某些损伤严重的混凝土无法获得芯样；另外，实际火灾情况错综复杂，在构件上某点所获芯样得到的结论，也不能代表整个构件其他部位的损伤状况；在工程检测中，只能在部分构件上选点检测，而不能大面积全面检测。

D 超声波法

超声波是一种频率超过 20kHz 的机械波，它在介质中传播时遇到不同情况，将产生反射、折射、绕射、衰减等现象，相应地，超声波传播时的振幅、波形、频率将发生变化。若超声波在一个有限、均质且各向同性的介质中传播时，则其传播速度与介质某些性质有如下关系：

$$v = \sqrt{\frac{E(1-\mu)}{\rho(1+\mu)(1-2\mu)}} \qquad (6.4)$$

式中，E 为介质的弹性模量；ρ 为介质的密度；μ 为介质的泊松比。

根据式（6.4），已经建立了不少表示超声波速度与混凝土强度关系的经验公式，并有很好的相关性。但该方法要求表面有较好的平整性，所以比较适合于未剥落的混凝土表面，尤其适合于探测格栅形或槽形构件的局部火损伤。超声波脉冲速度法还可以测定混凝土变成粉红色区域的深度以及受火温度。混凝土构件受火温度 T 与超声波速度比 v_t/v_0 的关系回归方程为：

$$T = 789 - 649v_t/v_0 \qquad (6.5)$$

式中，v_t 为 T 温度时超声波的声速值；v_0 为正常室温时超声波的声速值。

超声波发送和接收探头通常分别布置在构件的相对两侧，但这对实际使用的墙和楼板来说是相当困难的，因此现场探测中只能将探头放置在一侧，并尽量保持一定的距离，以减小由于实际路径长度变化带来的误差，并可为测定强度和损伤程度的比较提供方便。

E 超声-回弹综合法

超声波法和回弹法都是以材料的应力应变行为与强度的关系为依据的。但超声速度主要反映材料的弹性性质，同时，由于它穿透被检测的材料，因此可以反映混凝土内部构造的有关信息。回弹法反映了材料的弹性性质，同时在一定程度上也反映了材料的塑性性质，但它只能确切反映混凝土表层约 30mm 的状态。超声与回弹值的综合，既能反映混凝土的弹性，又能反映混凝土的塑性；既能反映表层的状态，又能反映内部的构造，从而能较确切地反映混凝土的现状。从理论上讲，超声-回弹综合法可用于评估火灾后混凝土的强度、损伤层深度及受火温度等，但由于火灾后混凝土结构的特殊性和复杂性，在实际使用中还存在种种困难。

F 红外热像法

红外辐射也称为红外线。它是由原子或分子的振动或转动引起的，是一种电磁辐射，即电磁波，其波长介于 $0.75 \sim 1000 \mu m$ 之间。

自然界中，所有绝对零度（$-273℃$）以上的物体都连续不断地辐射红外能，其数量与该物体的温度密切相关。红外检测技术是利用红外辐射对物体或材料表面进行检验和测量的专门技术。对于大多数建筑材料（混凝土、砖和石材等），导热性差而表面辐射率大，采用红外热像检测灵敏度较高。

火灾混凝土表面状态和组成随受火的温度不同而发生变化。在一定的环境条件下，不同损伤的混凝土辐射不同数量的红外辐射。使用合适的热像仪能迅速地扫描建筑物或混凝土结构表面，缺陷区域将显示不同的红外辐射结果。利用红外热像仪可直接读取和分析所获信息，从而推断其损伤情况。

混凝土试件遭受较高温度后，表面变得疏松并产生微裂缝。温度越高，表面疏松越严重，微裂缝越多。加热被测试件时（实验中用功率较大的红外灯作为热源，用强光线对被测物加热），热流在受损部位被阻滞，引起热积聚，因而其热图与其他部位有差异。遭受较高温度（600℃和800℃）作用的混凝土试件，其红外热像图与未加热和遭受较低温（<500℃）试件相比，其损伤是较严重的，相应的热像测量值较高。小于500℃，热像变化不大；大于500℃，热像温度明显上升。

G　热发光法

热发光是岩石、矿物受热而发光的现象。其特点是：（1）不同于一般矿物的赤热发光（可见光），在赤热之前（一般指0~400℃），由矿物晶格缺陷捕获电子而储存起来的电离辐射能，在受热过程中又以光的形式释放出来。（2）发光的不可再现性，即一旦受热发光，冷却后重新加热也不再重现发光。只有当样品接受一定剂量辐照后才会重现热发光。石英本身放射性元素含量极微，其热发光灵敏度较强，易于在环境中累积热发光能量，因而上述热发光特性在石英矿物上尤为明显和稳定。混凝土中的天然石英颗粒，在未受火灾高温前具有的热发光量，是在不同环境中经较长地质时期接受辐射剂量所累积的能量。在实验室测定石英矿物，都具有反映其辐射历史和环境背景的辉光曲线和由低温、中温到高温的峰形变化特征。当经火灾高温后，石英积存的能量（热发光量）部分或全部地损失掉，而且随受热温度的逐渐升高，低温峰、中温峰至高温峰依次逐渐消失。当遭受的温度高于400℃时，石英累积的热发光全部损失殆尽；当温度低于400℃时，就会残存和保留部分热发光量和峰形特征。而400~500℃恰好是混凝土是否受损的温度界线。因此，对于火灾烧伤的混凝土构件，分别由其表面向内部不同深度来取样，选取混凝土中的石英颗粒，进行热发光量测量，其热发光辉光曲线和峰形变化特征可作为判定其受热上限温度的重要依据。

热发光法的原理从岩相学借鉴而来，优点是检测中只需在构件上钻一个小洞，温度很快就能确定。但温度若高于400℃，由于石英累积的热发光全部损失殆尽，在确定受损后鉴定受损状态上，这种方法还存在局限性。所以，热发光法只能判断构件是否受损。另外，热发光法也需要专门的设备和技术。

H　电化学分析法

混凝土受到灼烧时，水泥水化产物会脱水分解，尤其是$Ca(OH)_2$在高于400℃时会脱水形成CaO，导致混凝土中性化。混凝土在高温过程中水泥水化产物的一系列物理化学变化，在电化学性能方面表现为混凝土表面电势降低，火灾损伤混凝土中性化将导致其内部钢筋钝化膜破坏，钢筋锈蚀电流增大。电化学方法正是通过现场检验火灾混凝土的表面电动势来判定其损伤程度。

同济大学张雄教授用一种恒流互环仪GE-COR6检测混凝土表面电动势，其建立的混

凝土表面电动势 E 与混凝土损伤的关系模型为：

$$E > -100\text{mV} \qquad 混凝土未损伤$$
$$-300\text{mV} < E < -100\text{mV} \qquad 混凝土损伤深度$$
$$E < -100\text{mV} \qquad 小于保护层混凝土损伤深度大于保护层$$

上面的关系模型只能简单判断出损伤与保护层的大小关系，还没有与具体的损伤深度或遭受高温温度等参数建立关联，以分析受损状态。但用 GE-COR6 检测得到的表面电动势，在 $E<-100\text{mV}$ 时，可根据法拉第定律计算出钢筋的瞬间锈蚀速率。根据瞬时锈蚀速率的大小，可判别火灾后钢筋混凝土的损伤程度：

$$K = \frac{i_{\text{corr}}StA}{Fn} \tag{6.6}$$

式中，K 为金属腐蚀量；i_{corr} 为腐蚀电流密度，$\mu\text{A}/\text{cm}$；F 为法拉第数；S 为电极表面积，cm^2；A 为金属相对原子质量；n 为金属的价数；t 为时间。

采用材料微观结构分析以确定混凝土火灾损伤状态的方法在 6.2.2 节中已作过介绍，不再赘述。

6.2.6.2 火灾后混凝土材料强度检测

火灾后混凝土强度检测方法主要分为间接检测法（如回弹法、射钉法、拔出试验法和红外热像法等）和直接检测法（如钻芯法）。下面分别予以介绍。

A　回弹法

回弹法主要是通过测定混凝土的表面硬度来确定混凝土的强度。火灾后的混凝土构件其内外强度存在差异，弹性模量和强度依据受火温度和持续时间，随混凝土受损伤的深度而发生改变，而火灾后混凝土结构构件各部分受损伤的程度是不同的。因此，回弹法用于检测火灾后受损范围内的混凝土，必须进行修正。很多学者做过回弹法用于火灾后检测强度的试验，得出了很多回归修正公式，误差总的来说是可以接受的。

B　射钉法

射钉法最早由美国提出，试验时将一枚钢钉射入混凝土表面，然后测量钢钉未射入的长度，并找出它们与混凝土抗压强度的关系。这种方法快捷、方便而且离散性较小，对水平和竖向构件均适合，而且适合于出现剥落的构件，当然，对比较粗糙的表面也要略做处理。这种试验也适合于平整表面和凿开的表面，且适合于探测不同深度混凝土的强度，只要将试验完的混凝土表面凿掉即可。射钉法测定的强度比其他方法要好一些，若将试验结果与未损伤的混凝土相比较，则可靠性更高。

C　拔出实验法

拔出法是把一根螺栓或相类似的装置埋入混凝土试件中，然后从表面拔出，通过测定其拔出力的大小来评定混凝土的强度，一般分为预埋拔出法和后装拔出法。对火灾后的建筑主要采用后者，它又分为钻孔内裂法和扩孔拔出法。钻孔内裂法首先采用直径为 6mm 电钻，在混凝土表面上钻一个深度为 30~35mm 的孔，用吹风机清除孔内粉尘，把一个 6mm 的楔形胀管锚栓轻轻插入孔内，当胀管到达混凝土表面以下规定深度时停止，经过用开槽靠尺检查和调整锚栓与混凝土表面的垂直度后，再装上张拉千斤顶，进行拉拔试验。扩孔拔出法在丹麦称为 Capo 试验，意为"切割"和"拔出"试验，基本做法是采用一台便携式钻机,在混凝土表面钻一直径18mm、深45mm的孔,再在孔内25mm深处扩一个直径25mm的环形槽,插入带有胀环的胀管螺栓,即可用张拉设备作拔出试验,直到混凝土出现裂缝时为止。该法试验结果变异性较大,通过与未损伤混凝土的试验结果相比较,可以改进试验结果的可靠性,但这种方法效果较射钉法要差。

D 红外热像法

同样,采用红外热像法也可以检测混凝土的强度。红外热像平均温升 x 与混凝土强度损失 f_{cut}/f_{cu} 之间的关系如下式所示:

$$\frac{f_{cut}}{f_{cu}} - 1.1641x + 2.8226 \tag{6.7}$$

E 钻芯法

钻芯法是检测未受损混凝土强度较直接和较精确的方法。但对于火灾混凝土,有时因为构件太小或破坏严重(强度小于10MPa),难以获得完整的芯样。另外,由于火灾混凝土损伤由表及里呈层状分布,所获得的芯样很难说具有代表性。这种方法在高度较高、构件截面呈斜面时很难实施,主要用来检测重要构件的强度而非混凝土的表面强度。

6.2.6.3 火灾后混凝土结构构件的初步鉴定评级

根据现场调查、资料分析获得的结构信息,可分别按表6.23～表6.26对混凝土结构构件进行初步鉴定评级。对损伤等级为Ⅱ级和Ⅲ级的重要结构构件,应进行详细鉴定评级。当混凝土结构构件火灾后严重破坏,难以加固修复,需要拆除更换时,应评为Ⅳ级。

表6.23 火灾后混凝土楼板、屋面板初步鉴定评级标准

等级评级要素		各级损伤等级状态特征		
		Ⅱ_a	Ⅱ_b	Ⅲ
油烟及烟灰		无或局部有	大面积或局部被烧光	大面积烧光
混凝土颜色改变		基本火灾裂缝或轻微裂缝	粉红	土黄色或灰白色
火灾裂缝		无火灾裂缝或轻微裂缝	表面轻微裂缝网	粗裂缝网
锤击反应		声音响亮,混凝土表面不留下痕迹	声音较响或较闷,混凝土表面留下较明显痕迹或局部混凝土酥碎	声音发闷,混凝土粉碎或塌落
混凝土脱落	实心板	无	小于5块,且每块面积不大于100cm²,深度小于20mm	多于5块或单块面积大于100cm²,穿透或全面脱落
	肋形板	无	肋部有,锚固区无;板中个别处有,但面积不大于20%板面积	锚固区有,板有贯通,面积大于20%板面积,或穿过跨中
受力钢筋露筋		无	有露筋,露筋长度小于20%板跨,且锚固区未露筋	大面积露筋,露筋长度大于20%板跨,或锚固区露筋
受力钢筋黏性性能		无影响	略有降低,但锚固区无影响	降低严重
变形		无明显变形	中等变形	较大变形

表 6.24 火灾后混凝土梁初步鉴定评级标准

等级评级要素	各级损伤等级状态特征		
	II a	II b	III
油烟及烟灰	无或局部有	多处有，或局部烧光	大面积烧光
混凝土颜色改变	基本未变或被黑色覆盖	粉红	土黄色或灰白色
火灾裂缝	无火灾裂缝或轻微裂缝	表面轻微裂缝网	粗裂缝网
锤击反应	声音响亮，混凝土表面不留下痕迹	声音较响或较闷，混凝土表面留下较明显痕迹或局部混凝土酥碎	声音发闷，混凝土粉碎或塌落
混凝土脱落	无	下表面局部脱落或少量局部露筋	跨中和锚固区单排钢筋保护层脱落，或多排钢筋大面积钢筋深度烧伤
受力钢筋露筋	无	受力钢筋外露不大于30%的梁跨度，单排钢筋不多于一根，多排钢筋不多于两根	受力钢筋外露不大于30%的梁跨度，或单排钢筋多于一根，多排钢筋多于两根
受力钢筋粘接性能	无影响	略降低形，但锚固区无影响	降低严重
变形	无明显变形	中等变形	较大变形

表 6.25 火灾后混凝土柱初步鉴定评级标准

等级评级要素		各级损伤等级状态特征		
		II a	II b	III
油烟及烟灰		无或局部有	大面积或局部被烧光	大面积烧光
混凝土颜色改变		基本火灾裂缝或轻微裂缝	粉红	土黄色或灰白色
火灾裂缝		无火灾裂缝或轻微裂缝	表面轻微裂缝网	粗裂缝网
锤击反应		声音响亮，混凝土表面不留下痕迹	声音较响或较闷，混凝土表面留下较明显痕迹或局部混凝土粉碎	声音发闷，混凝土粉碎或塌落
混凝土脱落	实心板	无	小于5块，且每块面积不大于100cm²，深度小于20mm	多于5块或单块面积大于100cm²，穿透或全面脱落
	肋形板	无	肋部有，锚固区无；板中个别处有，但面积不大于20%板面积	锚固区有，板有贯通，面积大于20%板面积，或穿过跨中
受力钢筋露筋		无	有露筋，露筋长度小于20%板跨，且锚固区未露筋	大面积露筋，露筋长度大于20%板跨，或锚固区露筋
受力钢筋黏性性能		无影响	略有降低，但锚固区无影响	降低严重
变形		无明显变形	中等变形	较大变形

表 6.26 火灾后混凝土墙初步鉴定评级标准

等级评级要素	各级损伤等级状态特征		
	II$_a$	II$_b$	III
油烟及烟灰	无或局部有	大面积有或局部被烧光	大面积烧光
混凝土颜色改变	基本未变或被黑色覆盖	粉红	土黄色或灰白色
火灾裂缝	无或轻微裂缝	微细网状裂缝且无贯通裂缝	严重网状裂缝或有贯通裂缝
锤击反应	声音响亮,混凝土表面不留下痕迹	声音较响或较闷,混凝土表面留下较明显痕迹或局部混凝土粉碎	声音发闷,混凝土粉碎或塌落
混凝土脱落	无	每处均不小于 50cm×50cm,表面剥落	最大块体不小于 50cm×50cm,或大面积剥落
受力钢筋露筋	无	较小面积露筋	严重露筋
受力钢筋黏性性能	无影响	略有降低	降低严重
变形	无明显变形	略有变形	较大变形

6.2.6.4 火灾后混凝土结构构件的详细鉴定评级

火灾后混凝土结构的详细鉴定评级和一般既有结构构件安全性鉴定评级方法类似,所不同的是火灾后结构构件的承载力计算分析。通常采用三种方法评估火灾后结构构件的承载力:一是根据火场温度分布和火灾影响范围的调查结果,采用 6.2.3 节中介绍的成果计算火灾后材料的力学性能指标,由此计算构件的承载力;二是根据现场检测获得的材料力学性能指标及构件的损伤状况,计算火灾后构件的承载力;三是直接通过现场荷载试验,确定火灾后构件的承载力。

6.2.7 火灾后钢结构的鉴定

火灾后钢结构的损伤鉴定步骤和混凝土结构基本类似。其损伤的检测主要包括防火保护的受损情况、残余变形与撕裂、局部屈曲与扭曲以及构件的整体变形等。一般通过普通的测试方法即可获得所需的信息。火灾后钢材力学性能的检测主要采用现场取样后的直接测试法,也可采用经专门标定后的硬度法。

根据现场调查、资料分析获得的结构信息,可先分别按表 6.27 和表 6.28 对火灾后的受损情况、残余变形与撕裂、局部屈曲与扭曲以及构件的整体变形四个子项进行评定,取其中损伤最严重的级别作为钢结构构件的初步鉴定等级。当钢结构构件火灾后严重破坏,难以加固修复,需要拆除更换时,应评为IV级。对于格构式钢构件,应根据防火保护层、连接板残余变形与撕裂、焊缝撕裂与螺栓滑移及变形断裂三个子项,按表 6.29 进行评定,并取其中损伤最严重的级别,作为焊缝连接或螺栓连接的初步鉴定等级。当火灾后钢结构连接大面积损坏、焊缝严重变形或撕裂、螺栓烧损或断裂脱落,需要拆除或更换时,该构件连接初步鉴定为IV级。对损伤等级为II级和III级的重要结构构件或连接,应进行详细鉴定评级。

表 6.27 火灾后构件基于防火受损、参与变形与撕裂、局部屈曲的初步鉴定评级

等级评级要素		各级损伤等级状态特征		
		II$_a$	II$_b$	III
1	涂装与防火保护层	完好无损；防火涂装或防火保护层开裂但无脱落	防腐涂装完好；防火涂装或防火保护层开裂但无脱落	防腐涂装碳化；防火涂装或防火保护层局部范围脱落
2	残余变形与撕裂	无	局部轻微残余变形，对承载力无明显影响	局部残余变形，对承载力有一定的影响
3	局部屈曲与扭曲	无	轻度局部屈曲或扭曲，对承载力无明显影响	主要受力截面有局部屈曲或扭曲，对承载力无明显影响；非主要受力截面有明显局部屈曲或扭曲

表 6.28 火灾后钢构件基于整体变形的初步鉴定评级标准

等级评级要素	构件类别		各级损伤等级状态特征	
			II$_a$ 或 II$_b$	III
挠度	屋架、网架		≤$l_0/400$	>$l_0/200$
	主梁、托梁		≤$l_0/400$	>$l_0/200$
	吊车梁	电动	≤$l_0/800$	>$l_0/400$
		手动	≤$l_0/500$	>$l_0/250$
	次梁		≤$l_0/250$	>$l_0/125$
	檩条		≤$l_0/200$	>$l_0/150$
弯曲矢高	柱		≤$l_0/1000$	>$l_0/500$
	受压支撑		≤$l_0/1000$	>$l_0/500$
柱顶侧移	多高层框架的层间水平位移		≤$h/400$	>$h/200$
	单层厂房中柱倾斜		≤$H/1000$	>$H/500$

注：表中 l_0 为构件的计算跨度；h 为框架层高；H 为柱总高。

表 6.29 火灾后钢结构连接的初步鉴定评级标准

等级评级要素		各级损伤等级状态特征		
		II$_a$	II$_b$	III
1	涂装与防火保护层	完好无损，防火保护层有细微裂纹且无脱落	防腐涂装完好；防火涂装或防火保护层开裂但无脱落	防腐涂装碳化；防火涂装或防火保护层局部范围脱落
2	残余变形与撕裂	无	轻度残余变形，对承载力无明显影响	主要受力节点板有一定的变形，或节点加劲肋有较明显的变形
3	焊缝撕裂与螺栓滑移及变形断裂	无	个别连接螺栓松动	螺栓松动，有滑移；受拉区连接板之间脱开

火灾后钢结构的详细鉴定评级，与一般既有结构构件安全性鉴定评级方法类似，不再详述。

6.2.8 火灾后砌体结构的鉴定

火灾后砌体结构的损伤检测主要包括外观损伤（高温冷却后引起的剥落）、裂缝和构件的变形。其检测方法主要为目测或采用常规的量测工具进行测量。砌体材料强度的检测方法和普通砌体结构的检测方法类似，详见《砌体工程现场检测技术标准》（GB/T 50315—2011）。但对间接测试法，如回弹法、贯入法等，需要进行专门的标定，以获得特定的测强曲线。

根据现场调查、资料分析获得的结构信息，可分别按表 6.30 和表 6.31 进行初步鉴定评级。当砌体结构构件火灾后严重破坏，需要拆除或更换时，该构件初步鉴定为Ⅳ级。对损伤等级为Ⅱ级和Ⅲ级的重要结构构件，应进行详细鉴定评级。

表 6.30　火灾后砌体结构基于外观损伤和裂缝的初步鉴定评级标准

等级评级要素		各级损伤等级状态特征		
		Ⅱ$_a$	Ⅱ$_b$	Ⅲ
外观损伤		无损伤，墙面或抹灰层有烟熏	抹灰层有局部脱落或脱落，灰缝砂浆无明显烧伤	抹灰层有局部脱落或脱落部位砂浆烧伤在 15mm 以内，砖表面尚未开裂变形
变形裂缝	墙、壁柱墙	无裂缝，无灼烧痕迹	有痕迹显示	有裂缝，最大宽度 w_f 小于 1.5mm
	独立柱	无裂缝，无灼烧痕迹	无裂缝，有灼烧痕迹	有裂缝显示
受压裂缝	墙、壁柱墙	无裂缝，无灼烧痕迹	个别块体有裂缝	裂缝贯通 3 皮砖
	独立柱	无裂缝，无灼烧痕迹	个别砖块体有裂缝	有裂缝贯通块材

表 6.31　火灾后砌体结构基于侧向位移变形的初步鉴定评级标准　　　　　（mm）

等级评级要素			各级损伤等级状态特征	
			Ⅱ$_a$ 或 Ⅱ$_b$	Ⅲ
多层房屋		顶层位移或倾斜	≤20	>20
		顶点位移或倾斜	≤30 和 3H/1000 中的较大值	>30 和 3H/1000 中的较大值
单层房屋	有吊车厂房墙、柱位移		H_T/1250，但不影响吊车运行	H_T/1250，影响吊车运行
	无吊车厂房墙、柱位移	独立柱	≤15 和 1.5H/1000 中的较大值	>15 和 1.5H/1000 中的较大值
		墙	≤30 和 3H/1000 中的较大值	>30 和 3H/1000 中的较大值

注：H 为基础顶面至柱顶面总高度；H_T 为基础顶面至吊车梁顶面的高度。

火灾后砌体结构的详细鉴定评级，与一般既有结构构件安全性鉴定评级方法类似，不再详述。

6.2.9 火灾后混凝土结构的加固

6.2.9.1 火灾后混凝土结构的加固

火灾后混凝土结构的加固方法和普通混凝土结构的加固方法基本相同。但是由于遭受火灾的混凝土构件表面存在混凝土烧酥层、爆裂、剥落、露筋、开裂等损伤，其加固有如下特点[52~56]：

（1）应将严重损伤的混凝土铲除掉，修补空洞和缺损；

（2）一般采用等强原则对构件进行加固，保证构件原有承载力；

（3）一定要保证新老材料间的粘结性能，保证加固部分和原有部分的共同工作性能。

表6.32列出了不同等级的混凝土结构构件供选择的加固方案，可在设计时参考。

表 6.32 混凝土结构受损构件的加固方法

级别	构件	可选加固方案
d_u	梁	预应力加固法；预应力与粘钢加固综合加固法；外包钢加固法；改变传力路线法；增加支撑体系
	板	预应力加固法；局部拆换法；增加支撑体系
	柱	预应力撑杆加固法；加大截面法；外包钢加固；外包角钢加固
c_u	梁	预应力加固法；加大截面法；外包钢加固法；增补受拉钢筋；喷射混凝土加固
	板	预应力加固法；加大截面法；改变支撑条件法；增设板肋法；喷射混凝土加固
	柱	预应力撑杆加固法；加大截面法；外包钢加固；外包角钢加固；喷射混凝土加固

6.2.9.2 火灾后钢结构的加固

随着我国钢材产量的大量增长，钢结构在工程中的应用也越来越普遍。与其他结构一样，钢结构也会遭遇火灾等突发事件，灾后须对其进行替换或者加固处理。

由于火灾后钢材的力学性能退化很小，因此钢结构的加固主要以替换为主。对残余变形较大或严重开裂的钢结构构件，为避免影响正常使用，一般均宜替换；只有不能替换的钢结构构件才用加大截面法加固，或对裂缝进行修补；对变形严重的螺栓连接，一般均应用替换法处理；对损伤严重的焊接连接，可采用适当的方法进行加固。总体来讲，钢结构的加固技术尚有待继续发展[57,58]。

6.2.9.3 火灾后砌体结构的加固

相对于混凝土结构和钢结构，火灾对砌体结构的影响较小。对于没有大裂缝和严重变形的暴露于火焰的砌体结构，一般只需进行简单的修复。若砌体结构发生了较严重的损伤，可按等强的原则对砌体结构进行加固。具体方法和普通砌体结构的加固方法类似。

6.2.10 工程实例

6.2.10.1 央视大楼火灾事故案例分析

A 事件简要经过

2009年2月9日晚20时27分，北京市朝阳区东三环中央电视台新址园区在建的附属文化中心大楼工地发生火灾（图6.14），熊熊大火在三个半小时之后得到有效控制，在救援过程中，造成1名消防队员牺牲，6名消防队员和2名施工人员受伤。建筑物过火、过烟面积21333平方米，其中过火面积8490平方米，楼内十几层高的中庭已经坍塌，位于楼内南侧演播大厅的数字机房被烧毁，造成直接经济损失16383万元。

B 事故工程简介

发生火灾的大楼是中央电视台新台址工程的重要组成部分——电视文化中心，高 159 米，被称为北配楼，邻近地标性建筑的央视新大楼。央视新台址工程位于北京市朝阳区中央商务区（CBD）核心地带，由荷兰大都会（OMA）建筑事务所设计，并于 2005 年 5 月正式动工。整个工程预算达到 50 亿元人民币。

C 事故原因分析

2 月 9 日是中国农历正月十五，是传统节日元宵节，人们有闹花灯、放焰火的习俗。根据北京市政府的有关规定，这一天也是当年春节期间五环区域内可以燃放烟花爆竹的最后一天。此前，北京已连续 106 天没有有效降水，空气干燥。但北京气象专家 9 日晚说，目前央视新址大楼所在区域的地面风速为每秒 0.9

图 6.14 央视大楼火灾现场

米，属于微风，基本上不会形成风助火势的严重状况。由于风力的影响，大大减小了本次事故的损失。

本次火灾事故的发生主要有以下几方面的原因：

（1）建设单位：违反烟花爆竹安全管理相关规定，组织大型礼花焰火燃放活动。

（2）有关施工单位：大量使用不合格保温板，配合建设单位违法燃放烟花爆竹。

（3）监理单位：对违法燃放烟花爆竹和违规采购、使用不合格保温板的问题监理不力。

（4）有关政府职能部门：对非法销售、运输、储存和燃放烟花爆竹，以及工程中使用不合格保温板问题监管不力。

D 防范措施

（1）按有关规定建设完善消防设施。建设单位所有装饰、装修材料均应符合消防的相关规定。要设置火灾自动报警系统、消火栓系统、自动喷水灭火系统、防烟排烟系统等各类消防设施，并设专人操作维护，定期进行维修保养。要按照规范要求设置防火防烟分区、疏散通道及安全出口。安全出口的数量，疏散通道的长度、宽度及疏散楼梯等设施的设置，必须符合规定，严禁占用、阻塞疏散通道和疏散楼梯间，严禁在疏散楼梯间及其通道上设置其他用途和堆放物资。

（2）建立健全消防安全制度。要落实消防安全责任制，明确各岗位、部门的工作职责，建立健全消防安全工作预警机制和消防安全应急预案，完善值班巡视制度，成立消防义务组织，组织消防安全演习，加大消防安全工作的管理力度。

（3）强化对重点区域的检查和监控。消防安全责任人要加强日常巡视，发现火灾隐患及时采取措施。应建立健全用火、用电、用气管理制度和操作规范，对管道、仪表、阀门必须定期检查。

（4）加强对员工的消防安全教育。要加强对员工的消防知识培训，提高员工的防火灭火知识，使员工能够熟悉火灾报警方法、熟悉岗位职责、熟悉疏散逃生路线。要定期组织应急疏散演习，加强消防实战演练，完善应急处置预案，确保突发情况下能够及时有效进行处置。

（5）加大消防监管力度。消防部门要按照《消防法》的规定和国家有关消防技术标准要求，加强对建筑施工企业的监督和检查。

6.2.10.2 某市工业区办公楼火灾后的检测、评估及加固

A 工程概况

某市工业区办公楼为四层钢筋混凝土框架结构，建筑平面呈矩形，平面尺寸为 67.5m×19.2m，建筑面积约为 5300m²。该建筑物层高为 3.6m，基本柱距为 7.5m×7.5m。框架柱的混凝土设计强度为 C30；框架梁和楼板亦为 C30。该工程建于 1996 年 8 月，次年 3 月主体结构完工。2006 年 8 月，该办公楼由于电线短路起火，点燃二层楼东南角木质等易燃物品而起火燃烧。火灾发生当日气候炎热，有东南风 2~3 级。由于该大楼内易燃物品较多，建筑内部空旷，南北外墙有通排窗户，通风条件较好，大火燃烧速度较快，温度也较高。大火从二楼东南侧燃烧开始后，逐步向西蔓延，整个火灾持续时间为 1 个小时左右。火灾后，受业主委托，相关检测单位对该办公楼的结构受损情况进行检测及鉴定。

B 火灾现场检测及鉴定结果

a 火灾温度判定

正确确定和判断火灾温度对灾后建筑物的损伤评估与修复加固是极其重要的。影响火灾温度的因素很复杂，综合现场实际情况，该工程采用混凝土表面特征推定法和残留物烧损特征推定法综合分析火灾的温度。

（1）混凝土表面特征推定法。从火灾现场调查构件的外观情况分析火灾温度，见表 6.33。

表 6.33 混凝土受火后表面特征

构件名称	构件位置	表面颜色	爆裂、剥落和漏筋	受火温度/℃
模板	12-14-C-E	粉红色偶见灰白	表面有较多裂缝	500~600
	12-14-B-C	粉红色	有细小裂纹	300~500
	11-12-A-E 范围内	黑色偶见粉红	无	300~500
	6-10-A-E 范围内	黑色偶见粉红	无	200~300
	1-6-A-E 范围内	正常色	无	小于 200
梁	12-14-C-E	粉红色偶见灰白	保护层有损伤	500~600
	12-14-B-C	粉红色	无	300~500
	11-12-A-E 范围内	黑色偶见粉红	无	300~500
	6-10-A-E 范围内	黑色偶见粉红	无	200~300
	1-6-A-E 范围内	正常色	无	小于 200

（2）残留物烧损特征推定法。由烧损残留物的燃点温度可知火灾最低温度。利用现场烧损物品的残留物和金属及玻璃的变形情况作为判定混凝土构件表面曾遭受过最高温度

的依据。从火灾现场调查受火层的易燃物品和可燃物品基本全部烧毁，起火点处铝合金窗玻璃爆裂，估计温度在400~650℃之间。

（3）火灾温度分区。根据以上对火灾现场温度的分析判断，划分火灾温度分区如下：起火点位置（11~14轴之间）区域温度为300~600℃；中间部位（6~10轴之间），由于距离起火点较近，温度在300~500℃；其余区域在300℃之内。

b　构件性能检测

（1）混凝土强度检测。在火灾事故中，由于火温一般以60°角向上扩散传播对流，火焰上空温度最高，地板面温度最低。因此，在进行钻芯检测时，应考虑到此特点，选择适当的检测位置，以准确判断构件的混凝土强度。对于未过火楼层，考虑到混凝土龄期已经超过1000天，采用回弹-钻芯综合法进行混凝土强度检测；对于过火严重楼层（二层），采用钻芯法进行混凝土强度检测。混凝土强度检测结果表明，二层柱、梁和楼板不满足原设计强度等级的要求，其余构件满足原设计强度等级要求。

（2）钢筋强度检测。在梁、板不同部位截取钢筋，取样进行标准试验，测定火灾后钢筋的力学性能。取样部位为：混凝土构件烧伤外露的钢筋或构件受损严重处截取标准试件。本工程钢筋取样检测结果见表6.34。

表6.34　钢筋力学及工艺性能检测结果

钢材类型		屈服点/MPa	抗拉强度/MPa	伸长率/%	冷弯性能	结论
板 φ8	检测值	237.235	220.225	38.32	完好	合格
	品质指标	235	210	25	完好	合格
梁 φ16	检测值	338.335	308.312	42.41	完好	合格
	品质指标	335	300	25	完好	合格

检测结果表明：钢筋强度较施工检测时稍有降低，但仍符合建筑结构用钢标准。该工程的现场检测结果进一步验证了6.2.3.2小节分析得出的结论，即钢筋受高温作用冷却到常温时，强度有较大幅度恢复，并且证明，火灾对钢筋混凝土结构所常用的Ⅰ、Ⅱ级筋的强度影响不大，其各项力学性能指标均能满足工程要求。

C　构件外观及裂缝检测

该建筑物二层起火点处混凝土构件外观受损较严重，存在楼板混凝土严重受损，个别楼板底部混凝土剥落的情况。经过对整幢建筑物过火构件的详检发现，较为严重的裂缝主要集中在二层建筑物起火点处外墙及楼板处（图6.15，图6.16）。

D　火灾后结构的损伤评估与鉴定

a　剩余设计使用年限的确定

该建筑物于1996年进行设计施工，设计依据为《89抗规》。火灾发生在2006年，在发生火灾时，该建筑已使用接近10年。在进行火灾后鉴定及修复加固计算时，如果仍然按照新设计建筑那样，后续设计使用年限选为50年，所依据应是《01抗规》，原结构应进行大面积加固后才能满足安全使用的要求，这样做代价很大。根据工程实际情况，并和业主协商，本次鉴定及加固修复后续设计使用年限定为40年，抗震构造措施满足《89抗规》即可。

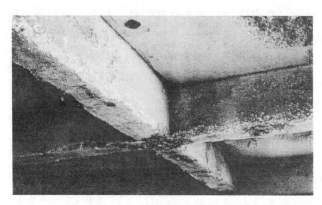

图 6.15 框架梁火灾后受损

图 6.16 楼板及框架柱火灾后受损

b 火灾后结构承载力整体分析

（1）所依据规范。《建筑结构荷载规范》《混凝土结构设计规范》《建筑抗震设计规范》。

（2）选用荷载。按照施工图建筑和结构做法，按照当时的《荷载规范》规定取值。

（3）构件混凝土强度取值。依据混凝土强度检测结果，该建筑二层梁混凝土强度取为 C25，二层柱混凝土强度取为 C25，其余混凝土构件混凝土强度均按原设计强度等级取值。

（4）钢筋强度取值。Ⅰ级钢为 $210N/mm^2$，Ⅱ级钢为 $310N/mm^2$。

（5）内力及配筋量计算结果。本工程结构验算采用中国建筑科学研究院 PKPMCAD 工程部开发的《多层及高层建筑结构空间有限元分析与设计软件 SATWE》进行结构的整体计算。主要计算参数如下：

结构重要性系数：1.0

框架抗震等级：三级

周期折减系数：0.85

活荷载折减系数：0.5

梁端弯矩调幅系数：0.85

梁设计弯矩增大系数：1.00

计算结果表明，除二层柱子、梁配筋量不足外，其余构件满足安全使用的要求。

c 火灾后单个构件剩余承载力分析

火灾高温对构件的损伤是从混凝土的表层往里逐步降低的，截面外部强度损失较大，截面内部核心区损失很小甚至不损失。由于检测手段还存在不足，目前的检测实验结果一般无法准确反映此规律，也就不能准确反映构件火灾受损的实际情况。因此，单从钢筋混凝土检测的检测结果来判断和确定构件的承载力是不准确的。火灾后混凝土构件受损评估，应根据现场材料检测结果和火场温度值，用火灾后构件剩余承载力计算结果来判断和确定。

选取钻芯强度最小的二层柱和梁进行承载力计算，计算结果表明：需要进行加固补强才能满足安全使用的要求，但需要补强量要小于进行整体承载力计算相应构件的补强量。考虑到本工程实际情况，依然以进行整体承载力计算需要的补强量为加固修复依据。

E 检测鉴定结论

结合现场勘察、抽样检测及结构损伤评估计算、分析，该工程的检测鉴定结论综述如下：

（1）二层11~14轴之间为起火点，楼板有细微裂缝，存在爆裂现象；梁、柱截面有损伤，混凝土表面温度在500~600℃，属中度损伤。该区域构件应按照修复加固计算要求进行加固处理。

（2）二层6~10轴之间与起火点相邻，楼板无裂缝，存在爆裂现象；梁、柱截面无损伤，混凝土表面温度在200~300℃，属轻度损伤。该区域构件可不进行加固处理。

应对由于火灾引起的围护结构的损坏进行处理，以保证结构的耐久性。

F 加固修复方案的确定

加固方案应确保结构的安全性。安全性主要体现在结构构件承载力方面。由于火灾对结构损伤程度不同，引起结构构件承载力下降的程度也不同，必须保证结构构件具有足够的承载力，加固后的荷载传递合理，受力明确。加固设计也应考虑结构的整体性（图6.17，图6.18）。必须避免改变整体结构的动力性能，降低结构整体的抗风和抗震性能。

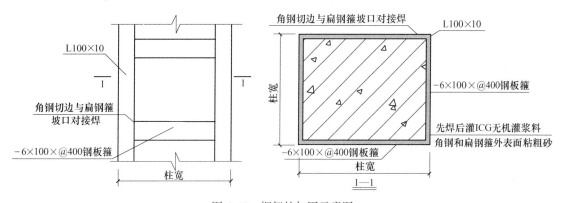

图6.17 框架柱加固示意图

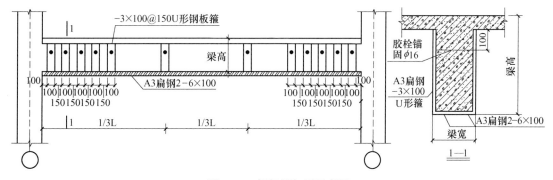

图6.18 框架梁加固示意图

（1）对于轻度损伤构件（RC-1）。因结构受损较轻，仅粉刷层有轻度破坏，此类结构只需将其表面粉刷层或表面污物清理干净，重新进行装修粉刷即可。对于损伤轻微的梁柱，喷射混凝土恢复使用。

（2）对于中度受损构件（RC-2）。遭受火灾的混凝土构件表面存在混凝土烧酥层、爆裂、剥落、露筋、开裂等损伤，应先凿去疏松混凝土，清洗干净后，用环氧混凝土或环氧水泥砂浆粉刷至原设计尺寸。结合本工程实际情况，本着施工方便、安全可靠、经济合理的原则，对该区域构件采用粘钢加固法进行加固处理。

（3）对由于材料性能退化（如混凝土强度下降）引起的承载力不足的构件，采用粘钢加固法进行加固处理。

G　结论

在归纳总结前人研究成果的基础上，为提高分析钢筋混凝土结构及其构件受火后破损评估的可信度及其修复加固计算精度，从综合使用检测手段和分析计算两方面进行了研究探索，获得较好效果。将上述理论研究成果应用到工程实例，分别进行了建筑物构件强度的检测、温度的确定，剩余设计使用年限的确定，剩余承载力计算，加固设计等各项工作。因为钢筋混凝土结构的火灾行为和火灾后承载能力的计算十分复杂，有许多问题值得进一步深入探讨和研究：

（1）关于现场火灾温度的确定。

（2）进一步完善检测手段，准确提供各项物理参数。

（3）火灾对结构整体性的影响。

（4）火灾对构件的抗震性能的影响。

习题与思考题

6-1　简述建筑抗震鉴定加固的步骤。

6-2　地基基础抗震鉴定的要求有哪些？

6-3　上部建筑结构的抗震鉴定方法有哪些？

6-4　现有建筑地基基础抗震加固的技术要点有哪些？

6-5　抗震加固技术的主要方法有哪些？

6-6　火灾之后温度的判定方法有哪些？

6-7　火灾后混凝土、钢筋的力学性能有哪些变化？

6-8　火灾后混凝土结构的鉴定方法有哪些？

6-9　如何鉴定火灾后混凝土的材料强度？

6-10　如何进行火灾后钢结构的鉴定？

6-11　火灾后砌体结构鉴定加固的方法有哪些？

参 考 文 献

［1］中华人民共和国建设部. GB 50007—2011 建筑地基基础设计规范［M］. 北京：中国建筑工业出版社，2011.

［2］中华人民共和国建设部. JGJ 94—2008《建筑桩基技术规范》［M］. 北京：中国建筑工业出版社，2008.

［3］中华人民共和国建设部. JGJ 79—2012《建筑地基处理技术规范》［M］. 北京：中国建筑工业出版社，2013.

［4］中华建筑科学研究院. JGJ 123—2012 既有建筑地基基础加固技术规范［M］. 北京：中国计划出版社，2012.

［5］中华人民共和国住房和城乡建设部. GB/T 50783—2012 复合地基技术规范［M］. 北京：中国计划出版社，2012.

［6］四川省建设委员会. GB 50292—2015 民用建筑可靠性鉴定标准［M］. 北京：中国建筑工业出版社，2015.

［7］中华人民共和国建设部. GB/T 50344—2004 建筑结构检测技术标准［M］. 北京：中国建筑工业出版社，2004.

［8］中国工程建设标准化协会. GB 50009—2012 建筑结构荷载规范［M］. 北京：中国建筑工业出版社，2012.

［9］中华人民共和国建设部. GB/T 50784—2013 混凝土结构现场检测技术标准［M］. 北京：中国建筑工业出版社，2013.

［10］中华人民共和国建设部. JGJT 23—2011 回弹法检测混凝土抗压强度技术规程［M］. 北京：中国建筑工业出版社，2012.

［11］中华人民共和国住房和城乡建设部. GB 50010—010 混凝土结构设计规范［M］. 北京：中国建筑工业出版社，2015.

［12］中华人民共和国建设部. GB 50023—2009 建筑抗震鉴定标准［M］. 北京：中国建筑工业出版社，2010.

［13］中国建筑科学研究院. GB 50011—2010 建筑抗震设计规范［M］. 北京：中国建筑工业出版社，2016.

［14］中国住房和城乡建设部. J186—2010 高层建筑混凝土结构技术规程［M］. 北京：中国建筑工业出版社，2011.

［15］中国环境科学出版社. GB/T 50315—2000 砌体工程现场检测技术标准［M］. 北京：中国环境科学出版社，2011.

［16］中华人民共和国住房和城乡建设部. GB 50203—2015 砌体工程施工质量验收规范［M］. 北京：中国建筑工业出版社，2015.

［17］中华人民共和国住房和城乡建设部组织. GB 50702—2011 砌体结构加固设计规范［M］. 北京：中国建筑工业出版社，2014.

［18］冶金工业部建筑研究总院. YBJ 219—89 钢铁工业建（构）筑物可靠性鉴定规程［M］. 北京：冶金工业出版社，2010.

［19］中华人民共和国冶金工业部. GBJ 144—90 工业厂房可靠性鉴定标准［M］. 北京：中国建筑工业出版社，1991.

［20］四川省建设委员会. GB 50292—2015 民用建筑可靠性鉴定标准［M］. 北京：中国建筑工业出版社，2016.

［21］冶金工业部建筑研究总院. YB 9257—96 钢结构检测评定及加固技术规程［M］. 北京：冶金工业

出版社，1997.

[22] 中华人民共和国建设部. GB 50661—2011 建筑钢结构焊接技术规程 [M]. 北京：中国建筑工业出版社，2012.

[23] 中华人民共和国建设部. GB 50205 钢结构工程施工质量验收规范 [M]. 北京：机械工业出版社，2009.

[24] 中华人民共和国公安部. GB 50016—2014 建筑设计防火规范 [M]. 北京：中国计划出版社，2015.

[25] 中华人民共和国公安部. GB 50877—2014 防火卷帘、防火门、防火窗施工及验收规范 [M]. 北京：中国建筑工业出版社，2014.

[26] 中国建筑第五工程局有限公司. GB 50720—2011 建设工程施工现场消防技术规范 [M]. 北京：中国计划出版社，2012.

[27] 中华人民共和国住房和城乡建设部. GB 50367—2013 混凝土结构加固设计规范 [M]. 北京：中国建筑工业出版社，2013.

[28] 中华人民共和国住房和城乡建设部组织. GB 50550—2010 建筑结构加固工程施工质量验收规范 [M]. 北京：中国建筑工业出版社，2014.

[29] 中华人民共和国建设部. GB 50117—2014 工业构筑物抗震鉴定标准 [M]. 北京：中国计划出版社，2015.

[30] 中华人民共和国建设部. GB 50023—2009 建筑抗震鉴定标准 [M]. 北京：中国建筑工业出版社，2010.

[31] 中国建筑科学院. JGJ 116—2009 建筑抗震加固技术规程 [M]. 北京：中国建筑工业出版社，2010.